Foreword 推薦序

U0037299

　　「人之兒女、己之兒女」是銘傳大學的教育理念，本校更以追求教育卓越，培養理論實務並重，具備團隊精神與國際視野之人才為宗旨，因此特別重視培養學生具備國際移動的能力。目前政府正積極推動「2030 雙語國家政策」，其目標為厚植國人英語能力，以強化國家國際競爭力。在教育方面，是要培育更多的雙語人才，以增進國人的國際溝通能力及國際化視野，俾能提升年輕人國際經營的能力。

　　本人雖非工科出身，但深知電子學乃電機與電子工程學系重要的科目之一，林奎至老師任職電子工程學系多年，教學認真且學術著作豐碩，林老師教授電子學多年，深感必須出版一本有別於市面上眾多的類似著作。此書乃作者依據多年教育經驗，通曉臺灣大專校院教學的需求及重點，匯聚其多年教學精華而成。內容重在幫助學生建立良好的電子學基礎知識，特別摒除艱深的數學公式，用簡明易懂的書寫方式引領思考，並收錄豐富例題及各校歷屆考題，希望能為不同程度的學子提供適用的教科書。尤其本書對於重要的基本觀念與關鍵知識處增加英文說明，方便老師、同學能夠透過雙語敘述，在教學與學習上都有所助益。本書是國內電子學教學首本考慮雙語需要的書籍，因此除了學習到專業外，也能同步用雙語深化思考。

　　此書的問世是一種挑戰，也是一種使命，是我校教育宗旨之實踐，本人很高興銘傳大學的老師能用流利的中英文撰寫書籍，希望此書付梓出版，可以實踐本校培育具備國際視野的人才，為新世紀高等教育灌注「全球知識在地化」與「在地知識全球化」的教育新視野。

　　　　　　銘傳全球教育系統總校長　

　　　　　　　　　　　　　　　　　　　　　　　　2022.01.24

Preface 序言

　　電子學是學習電機電子的基本，且是相當重要的科目之一，坊間的電子學教科書非常豐富，由許多前輩的專業知識所寫成的書更是精彩。

　　本人以十幾年的教學經驗，配合著淺顯易懂的文字和圖形的描述，再加上本人領悟的心得，歷經一年半的努力終於完成此書的撰寫；本書強調觀念與實用並重，避免過於深奧的數學，對於重要的觀念和公式，均以問答或易懂的方式陳述，藉此加強讀者研讀時的吸收與想像，以期達到事半功倍之效果；期許本書不僅可以成為各位老師教授上課的教材與講義外，也希望有志研讀電子學而參加各種考試的學子們，能夠擁有一本好的教戰書籍。

　　而此即本書的宗旨：「一座搭在學子與電子學間的最佳橋樑」。

　　本書共分成「基礎概念」、「進階分析」兩冊，並規劃 14 個章節：

基礎概念

第 1 章	學習電子學的基本定理介紹。
第 2 章、第 3 章	探討二極體基本理論和其當成電路元件時的計算。
第 4 章、第 6 章	探討 BJT 物理特性和其小訊號模型的計算，包含電壓增益、輸出／輸入阻抗。
第 5 章、第 7 章	探討 MOSFET 物理特性和其小訊號模型的計算，包含電壓增益、輸出／輸入阻抗。
第 8 章	探討運算放大器特性、應用電路和非理想特性所造成的誤差。

電子學(進階分析)

林奎至、阮弼群　編著

全華圖書股份有限公司

　　本書的撰寫說來有點戲劇性的發展，全華圖書業務廖章閔先生的邀約竟成本書付梓的重要契機——本人任教電子學已超過 15 年頭，上課講義內容堪稱完備，感謝全華圖書給予這次出書的機會，於是本人將上課講義加上適當的文字講述，進而促成了本書的問世。

　　本人花了將近兩年的時間整理及撰寫，期許出版一本有別於以往、令人耳目一新的課堂教科書和應考工具書。歡迎各位先進前輩、學子不吝給予各種指教與指正，以期能作為改版的重要參考和依據，謝謝！

林奎昱　謹識

2021 年 12 月

Acknowledgments 致謝

　　首先要感謝我的指導教授：國立成功大學電機工程學系劉濱達教授（已退休），若不是您的諄諄教誨，實在無法造就我這麼一個平凡之人取得博士學位。

　　從我開始執教起有兩位一路幫助我的貴人出現，分別為國立臺灣師範大學機電工程學系劉傳璽教授和明志科技大學材料工程系阮弼群教授，若沒有兩位在學術上的鼎力相助與扶持，恐怕難以完成此書的撰寫。

　　銘傳大學電子工程學系陳珍源教授時常給予我鼓勵，生活上的陪伴與專業上的指導，更是令我進步的最大動力；也感激銘傳大學提供了我如此優質的教學與研究的環境，尤其是總校長李銓博士、校長沈佩蒂博士、學務長楊瑞蓮博士、資訊學院院長江叔盈教授及電子工程學系的好同事們：黃炳森教授、駱有聲教授、林鈺城教授，謝謝你們的照顧讓我得以安身立命，享有平穩的日子與生活。

　　亦衷心感謝全華圖書副理楊素華小姐及業務廖章閔先生的熱情邀稿，以及編輯張繼元先生的大力協助。

　　最後也是最重要的，我要感謝我的家人，我的父親林進水先生（已逝）、母親林陳金鳳女士（已逝），沒有您們的生育與教養，就沒有兒子我的成長、茁壯與成就；妻子王宣方老師（國中退休教師）、女兒懌岑、兒子柮劭，特別是女兒懌岑的貼心令我倍感溫馨，若非你們給我一個溫暖的家庭與鼎力地相扶持，此著作也不能順利付梓；當然也要感謝諸神明保佑、賜福與啟發，讓我平平安安順心發展。

謹識

2021 年 12 月

Author 作者簡介

作　者：林奎至

現　職：銘傳大學 - 電子工程系 - 專任副教授兼系主任

學　歷：國立成功大學 - 電機工程研究所 - 博士
　　　　國立成功大學 - 電機工程研究所 - 碩士
　　　　國立成功大學 - 電機工程學系 - 學士

經　歷：銘傳大學 - 電子工程系 - 專任副教授
　　　　銘傳大學 - 電子工程系 - 專任助理教授
　　　　親民技術學院 - 電子工程系 - 專任助理教授
　　　　親民工商專校 - 電子工程系 - 專任助理教授
　　　　親民工商專校 - 電子工程系 - 專任講師
　　　　新進工業股份有限公司 - 研發部 - 研發工程師
　　　　遠東技術學院 - 二專補校及夜間部 - 兼任講師
　　　　國立高雄海洋技術學院 - 通信與資訊工程系 - 兼任講師
　　　　神達電腦公司 - 研究開發部 - 研發工程師

Author 作者簡介

作　　者：阮弼群

現　　職：明志科技大學 - 材料工程系 - 專任教授
　　　　　長庚大學 - 電子工程系 - 合聘教師

學　　歷：國立清華大學 - 電機工程學系 - 固態電子組博士

經　　歷：明志科技大學 - 材料工程系 - 助理教授、副教授
　　　　　聯華電子公司 - 研發與元件可靠度主任工程師、客服部副理、經理
　　　　　美國 IBM Fishkill - New York 研發中心 - 研發工程師
　　　　　台灣積體電路製造公司 - 資深 Flash、DRAM 記憶體產品工程師
　　　　　德碁半導體公司 - 資深製程與元件工程師
　　　　　美國華盛頓大學 - 材料工程所 - 教學與研究助理

著　　作：迄今發表逾 50 篇半導體領域國際期刊與多項國際專利

Preface 編輯部序

　　「系統編輯」是我們的編輯方針，我們所提供給您的，絕不只是一本書，而是關於這門學問的所有知識，它們由淺入深，循序漸進。

　　本書作者以多年教學經驗，配合淺顯易懂的文字和圖形的描述編撰而成，對於重要觀念及公式，善用問答的方式陳述，加強研讀時的吸收與想像。各章皆以學習流程圖及生活化短文，啟發學習興趣、確立學習目標，内容節選重要定理及觀念，以中、英語對照的方式呈現，建立課堂雙語互動，並收錄豐富且經典的題型及各校入學考題，有效驗證學習成果；全書共分成「基礎概念」、「進階分析」兩冊，適用於大學及科大之電子、電機、資工系「電子學」課程。

　　同時，為了使您能有系統且循序漸進研習相關方面的叢書，我們以流程圖方式，列出各有關圖書的閱讀順序，以減少您研習此門學問的摸索時間，並能對這門學問有完整的知識。若您在這方面有任何問題，歡迎來函連繫，我們將竭誠為您服務。

相關叢書介紹

書號：0643871
書名：應用電子學(第二版)(精裝本)
編著：楊善國
20K/496 頁/540 元

書號：0596601
書名：電力電子學綜論(第二版)
編著：EPARC
16K/432 頁/480 元

書號：0070606
書名：電子學實驗(第七版)
編著：蔡朝洋
16K/576 頁/500 元

書號：0331804
書名：電子學(第五版)
編著：洪啓強
20K/360 頁/380 元

書號：06163027
書名：電子學實習(上)(第三版)
　　　(附 Pspice 試用版及 IC 元件
　　　特性資料光碟)
編著：曾仲熙
16K/200 頁/250 元

書號：03126027
書名：電力電子學(第三版)
　　　(附範例光碟片)
編譯：江炫樟
16K/736 頁/580 元

書號：06164027
書名：電子學實習(下)(第三版)
　　　(附 Pspice 試用版光碟)
編著：曾仲熙
16K/208 頁/250 元

◎上列書價若有變動，請以
　最新定價為準。

流程圖

書號：02482/02483
書名：基本電學(上)/(下)
編譯：余政光.黃國軒

書號：0630001/0630101
書名：電子學(基礎理論)/
　　　(進階應用)(第十版)
編譯：楊棧雲.洪國永.張耀鴻

書號：03126027
書名：電力電子學(第三版)
　　　(附範例光碟片)
編譯：江炫樟

書號：0319007
書名：基本電學(第八版)
編著：賴柏洲

書號：06448/06449
書名：電子學(基礎概念)/
　　　(進階分析)
編著：林奎至.阮弼群

書號：0206602
書名：工業電子學(第三版)
編著：歐文雄.歐家駿

書號：0641801
書名：電路學概論(第二版)
編著：賴柏洲

書號：0542009/0542107
書名：電子學實驗
　　　(上)(第十版)/
　　　(下)(第八版)
編著：陳瓊興

書號：0596601
書名：電力電子學綜論
　　　(第二版)
編著：EPARC

Instructions 本書使用方法

各章特色

章前閱讀　每一章前皆安排與本章相關聯之閱讀篇幅，以生活、歷史等實例比喻
電子學的重要定理或元件之工作原理，藉此輕鬆有趣的方式引起興
趣，助益學生對電子學的認識及理解，如圖 P.1 所示。

章首頁　　每一章開始皆安排學習重點的流程圖，歸納整理各章知識點或重要專
有名詞，以確立課堂學習目標，如圖 P.1 所示。

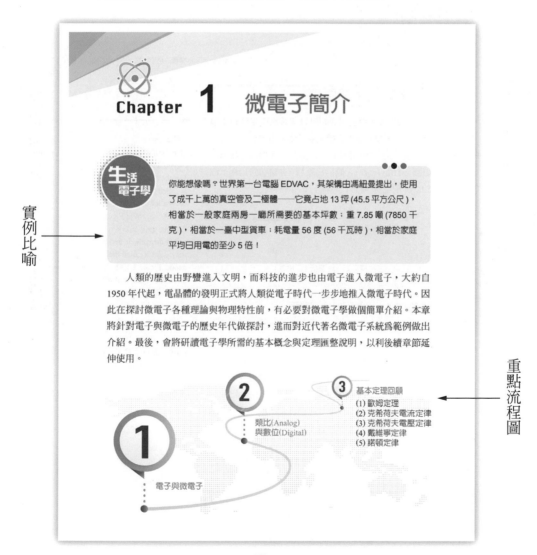

圖 P.1

節開頭	每一節皆以簡單的回顧來做內容的簡介，喚醒學生既有的知識，以連結各章、節，或與電子學相關聯的科目，如圖 P.2 所示。
關鍵字	每一章皆以醒目顏色標註，選擇重點進行強調，提醒學生研讀重點及須加以留意之處，如圖 P.2 所示。
英語導讀	每一章皆提供重要觀念、電路運作方式的英語導讀段落，配合關鍵字及專有名詞豐富學習內容，以促進課堂上的多元教學及互動，如圖 P.2 所示。

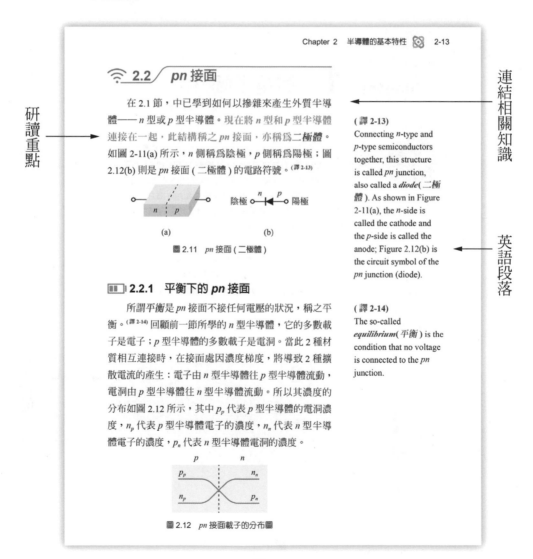

圖 P.2

例題與練習　每一章皆有大量的例題，詳細說明基本觀念和解題方法，並安排一題類題或延伸題，加強學生的練習機會，提供課堂上的實時指導，以展現學生的吸收程度，如圖 P.3 所示。

例題由課文延伸 →

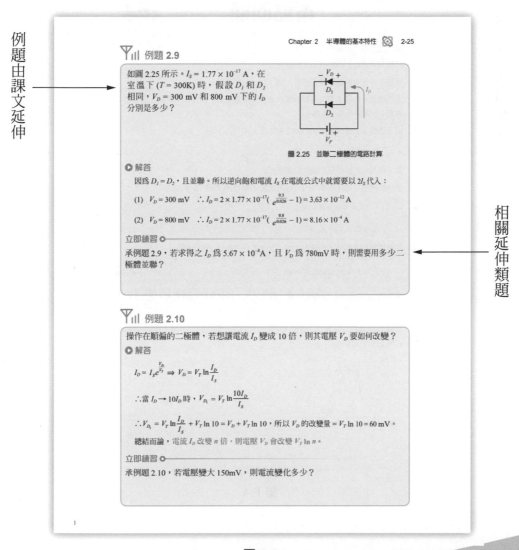

← 相關延伸類題

圖 P.3

重點回顧　　每一章結束皆有重點觀念、公式或電路圖的總覽，歸納整理各章精華，助益學生快速複習及收斂，如圖 P.4 所示。

歸納整理研讀重點

重點回顧

1. 載子包含電子和電洞。
2. 打斷共價鏈最小的能量稱之能障能量。
3. 室溫下本質半導體的載子濃度 n_i 為 1.08×10^{10} cm^{-3}。
4. 透過摻雜可使得本質半導體轉換成 n 型半導體 (加 5 價元素，如磷) 或 p 型半導體 (加 3 價元素，如硼)。
5. 電子濃度 n 和電洞濃度 p 的乘積會等於 n_i 的平方，如 (2.2) 式所示。

$$np = n_i^2 \tag{2.2}$$

6. 載子傳輸可透過漂移和擴散來完成。
7. 漂移的機制是加電場產生的，其電流公式如 (2.9) 式或 (2.10) 式所示。

$$J_t = \mu_n E \cdot q \cdot n + \mu_p E \cdot q \cdot p \tag{2.9}$$

$$J_t = qE(\mu_n \cdot n + \mu_p \cdot p) \tag{2.10}$$

8. 擴散機制是因濃度不均所造成的，其電流公式如 (2.15) 式所示。

$$J_{tot} = J_n + J_p = q(D_n \frac{dn}{dx} - D_p \frac{dp}{dx}) \tag{2.15}$$

9. 平衡的 pn 接面會在接面處形成一個空乏區，因此會有內建電場 (電位) 的產生。
10. 逆偏的 pn 接面會使得空乏區變大，其行為像是一個壓控電容器，其值如 (2.26) 式和 (2.27) 式所示。

$$C_j = \frac{C_{jo}}{\sqrt{1 - \frac{V_R}{V_o}}} \tag{2.26}$$

$$C_{jo} = \sqrt{\frac{\varepsilon_{si} q}{2} \frac{N_A N_D}{N_A + N_D} \frac{1}{V_o}} \tag{2.27}$$

重點公式與課文呼應

圖 P.4

習題演練　　書末安排大量的習題，分章以基礎題及進階題的方式呈現。基礎題著重於該章的基本觀念的釐清與計算；進階題精選幾所大學、大專校院近年的研究所考題，及公務員高考考題，以評量學生的學習成果，如圖 P.5 所示。

圖 P.5

實務應用 本書附錄 SPICE 簡介及練習,培養學生運用模擬程式觀察、驗證電路原理,加強對電子學課程的理解,且有目的性地拓展實務技巧,認知未來的走向及發展,如圖 P.6 所示。

S
P
I
C
E
軟
體
發
展
及
用
途
簡
述

→

Chapter A SPICE 概論

　　學習電子學的最終目的就是由認識基本的電子元件,包含電阻、電容、二極體、BJT 和 MOSFET,到將它們連接成電路後可以進一步分析,然而現在的電路中元件數目之多,已經很難利用手動來分析其直流與交流的特性了。因此,拜現今電腦硬體設備的進步,得以使用軟體 (程式語言) 來協助分析較為龐大且複雜的電路;有一種通用的模擬軟體稱之 Simulation Program with Integrated Circuits Emphasis (SPICE) 被廣泛地運用在電路的分析模擬上,雖然 SPICE 在當初被提出時是一套共享的工作軟體 (美國加州大學柏克萊分校),但現在已經發展成商業用之模擬分析電路軟體,諸如 HSPICE 和 PSPICE 之類,它們的撰寫格式大致相同。本章將對 SPICE 做一簡單且快速的論述,以利可以快速上手此軟體來做電路的模擬分析,共有 3 大重點,分別為:

1. 電子元件的描述:(a) 電阻,(b) 電容,(c) 電感,(d) 電壓源,(e) 電流源,(f) 二極體,(g)BJT 電晶體,(h)MOSFETs,(i) 相依電源,(j) 初始值。

2. 模擬的步驟與程序。

3. 分析的類型:(a) 工作點的分析,(b) 直流點的分析,(c) 暫態 (交流) 的分析。

A.1 電子元件的描述

　　本節將講述電子元件在 SPICE 是如何描述,此電子元件包含電阻、電容、電感、電壓源、電流源、二極體、BJT 電晶體、MOSFETs 和相依電源,最後則要將電子元件有初始值時的情況,一併做完整的介紹。

分
節
拆
解
說
明
增
強
實
務
技
巧

圖 P.6

授課方式

兩學期學程 第一個學期安排教授「基礎概念」的第 1 章到第 8 章、第二個學期安排教授「進階分析」的第 9 章到第 14 章,可依照個別的需求及教學重點調整授課順序,選擇性的著重或省略。

一學期學程 本書濃縮電子學的精華,並維持課程的嚴謹度,教材「基礎概念」涵蓋適合於一學期內教授完畢的內容。當然,依照個別的需求及教學重點,亦可參考教材「進階分析」的部分章節作為補充。

　　另外,本書特色「英語導讀」、「SPICE 模擬軟體」為擴充教材,可視課堂實際情況斟酌教授或選擇性地使用。書末「習題演練」設有壓撕線,亦可依課堂學習進度交卷及批改。

Contents 目次

Chapter 10　回授　　　　　　　　　　　　　　**10-1**

Chapter 11　堆疊級與電流鏡　11-1

Chapter 14　數位互補式金氧半場效電晶體的電路　14-1

Chapter A SPICE 概論 **A-1**

Chapter 9 頻率響應

　　由於電晶體在製作過程中，會有一些不必要的電容跟著產生出來，而這些不必要的電容稱之為寄生或雜散電容，它們會造成電晶體在高頻或低頻時，電路速度受到限制，電壓增益也會有所改變或變動。因此，本章將討論頻率改變時，對電晶體與其形成電路(放大器)的任何影響。

　　將從以下 3 大重點來討論本章：第一為一些基本的概念，包含波德規則、極點與零點和米勒定理；第二為電晶體的高頻模型，包含 BJT 和 MOS 的高頻模型及通過頻率；最後是電路的頻率響應，包含 CE/CS、CB/CG 和 CC/CD 組態(隨耦器)。

3 電路組態的頻率響應
(1) CE/CS 組態
(2) CB/CG 組態
(3) CC/CD 組態(隨耦器)

2 電晶體的高頻模型
(1) BJT的高頻模型
(2) MOS的高頻模型
(3) 通過頻率

1 基本的概念
(1) 波德規則(Bode's Rules)
(2) 極點和零點(Poles and Zeros)
　　的關聯性
(3) 米勒定理(Miller's Theorem)

🛜 9.1 / 基本概念

🔋 9.1.1 一般性的考量

首先考慮在前 3 章所學過的 CE 組態，如圖 9.1 所示。

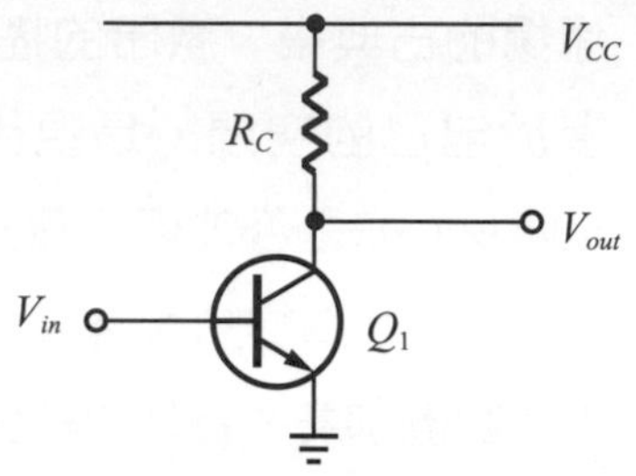

圖 9.1　CE 組態放大器

其電壓增益 A_v 為

$$A_v = -g_m R_c \text{，} V_A = \infty \tag{9.1}$$

$$= -g_m(R_c \,//\, r_o) \text{，} V_A \neq \infty \tag{9.2}$$

乍看之下 A_v 值是固定的，但因電晶體在製造的過程中會產生一些不必要的寄生電容，這些寄生電容在低頻時，行為像斷 (開) 路，並不會對電路造成影響，所以 (9.1) 式或 (9.2) 式所展現的是固定值；反之，一旦進入較高頻率時，電容的行為如同短路，將會對電路產生影響，因此 (9.1) 式或 (9.2) 式不再是固定值。(譯 9-1)

所以，探討電壓增益 A_v 對頻率的關係是刻不容緩的。一般而言，圖 9.2 是電壓增益 A_v 對頻率的關係圖。在低頻時 A_v 值是固定的，當頻率大於某值 (f_1) 時，A_v 值則開始**下降**。

(譯 9-1)

At first glance, the A_v value is fixed, but because the transistor will produce some unnecessary parasitic capacitances during the manufacturing process, these parasitic capacitances behave like open circuits at low frequencies and will not affect the circuit. So, (9.1) or (9.2) is a fixed value. On the contrary, once entering a higher frequency, the capacitor will behave like a short circuit, which will affect the circuit, so (9.1) or (9.2) is no longer a fixed value.

| 下降 (*roll-off*)

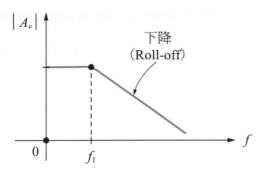

圖 9.2　電壓增益對頻率的關係圖

接下來，將以一個實際的例子來說明之。圖 9.3 是一個電阻 R 串聯電容 C 的**低通濾波器**。

低通濾波器
(*low-pass filter*)

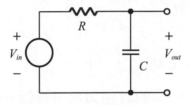

圖 9.3　低通濾波電路

電容 C 的阻抗為 $\dfrac{1}{sC}$，其中 $s = j\omega$。所以

$$V_{out} = V_{in} \frac{\dfrac{1}{j\omega C}}{R + \dfrac{1}{j\omega C}} \tag{9.3}$$

$$\therefore A_v = \frac{V_{out}}{V_{in}} = \frac{1}{1 + j\omega RC} \tag{9.4}$$

$$|A_v| = \frac{1}{\sqrt{1 + \omega^2 R^2 C^2}} \tag{9.5}$$

(9.5) 式是圖 9.3 電壓增益的大小值，顯然和頻率有關 (因為 $\omega = 2\pi f$，為角頻率)。接下來將 (9.5) 式做一個分析並畫出，如同圖 9.2 的關係圖。

① 當 $\omega = 0$ 時，$|A_v| = 1$

② 當 $\omega = \dfrac{1}{RC}$ 時，$|A_v| = \dfrac{1}{\sqrt{2}} = 0.707$

③ 當 $\omega = \dfrac{2}{RC}$ 時，$|A_v| = \dfrac{1}{\sqrt{5}} = 0.447$

④ 當 $\omega = \dfrac{3}{RC}$ 時，$|A_v| = \dfrac{1}{\sqrt{10}} = 0.316$

$$\vdots \qquad\qquad \vdots$$

⑤ 當 $\omega \rightarrow \infty$ 時，$|A_v| = 0$

將上述①～⑤的討論畫出可得圖 9.4 所示。由此可證，$|A_v|$ 和 ω 不只有關，而且是隨著角頻率 ω 增大，$|A_v|$ 值愈來愈小。

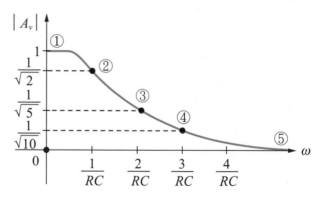

圖 9.4 圖 9.3 電路的電壓增益 $|A_v|$ 對角頻率 ω 的關係圖

另一個例子如圖 9.5 所示，是具電容負載的 CS 組態。

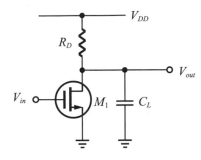

圖 9.5　具電容負載的 CS 組態

它的電壓增益 A_v 為 (設 $\lambda = 0$)

$$A_v = -g_m(R_D \, // \, \frac{1}{sC_L}) \tag{9.6}$$

$$= -g_m \frac{\dfrac{R_D}{sC_L}}{R_D + \dfrac{1}{sC_L}} \tag{9.7}$$

$$= \frac{-g_m R_D}{1 + sC_L R_D} \tag{9.8}$$

$$= \frac{-g_m R_D}{1 + j\omega C_L R_D} \tag{9.9}$$

A_v 的大小值為

$$|A_v| = \frac{g_m R_D}{\sqrt{1 + \omega^2 R_D^2 C_L^2}} \tag{9.10}$$

利用 RC 低通濾波電路一樣的分析方法，可以得到如圖 9.6 的 $|A_v|$ 對 ω 關係圖。一樣的結果，$|A_v|$ 值不只和 ω 有關，而且是隨著頻率 ω 增大，$|A_v|$ 值愈來愈小。

（譯 9-2）

From Figure 9.4 and Figure 9.6, notice that there is an angular frequency that is very important. It is the angular frequency ($\dfrac{1}{RC}$ 和 $\dfrac{1}{R_D C_L}$) that makes the $|A_v|$ drop to $\dfrac{1}{\sqrt{2}}$ times of the original value, this angular frequency is called the ***corner frequency***(**轉角頻率**) or –3dB frequency (named because $20\log\dfrac{1}{\sqrt{2}}=-3\text{dB}$).

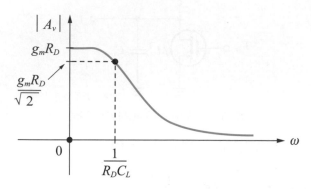

圖 9.6　圖 9.5 電路的電壓增益 $|A_v|$ 對角頻率 ω 之關係圖

由圖 9.4 和圖 9.6 中，可以注意到有個角頻率很重要，它就是讓 $|A_v|$ 值下降至原值 $\dfrac{1}{\sqrt{2}}$ 倍的角頻率 ($\dfrac{1}{RC}$ 和 $\dfrac{1}{R_D C_L}$)，稱此角頻率為**轉角頻率**或 **–3dB** 頻率 (因 $20\log\dfrac{1}{\sqrt{2}}$ = **–3dB** 而命名)。[（譯 9-2）]

🔋 9.1.2　轉移函數和頻率響應的關係

首先，已知電壓增益 A_v 是一個電路的輸出電壓 V_{out} 和輸入電壓 V_{in} 的比值。而電路的**轉移函數** $H(s)$ 和電壓增益也是相同的定義，唯一的差別在於 $H(s)$ 和頻率有關，而 A_v 則無關。[（譯 9-3）] 所以可將 (9.4) 式和 (9.9) 式重寫為

（譯 9-3）

The ***transfer function***(**轉移函數**) $H(s)$ and voltage gain of the circuit are also defined in the same way. The only difference is that $H(s)$ is related to frequency, while A_v is irrelevant.

$$H(s) = \frac{1}{1+sRC} = \frac{\dfrac{1}{RC}}{s+\dfrac{1}{RC}} \tag{9.11}$$

和

$$H(s) = \frac{-g_m R_D}{1 + s C_L R_D} = \frac{\dfrac{-g_m R_D}{C_L R_D}}{s + \dfrac{1}{C_L R_D}} \tag{9.12}$$

(9.11) 式中分母有一個根為 $s = -\dfrac{1}{RC}$ ，分子沒有

根；而 (9.12) 式中分母亦有一個根為 $s = -\dfrac{1}{C_L R_D}$ ，分

子沒有根。所以由這 2 個式子可知，一個轉移函數是

分子分母皆可以有根的分式來表示。因此一個轉移函

數的通式為

$$H(s) = A_o \frac{(s + \omega_{z_1})(s + \omega_{z_2})(s + \omega_{z_3}) \cdots}{(s + \omega_{p_1})(s + \omega_{p_2})(s + \omega_{p_3}) \cdots} \tag{9.13}$$

其中 A_o 為一常數，即是沒有頻率時的電壓增益。

ω_{z_1} 、 ω_{z_2} 、 ω_{z_3} …為分子的根，稱之 **零點**； ω_{p_1} 、 ω_{p_2} 、

ω_{p_3} …則為分母的根，稱之 **極點**。 [譯 9-4]

(譯 9-4)
Where A_o is a constant, that is, the voltage gain when there is no frequency. ω_{z_1} , ω_{z_2} , ω_{z_3} … are the roots of the numerator, called the *zero*(零點); ω_{p_1} , ω_{p_2} , ω_{p_3} … are the roots of the denominator, called the *pole*(極點).

📶 例題 9.1

如圖 9.5 所示，求轉移函數 $H(s)$ ，並畫出大小值對角頻率的關係圖，假設 $\lambda = 0$ 。

▶ 解答

如同之前討論過的，可求得 $H(s)$ 為

$$H(s) = -g_m \left(R_D // \frac{1}{s C_L} \right) = \frac{-g_m R_D}{1 + s C_L R_D} \tag{9.14}$$

大小值對角頻率 ω 的關係圖，如圖 9.6 所示。

立即練習○

承例題 9.1，若 $\lambda \neq 0$ ，求轉移函數 $H(s)$ ，並畫出大小值對角頻率的關係圖。

例題 9.2

如圖 9.3 所示，求轉移函數 $H(s)$，並畫出大小值對角頻率的關係圖。

解答

如同之前討論過的，可求得 $H(s)$ 為

$$H(s) = \frac{1}{1 + sCR} = \frac{\dfrac{1}{RC}}{s + \dfrac{1}{RC}}$$
(9.15)

大小值對角頻率 ω 的關係圖，如圖 9.7 所示。

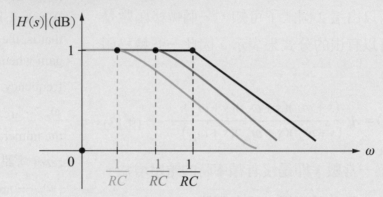

圖 9.7　轉移函數 $H(s)$ 對角頻率 ω 的關係圖

由圖 9.7 可知，當 RC 值愈大時，其轉角頻率 $\dfrac{1}{RC}$ 愈小。反之，若 RC 值愈小，則

轉角頻率 $\dfrac{1}{RC}$ 愈大。

立即練習

承例題 9.2，頻率為多少時，$|H(s)|$ 的值會下降至原本的 $\dfrac{1}{3}$？

9.1.3　波德規則

在 9.1.1 ～ 9.1.2 節中所畫的大小值對角頻率之關係圖，現在正式稱爲*波德圖*。*波德規則*則是建立一套方法，用以快速且正確地畫出波德圖。[譯 9-5]

本章一開始繪製波德圖時，是一點角頻率值對其大小值，如此逐點繪製而成，爲正確且精準的畫法；而電腦上的繪圖亦是使用該方法，但因電腦的速度快，人類的運算速度較慢，要花較長的時間才可能繪出如同電腦繪製的圖一樣精細。

因此，波德規則會提供一個快速且精確的規則，很快地描繪出波德圖的原貌與趨勢。波德規則包含以下 2 部份：

(1) 當角頻率 ω 由 0 變大，經過轉移函數的極點時，其 $|H(s)|$ 值會以 **–20dB/dec** 下降。

(2) 當角頻率 ω 由 0 變大，經過轉移函數的零點時，其 $|H(s)|$ 值會以 **+20dB/dec** 上升。

其中 20dB 則是計算分貝 (dB) 的公式，10 倍轉換成分貝就是 20dB。

$$20\text{dB} = 20\log 10 \tag{9.16}$$

至於 dec 爲英文字母 decade(十倍) 的縮寫。所以，**20dB/dec 即每變化 10 倍時，改變 10 倍的意思，+20dB/dec 就以 +1 的斜率上升，–20dB/dec 則是以 –1 的斜率下降**，以下將藉由例題 9.3 來說明此規則是如何應用並畫出波德圖。

(譯 9-5)
The graph of the relationship between the magnitude value and the angular frequency drawn in Sections 9.1.1 ～ 9.1.2. is now officially called the *Bode plot(波德圖)*. The *Bode rule(波德規則)* is to establish a set of methods to draw the Bode plot quickly and correctly.

📶 例題 9.3

如圖 9.5 所示，試利用波德規則畫出其波德圖。

▶ 解答

如同之前討論過的，可求得 $H(s)$ 為

$$H(s) = \frac{-g_m R_D}{1 + s C_L R_D} = \frac{-g_m R_D}{1 + j\omega R_D C_L} \tag{9.17}$$

所以，$H(s)$ 沒有零點，極點為 $\dfrac{1}{R_D C_L}$。當 $s = 0\,(\omega = 0)$ 時，$H(s) = -g_m R_D$，$|H(s)| = g_m R_D$。

因此，利用波德規則可畫出波德圖，如圖 9.8 所示。

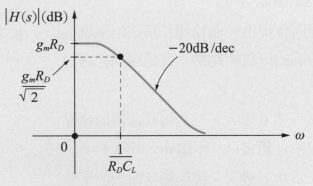

圖 9.8　利用波德規則畫出圖 9.5 的波德圖

立即練習○

承例題 9.3，若 $g_m = (200\,\Omega)^{-1}$，$R_D = 5\,\text{k}\Omega$，$C_L = 120\,\text{f F}$，畫出其波德圖。

▮▮ 9.1.4　極點和零點與轉移函數的關係

　　本節將再補充 4 條規則，配合 9.1.3 節的 2 條波德規則，如此一來在繪製波德圖時，將會更加快速且事半功倍。其 4 條規則如下：

(1) 電晶體的電路中絕大多數都是產生極點。

(2) 極點皆發生於電路的節點上。

(3) 極點的型式是在該節點上，電阻 R 和電容 C 的倒數，即 $\dfrac{1}{RC}$。

(4) 將 $H(s)$ 中的 C 去掉 (即 $\omega = 0$)，則可得到電壓增益 A_v。

📶 例題 9.4

如圖 9.9 所示，求其極點，假設 $\lambda = 0$。

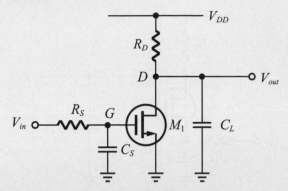

圖 9.9　例題 9.4 的電路圖

▶ 解答

在此電路上有 2 個重要節點，G 極和 D 極 2 節點

因此，其極點為

$$\omega_{p_1} = \frac{1}{R_S C_S} \tag{9.18}$$

$$\omega_{p_2} = \frac{1}{R_D C_L} \tag{9.19}$$

將 C 去掉則可得 A_v 為 $-g_m R_D$

所以，轉移函數的大小值為

$$|H(s)| = \frac{g_m R_D}{\sqrt{1 + \omega^2 R_S^2 C_S^2}\,\sqrt{1 + \omega^2 R_D^2 C_L^2}} \tag{9.20}$$

$$= \frac{g_m R_D}{\sqrt{1 + (\frac{\omega}{\omega_{p_1}})^2}\,\sqrt{1 + (\frac{\omega}{\omega_{p_2}})^2}} \tag{9.21}$$

立即練習○

承例題 9.4，若 $\omega_{p_1} > \omega_{p_2}$，則其 -3dB 頻率為多少？

例題 9.5

如圖 9.10 所示，求其極點，假設 $\lambda = 0$。

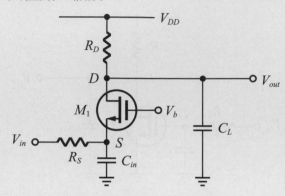

圖 9.10　例題 9.5 的電路圖

解答

S 極的位置為電路中的一個節點，其電容為 C_{in}，電阻為 $R_S // \dfrac{1}{g_m}$。

所以其極點為

$$\omega_{p_1} = \frac{1}{(R_S // \dfrac{1}{g_m})C_{in}} \tag{9.22}$$

D 極為電路的中另一個節點，其電容值為 C_L，電阻值為 R_D。

所以其極點為

$$\omega_{p_2} = \frac{1}{R_D C_L} \tag{9.23}$$

立即練習

承例題 9.5，若 ω_{p_1} 是 ω_{p_2} 的 20 倍大，則 R_D 應為多少？

▮▮▮ 9.1.5　米勒定理

　　當電路的某些元件兩個端點皆不接地，則稱之為**浮接元件**，這類元件在電路的計算上會較具困難性，在電子學的計算上也是一樣的情況。因此，**米勒定理**就是有效解決浮接元件的最佳方法，它的原理與方法如圖 9.11 所示。^(譯 9-6)

　　圖 9.11(a) 是 1 個具浮接元件 Z_F 接於節點①和②的電路，利用米勒定理可以轉換成圖 9.11(b) 的 2 個接地元件——Z_1 和 Z_2。如此一來，因為 Z_1 和 Z_2 接地，因此對於 Z_1 和 Z_2 的計算程度相較於 Z_F 將容易許多。

　　那麼轉換過程應用了什麼原理呢？Z_1、Z_2 和 Z_F 之間的關係又是如何呢？在此將利用節點①和②的 KCL 定理來推導三者之間的關係，至於過程及結果，分析如下：

　　首先，圖 9.11(a) 中流經 Z_F 的電流 (由①流入②) 要等於圖 9.11(b) 流經 Z_1 的電流 (由①流入接地)，所以

$$\frac{V_1 - V_2}{Z_F} = \frac{V_1}{Z_1} \tag{9.24}$$

　　再者，圖 9.11(a) 中流經 Z_F 的電流 (由②流入①) 要等於圖 9.11(b) 流經 Z_2 的電流 (由②流入接地)，所以

$$\frac{V_2 - V_1}{Z_F} = \frac{V_2}{Z_2} \tag{9.25}$$

(譯 9-6)

Miller's Theorem

When some components of the circuit are not grounded at both ends, they are called *floating components*(浮接元件). This type of component is more difficult to calculate in the electrical circuit, and it is the same in the calculation of electronic circuit. Therefore, *Miller's theorem*(米勒定理) is the best way to effectively solve floating components. Its principle and method are shown in Figure 9.11.

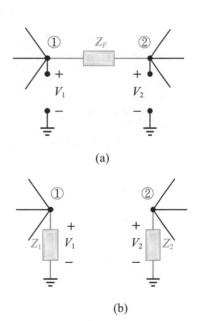

圖 9.11
(a) 具浮接元件 Z_F 的電路，
(b) 利用米勒定理處理的等效電路

由 (9.24) 式可得

$$Z_1 = Z_F \frac{1}{1 - A_v} \tag{9.26}$$

由 (9.25) 式可得

$$Z_2 = Z_F \frac{1}{1 - \dfrac{1}{A_v}} \tag{9.27}$$

其中 $A_v = \dfrac{V_2}{V_1}$ 。

例題 9.6

如圖 9.12 所示，求其極點，假設 $\lambda = 0$ 。

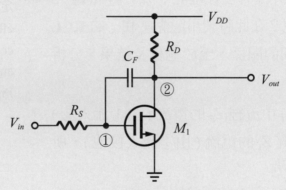

圖 9.12　例題 9.6 的電路圖

▶ 解答

先將 C_F 分解成 C_{in} 和 C_{out}，如圖 9.13 所示。

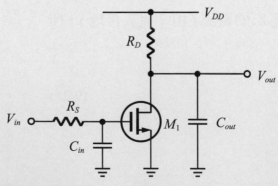

圖 9.13　圖 9.12 將 C_F 分解成 C_{in} 和 C_{out} 的電路圖

$$A_v = \frac{V_2}{V_1} = -g_m R_D \tag{9.28}$$

$$\frac{1}{sC_{in}} = \frac{1}{sC_F} \frac{1}{1-(-g_m R_D)} \tag{9.29}$$

整理 (9.29) 式可得

$$C_{in} = C_F(1 + g_m R_D) \tag{9.30}$$

$$\frac{1}{sC_{out}} = \frac{1}{sC_F} \frac{1}{1 - \dfrac{1}{-g_m R_D}} \tag{9.31}$$

整理 (9.31) 式可得

$$C_{out} = C_F(1 + \frac{1}{g_m R_D}) \tag{9.32}$$

所以，輸入處 (①點) 的極點為

$$\omega_{p_1} = \frac{1}{R_S C_{in}} \tag{9.33}$$

$$= \frac{1}{R_S C_F(1 + g_m R_D)} \tag{9.34}$$

輸出端 (②點) 的極點為

$$\omega_{p_2} = \frac{1}{R_D C_{out}} \tag{9.35}$$

$$= \frac{1}{R_D C_F(1 + \dfrac{1}{g_m R_D})} \tag{9.36}$$

立即練習

承例題 9.6，若 $g_m = (200 \ \Omega)^{-1}$，$R_D = 5 \ k\Omega$，$R_S = 200 \ \Omega$，$C_F = 100 \ fF$，請求出 ω_{p_1} 和 ω_{p_2} 的值。

▮▮ 9.1.6　一般性的頻率響應

在討論本節重點前，先再討論一個例子。圖 9.14 是另一個 RC 串聯的**高通濾波器**，若仔細端詳可發現，圖 9.14 的電路僅是將圖 9.3 中 R 和 C 的位置交換而已。

高通濾波器
(*high-pass filter*)

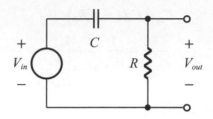

圖 9.14　高通濾波器電路

現在試求圖 9.14 的轉移函數 $H(s)$ 和其波德圖，分析如下：

$$V_{out} = V_{in} \frac{R}{R + \dfrac{1}{sC}} \tag{9.37}$$

$$= V_{in} \frac{sRC}{1 + sCR} \tag{9.38}$$

$$H(s) = \frac{V_{out}}{V_{in}} = \frac{sRC}{1 + sRC} \tag{9.39}$$

$$H(j\omega) = \frac{j\omega RC}{1 + j\omega RC} \tag{9.40}$$

$$|H(j\omega)| = \frac{\omega RC}{\sqrt{1 + \omega^2 R^2 C^2}} \tag{9.41}$$

(9.39) 式的極點為 $\dfrac{1}{RC}$ ，零點為 0。當 $s = 0$ $(\omega = 0)$ 時，$H(s) = 0$；當 $s \to \infty$ $(\omega \to \infty)$ 時，$H(s) = \dfrac{\infty}{\infty}$ 。

所以將 (9.39) 上下除以 sRC，可得

$$H(s) = \cfrac{1}{1 + \cfrac{1}{sCR}}$$

(9.42)

再將 $s \to \infty$ 代入 (9.42) 式，可得 $H(\infty) = 1$。因此，波德圖如圖 9.15 所示。

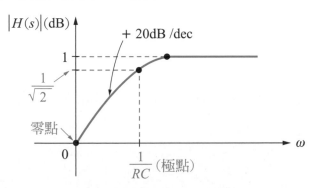

圖 9.15　圖 9.14 的波德圖

例題 9.7

如圖 9.16 是一個源極隨耦器，$\lambda = 0$，$g_m = \dfrac{1}{250\Omega}$，$R_1 = 120\text{k}\Omega$。若輸入處之頻率為 25Hz，輸出處的頻率為 25kHz，求 C_1 和 C_L 值。

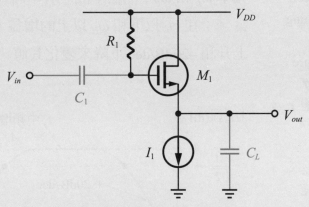

圖 9.16　例題 9.7 的電路圖

▶ 解答

輸入端的極點 $\omega_{p_1} = \dfrac{1}{R_1 C_1}$ ， $2\pi(25) = \dfrac{1}{(120k)C_1}$ ∴ $C_1 = 53$ nF

輸出端的極點 $\omega_{p_2} = \dfrac{1}{\frac{1}{g_m} \cdot C_L}$ ， $2\pi(25k) = \dfrac{1}{250 \cdot C_L}$ ∴ $C_L = 25.5$ nF

立即練習 ○

承例題 9.7，若 I_1 和 M_1 的通道寬度 (W) 皆降爲原來的 $\dfrac{1}{3}$，其餘條件不變，求 C_1 和 C_L 值。

(譯 9-7)

After the derivation of Figure 9.14, the general ***frequency response*(頻 率響應)** (Bode plot) can be obtained by combining Figure 9.4 and Figure 9.15, as shown in Figure 9.17. It has two ***cut-off frequencies*(截止頻率)**, also known as corner frequencies or –3dB frequencies ω_L and ω_H; the middle of the curve | $H(s)$ | with a fixed value is called the intermediate frequency gain A_v; the gains that change its value below ω_L and above ω_H are respectively +20dB/dec rising and -20dB/dec falling.

經過圖 9.14 的推導後，將圖 9.4 和圖 9.15 結合在一起，可以得到一般性的***頻率響應* (波德圖)**，如圖 9.17 所示。它有 2 個***截止頻率***，又稱轉角頻率或 –3dB 頻率 ω_L 和 ω_H；曲線中間 | $H(s)$ | 值固定的稱之中頻增益 A_v；在 ω_L 以下和 ω_H 以上的增益，分別以 +20dB/dec 上升和 –20dB/dec 下降來變化其值。$^{(譯\ 9-7)}$

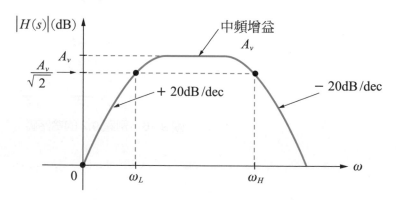

圖 9.17 一般性的頻率響應 (波德圖)

9.2 / 電晶體的高頻模型

9.2.1 BJT 的高頻模型

BJT 的高頻模型，就是將其小訊號模型加上高頻電容而形成。BJT 的高頻電容共有 3 個，它們分別為跨於 B 和 E 極間的 "C_π" 電容、跨於 B 和 C 極間的 "C_μ" 電容以及跨於 C 極和接地間的 "C_{CS}" 電容。[譯 9-8] 圖 9.18(a) 為 BJT 的高頻電容加上小訊號模型所形成的高頻模型，而圖 9.18(b) 則為 BJT 符號加上高頻電容所形成的電路符號。

(譯 9-8)
There are 3 high-frequency capacitors of BJT, which are the "C_π" capacitor across the B and E terminals, the "C_μ" capacitor across the B and C terminals, and the "C_{CS}" capacitor across the C terminal and the ground.

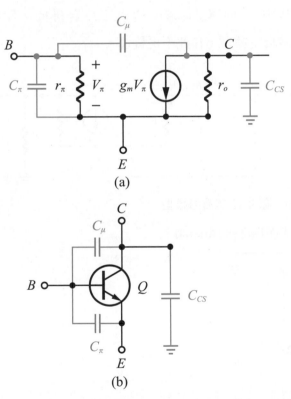

圖 9.18　(a)BJT 的高頻模型，(b)BJT 電路符號加上高頻電容

例題 9.8

如圖 9.19 所示，若 $V_A \neq \infty$。則：

(1) 請畫出其高頻模型電路。

(2) 請直接在電路上標出其高頻電容。

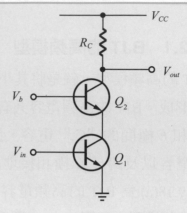

圖 9.19　例題 9.8 的電路圖

解答

(1)　如圖 9.20 為其高頻模型。其中 C_{CS_1} 和 C_{π_2} 並聯，所以可以合併成一個電容 ($C_{CS_1} + C_{\pi_2}$)，新的圖形則留做自主練習，在此不再贅述。

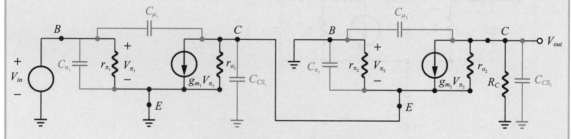

圖 9.20　圖 9.19 的高頻模型

(2)　如圖 9.21 為其電路符號加上高頻電容的電路圖。

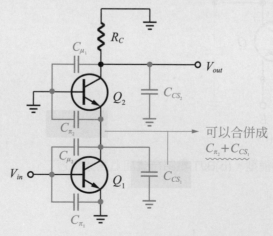

圖 9.21　圖 9.19 電路符號加上高頻電容的電路圖

立即練習○

承例題 9.8，若 $V_A = \infty$ 且 Q_1 的 E 極串一個電阻 R_E 至地。則：

(1) 請畫出其高頻模型電路。

(2) 請直接在電路上標出其高頻電容。

▐▐ ▌9.2.2 MOSFET 的高頻模型

MOSFET 的高頻模型，就是將其小訊號模型加上高頻電容而形成。MOSFET 的高頻電容共有 4 個，比 BJT 多 1 個，它們分別為跨於 G 和 S 極間的 "C_{GS}" 電容、跨於 G 和 D 極間的 "C_{GD}" 電容、跨於 S 和 B 極 (B 極是基體，通常接地) 間的 "C_{SB}" 電容以及跨於 D 和 B 極間的 "C_{DB}" 電容。(譯 9-9)

圖 9.22(a) 是 MOSFET 的小訊號模型加上 4 個高頻電容所形成的高頻模型，而圖 9.22(b) 則是 MOSFET 符號加上 4 個高頻電容所形成的電路符號。

(譯 9-9)

There are 4 high-frequency capacitors in MOSFET, one more than BJT. They are the "C_{GS}" capacitor across the G and S terminals, the "C_{GD}" capacitor across the G and D terminals, and the "C_{SB}" capacitor across the S and B terminals (the B terminals is the substrate, usually grounded) and the "C_{DB}" capacitor across the D and B terminals.

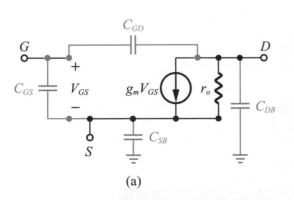

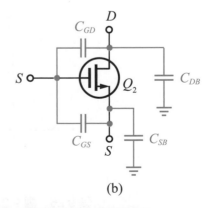

(a)　　　　　　　　　　(b)

圖 9.22　(a)MOSFET 的高頻模型，(b)MOSFET 電路符號加上高頻電容

例題 9.9

如圖 9.23 所示，$\lambda \neq 0$。則：

(1) 請畫出其高頻模型電路。

(2) 請直接在電路上標出高頻電容。

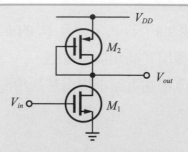

圖 9.23　例題 9.9 的電路圖

▶ 解答

(1) 如圖 9.24 為其高頻模型，其中 C_{SB_1} 和 C_{SB_2} 兩電容無作用 (因為兩端接地)，可以去除，C_{GD_2} 電容也沒有作用 (因為兩端短路) 可以去除。至於 C_{DB_1}、C_{GS_2} 和 C_{DB_2} 此 3 個電容並聯，可以合併成一個電容其值為 $C_{DB_1} + C_{DB_2} + C_{GS_2}$，其他的電容則沒有任何變動。因此，圖 9.24 可以重新畫過，新的圖形則留做自主練習，在此不再贅述。

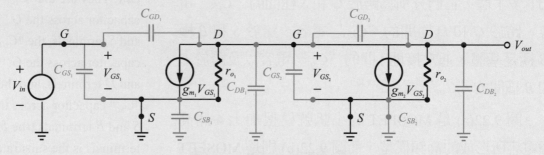

圖 9.24　圖 9.23 的高頻模型

(2) 如圖 9.25 為其電路符號加上高頻電容，其中 C_{SB_1}、C_{SB_2} 和 C_{GD_2} 已經去除，C_{DB_1}、C_{DB_2} 和 C_{GS_2} 則合併成一個電容。

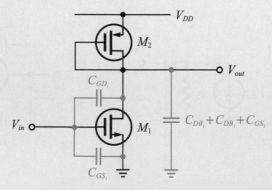

圖 9.25　圖 9.23 電路符號加上高頻電容的電路圖

立即練習◯

承例題 9.9，若 $\lambda = 0$ 且 M_2 的 G 極是以 V_{b_1} 來偏壓而非圖 9.22 所示。則：

(1) 請畫出其高頻模型電路。

(2) 請直接在電路上標出高頻電容。

(譯 9-10)
In the Bode plot (as shown in Figure 9.17), in addition to the corner frequency f_L and f_H, there is an important frequency called the *transit frequency* (通過頻率) f_T. It is defined as the frequency when the gain value $| H(s) |$ in the Bode plot drops to 1 (0dB), as shown in Figure 9.26.

▥ 9.2.3 通過頻率

在波德圖中，(如圖 9.17) 除了轉角頻率 f_L 和 f_H 外，還有一個重要的頻率，稱之**通過頻率** f_T。它定義為波德圖中增益值 $| H(s) |$ 下降至 1(0dB) 時的頻率，如圖 9.26 所示。(譯 9-10)

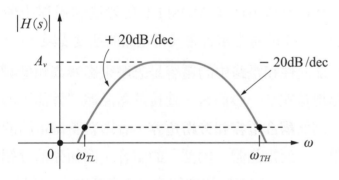

圖 9.26　波德圖中的通過頻率

ω_{TL} 和 ω_{TH} 稱為通過角頻率 $(\omega = 2\pi f)$。

BJT 電晶體的 ω_T 為

$$\omega_T = \frac{g_m}{C_\pi} \tag{9.43}$$

而 MOSFET 的 ω_T 為

$$\omega_T = \frac{g_m}{C_{GS}} \tag{9.44}$$

🛜 9.3／解題分析步驟

本節將分析各種不同電路之頻率響應，並以步驟化的方式引領上手。在介紹解題步驟前，先將前面介紹過的觀念和工具做個總整理，總結如下：

(1) 所謂頻率響應，即求解一個電路的轉移函數大小值對頻率的關係，此關係可用圖形表現出來，此圖稱為波德圖。

(2) 若極點和零點已知，可藉由波德規則快速且精確地描繪出波德圖。

(3) 一般而言，極點會出現在電路中訊號路徑的節點上。

(4) 米勒定理可以解決電路中浮接元件所造成計算較複雜的問題。

(5) 不管 BJT 或 MOSFET 在製造的過程中所產生的寄生電容會使得電路的速度受限。

那元件和電路中的電容是怎麼來影響高和低頻的電路增益呢？一般而言，連接於電晶體 "外部" 的電容，例如**耦合電容**和**旁路電容**，會影響整個電路的低頻增益；而電晶體 "內部" 的電容，例如先前介紹過的高頻電容，則會影響整個電路的高頻增益。^(譯 9-11)

(譯 9-11)
The capacitors connected to the "outside" of the transistor, such as *coupling capacitors*(**耦合電容**) and *bypass capacitors*(**旁路電容**), will affect the low-frequency gain of the entire circuit; while the "internal" capacitors of the transistor, such as the high-frequency capacitors introduced earlier, will affect the high-frequency gain of the entire circuit.

爲了能更有效率地分析一個電路的頻率響應,將分析的方法步驟化如下:

(1) 先找出電晶體外部的電容,決定其低頻的頻率響應和其極點及零點。

(2) 決定電路的電壓增益 A_v。

(3) 考慮電晶體內部的電容,合併或去除一些不需要的電容。

(4) 決定高頻響應的極點和零點。

(5) 利用波德規則畫出其波德圖 (頻率響應)。

📶 9.4 ／ CE 和 CS 組態的頻率響應

　　本節將介紹 CE 和 CS 組態的頻率響應。爲何要 2 個組態一起介紹呢?首先,考慮低頻響應時只與電晶體外部的電容有關,所以用任一個組態來討論皆可 (因爲外部的電路一樣),當然可以 2 個組態一起來討論分析。[譯 9-12] 至於高頻響應,回想一下 BJT 與 MOSFET 二個電晶體的高頻模型,它們的差異在於:

(1) BJT 有 r_π 電阻而 MOSFET 沒有 (當然它們用的電壓符號也不一樣,例如 V_π 和 V_{GS})。

(2) 高頻電容的名稱不一樣。

(3) MOSFET 比 BJT 多一個高頻電容 (前者 4 個,後者 3 個)。

(譯 9-12)
This section will introduce the frequency response of *CE* and *CS* configuration. Why are the two configurations introduced together? First, when considering the low-frequency response, it is only related to the external capacitance of the transistor, so any configuration can be used for discussion (because the external circuit is the same), therefore, two configurations can be discussed and analyzed together.

以上差異可以利用一些電路的定理 (例如戴維寧定理)、一個共用的模型電路，以及一系列的表格清楚區分這 2 個組態。因此，同時討論這 2 個組態有助於記憶其異同，避免分述造成混淆。

▊▊▮ 9.4.1 低頻的頻率響應

以 CS 組態爲例，CE 組態的解法和 CS 組態是一模一樣的。圖 9.27 是具耦合電容 C_i 和旁路電容 C_b 的 CS 組態，當 V_{in} 是直流信號時，C_i 和 C_b 皆爲斷路，整個電路變爲具源極退化之電阻分壓偏壓 (如 7.1 節所討論)，求解直流電流 I_D；若 V_{in} 爲交流訊號，此時 C_i 和 C_b 的行爲如同短路，求解 CS 組態的電壓增益 A_v。 [譯 9-13]

(譯 9-13)

Figure 9.27 is a CS configuration with a coupling capacitor C_i and a bypass capacitor C_b. When V_{in} is a DC signal, both C_i and C_b are open, and the entire circuit becomes a resistor devider with source degeneration (as described in section 7.1 Discussion), the DC current I_D can be solved; if V_{in} is an AC signal, then C_i and C_b behave like a short circuit, and solve for the voltage gain A_v of the CS configuration.

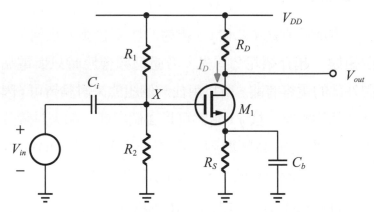

圖 9.27　具耦合和旁路電容之 CS 組態放大器

而低頻響應的分析如下：

$$\frac{V_{out}}{V_{in}}(s) = \frac{V_X}{V_{in}} \frac{V_{out}}{V_X}(s) \qquad (9.45)$$

1.　先求 $\dfrac{V_X}{V_{in}}(s)$

　求 $\dfrac{V_X}{V_{in}}(s)$ 時，V_{DD} 可視為接地 (小訊號模型的認定)。

　所以如圖 9.28 所示，$\dfrac{V_X}{V_{in}}$ 可用分壓求得

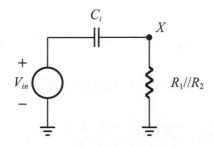

圖 9.28　求 $\dfrac{V_X}{V_{in}}$ 的示意圖

$$V_X = V_{in} \frac{R_1//R_2}{(R_1//R_2) + \dfrac{1}{sC_i}} \tag{9.46}$$

$$\frac{V_X}{V_{in}}(s) = \frac{sC_i(R_1//R_2)}{1 + sC_i(R_1//R_2)} \tag{9.47}$$

2.　再求 $\dfrac{V_{out}}{V_X}(s)$

　根據《電子學 (基礎概念)》第 7 章所討論具源極退化 CS 組態可知

$$\frac{V_{out}}{V_X}(s) = \frac{-R_D}{\dfrac{1}{g_m} + (R_S // \dfrac{1}{sC_b})} \tag{9.48}$$

經過計算後，可得

$$\frac{V_{out}}{V_X}(s) = \frac{-g_m R_D (1 + s C_b R_S)}{1 + g_m R_S + s C_b R_S} \qquad (9.49)$$

(9.48) 式的零點為 0，極點為 $\dfrac{1}{C_i(R_1 /\!/ R_2)}$ ，而 (9.49)

式的零點為 $\dfrac{1}{C_b R_S}$ ，極點為 $\dfrac{1 + g_m R_S}{C_b R_S}$ ，將小的零點 0 和

小的極點 $\dfrac{1}{C_i(R_1 /\!/ R_2)}$ 忽略不計，剩下零點為 $\dfrac{1}{C_b R_S}$ ，極點

為 $\dfrac{1 + g_m R_S}{C_b R_S}$ 。所以，轉移函數可以寫成

$$H(s) = \frac{-g_m R_D (1 + s C_b R_S)}{1 + g_m R_S + s C_b R_S} \qquad (9.50)$$

當 $\omega = 0$ 時，　$H(s) = \dfrac{-g_m R_D}{1 + g_m R_S}$ ；　當 $\omega \rightarrow \infty$ ，

$H(s) = -g_m R_D$。根據波德規則，可以畫出其波德圖，如圖 9.29 所示。

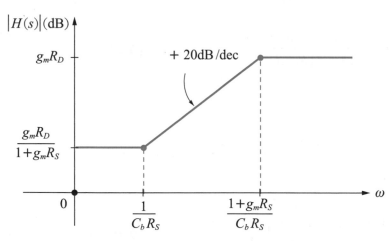

圖 9.29　圖 9.27 的低頻響應 (波德圖)

9.4.2 高頻的頻率響應

如圖 9.30 分別是 *CS* 和 *CE* 組態放大器，其中 R_S 為前一級電路的輸出阻抗，為了求其高頻響應，必須將其高頻電容加上去，如圖 9.31 所示。^(譯 9-14)

接下來畫出圖 9.31 的高頻模型電路，如圖 9.32 所示。觀察圖 9.32(a) 和 (b) 兩圖，發現除了高頻電容名稱不同以外，最大的差異在於電阻 r_π 和其使用的電壓名稱。利用戴維寧定理，可以將圖 9.32(a) 和 (b) 兩圖合併成一個共用的模型電路，如圖 9.33 所示，針對圖 9.33 會有以下的 3 種解法—米勒定理法、直接分析法和主極點法，分述如下。

(譯 9-14)

Figure 9.30 is the *CS* and *CE* configuration amplifiers respectively, where R_S is the output impedance of the previous stage. In order to obtain the high frequency response, the high frequency capacitance must be added, as shown in Figure 9.31.

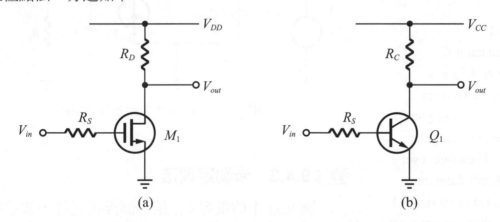

圖 9.30　(a)*CS* 組態放大器，(b)*CE* 組態放大器

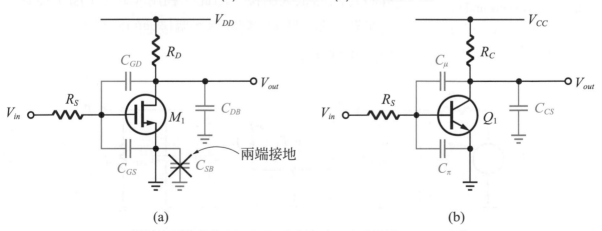

圖 9.31　(a) 加上高頻電容的 *CS* 組態放大器，(b) 加上高頻電容的 *CE* 組態放大器

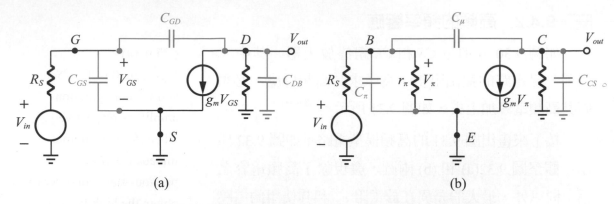

圖 9.32　(a)CS 組態的高頻模型電路，(b)CE 組態的高頻模型電路

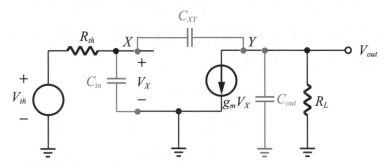

圖 9.33　CS 和 CE 共用的模型電路

(譯 9-15)

The capacitor C_{XY} in Figure 9.33 is a floating component, which will cause great trouble in solving the circuit. Therefore, use the Miller's theorem mentioned in section 9.1 of this chapter to convert C_{XY} into two grounded capacitors C_X and C_Y, as shown in Figure 9.34.

9.4.3　米勒定理法

圖 9.33 中的電容 C_{XY} 是一個浮接元件，會造成求解該電路的很大困擾。因此，利用本章 9.1 節中提到的米勒定理來將 C_{XY} 轉換為 2 個接地的電容 C_X 和 C_Y，如圖 9.34 所示。[(譯 9-15)]

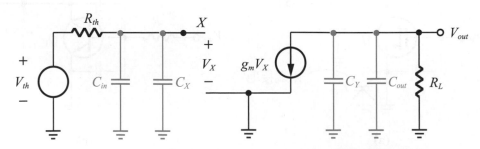

圖 9.34　利用米勒定理後共用的 CS 和 CE 高頻模型電路圖

根據米勒定理，C_X 和 C_Y 可以被計算出來

$$C_X = C_{XY}(1+ g_m R_L) \tag{9.51}$$

$$C_Y = C_{XY}(1+\frac{1}{g_m R_L}) \tag{9.52}$$

將圖 9.34 配合表 9.1，能夠輕易地知道共用的模型電路 (圖 9.34) 可以同時代替 CS 和 CE 組態電路。

表 9.1　CS 和 CE 組態的參數

CS 組態	CE 組態
$V_{th} = V_{in}$	$V_{th} = V_{in}\dfrac{r_\pi}{R_S + r_\pi}$
$R_{th} = R_S$	$R_{th} = R_S \,//\, r_\pi$
$C_{in} = C_{GS}$	$C_{in} = C_\pi$
$C_{out} = C_{DB}$	$C_{out} = C_{CS}$
$C_{XY} = C_{GD}$	$C_{XY} = C_\mu$
$C_X = C_{GD}(1 + g_m R_L)$	$C_X = C_\mu(1 + g_m R_L)$
$C_Y = C_{GD}(1+\dfrac{1}{g_m R_L})$	$C_Y = C_\mu(1+\dfrac{1}{g_m R_L})$

根據波德規則和圖 9.34，可以寫出其 2 個極點分別在輸入端和輸出端的節點上

$$\left|\omega_{p,in}\right| = \frac{1}{R_{th}[C_{in} + C_{XY}(1+g_m R_L)]} \tag{9.53}$$

$$\left|\omega_{p,out}\right| = \frac{1}{R_L[C_{out} + C_{XY}(1+\dfrac{1}{g_m R_L})]} \tag{9.54}$$

例題 9.10

如圖 9.33 所示，是一個 *CE* 組態電路。$R_S = 180\ \Omega$，$I_C = 1.3\text{mA}$，$\beta = 100$，$C_\pi = 120\ \text{fF}$，$C_\mu = 24\ \text{fF}$，$C_{CS} = 36\ \text{fF}$。則：

(1) 求其輸入與輸出端的極點，若 $R_L = 2\ \text{k}\Omega$，哪一個極點是速度的瓶頸？

(2) 若輸出端的極點限制了頻寬，則 R_L 的範圍是多少？

▶ 解答

(1) $\quad g_m = \dfrac{I_C}{V_T} = \dfrac{1.3\text{m}}{26\text{m}} = \dfrac{1}{20\Omega}$

$\quad r_\pi = \dfrac{\beta}{g_m} = \dfrac{100}{\dfrac{1}{20}} = 2\text{k}\Omega$

$\quad |\omega_{p,in}| = \dfrac{1}{(R_S \parallel r_\pi)[C_\pi + C_\mu(1 + g_m R_L)]} = 2\pi\ (379\text{MHz})$

$\quad |\omega_{p,out}| = \dfrac{1}{R_L[C_{CS} + C_\mu(1 + \dfrac{1}{g_m R_L})]} = 2\pi\ (1.32\text{GHz})$

所以，輸入端的極點 $|\omega_{p,\,in}|$ 是速度的瓶頸。

(2) $\quad \dfrac{1}{(R_S /\!/ r_\pi)[C_\pi + C_\mu(1 + g_m R_L)]} > \dfrac{1}{R_L[C_{CS} + C_\mu(1 + \dfrac{1}{g_m R_L})]}$

$\quad \because g_m R_L \gg 1 \quad \therefore 1 + g_m R_L \approx g_m R_L\ ,\ 1 + \dfrac{1}{g_m R_L} \approx 1$

$\quad (R_S /\!/ r_\pi)[C_\pi + C_\mu \cdot g_m R_L] < R_L[C_{CS} + C_\mu]$

$\quad \therefore R_L > \dfrac{(R_S /\!/ r_\pi)C_\pi}{C_{CS} + C_\mu - g_m(R_S /\!/ r_\pi)C_\mu}$

立即練習 ○

承例題 9.10，若 $I_C = 1.8\ \text{mA}$，$C_\pi = 150\ \text{fF}$，$C_\mu = 20\ \text{fF}$，其餘條件不變。則：

(1) 求其輸入與輸出端的極點，若 $R_L = 2\ \text{k}\Omega$，哪一個極點是速度的瓶頸？

(2) 若輸出端的極點限制了頻寬，則 R_L 的範圍是多少？。

📶 例題 9.11

如圖 9.33 所示，是一個 CS 組態電路。若 MOSFET 的通道寬度 W 減為一半，且 I_C 亦減為一半，則 A_v 和極點將如何變化？

▶ 解答

W 下降一半，C (電容) 也下降一半，I_C 下降一半則 g_m 也下降一半。

$$\therefore |A_v| = g_m R_L \text{ 也下降一半}$$

$$\left. |\omega_{p,in}| \right|_n = \frac{1}{R_{th}[\frac{C_{GS}}{2} + \frac{C_{GD}}{2}(1 + \frac{g_m}{2}R_L)]} > 2|\omega_{p,in}|$$

$$\left. |\omega_{p,out}| \right|_n = \frac{1}{R_L[\frac{C_{DB}}{2} + \frac{C_{GD}}{2}(1 + \frac{1}{\frac{g_m}{2}R_L})]} \approx 2|\omega_{p,out}|$$

立即練習 ○

承例題 9.11，若通道寬度 W 和 I_C 增為原來的 3 倍，其餘條件不變，則 A_v 和極點將如何變化？

📼 9.4.4 直接分析法

由於 9.4.3 節的米勒定理法是直接用波德規則找出其極點，似乎缺乏一點精確性。因此，本節將直接利用 KCL 法於圖 9.33 的 X 和 Y 兩節點，寫出方程式後求出其轉移函數。(譯 9-16)

X 點：

$$\frac{V_{out} - V_X}{\frac{1}{sC_{XY}}} = \frac{V_X}{\frac{1}{sC_{in}}} + \frac{V_X - V_{th}}{R_{th}} \qquad (9.55)$$

$$sC_{XY}(V_{out} - V_X) = sC_{in}V_X + \frac{V_X - V_{th}}{R_{th}} \qquad (9.56)$$

(譯 9-16)

Since Miller's method in Section 9.4.3 uses Bode rule to find its pole directly, it seems to lack a little accuracy. Therefore, this section will directly use the KCL method at the X and Y nodes in Figure 9.33, write the equations and find the transfer function.

Y 點：

$$\frac{V_X - V_{out}}{\dfrac{1}{sC_{XY}}} = g_m V_X + \frac{V_{out}}{\dfrac{1}{R_L} + sC_{out}} \tag{9.57}$$

$$sC_{XY}(V_X - V_{out}) = g_m V_X + V_{out}\left(\frac{1}{R_L} + sC_{out}\right) \tag{9.58}$$

由 (9.58) 式可得

$$(sC_{XY} - g_m)V_X = V_{out}\left(\frac{1}{R_L} + sC_{out} + sC_{XY}\right) \tag{9.59}$$

$$V_X = V_{out}\frac{\dfrac{1}{R_L} + sC_{out} + sC_{XY}}{sC_{XY} - g_m} \tag{9.60}$$

將 (9.60) 式代入 (9.58) 式中可得

$$\frac{V_{out}}{V_{th}}(s) = \frac{(sC_{XY} - g_m)R_L}{as^2 + bs + 1} \tag{9.61}$$

其中

$$a = R_{th}R_L(C_{in}C_{XY} + C_{out}C_{XY} + C_{in}C_{out}) \tag{9.62}$$

$$b = (1 + g_m R_L)C_{XY}R_{th} + R_{th}C_{in} + R_L(C_{XY} + C_{out}) \tag{9.63}$$

所以，它的零點和極點分別為

$$\omega_z = \frac{g_m}{C_{XY}} \tag{9.64}$$

$$\left|\omega_{p_{1,2}}\right| = \frac{-b \pm \sqrt{b^2 - 4a}}{2a} \tag{9.65}$$

▮▮ 9.4.5 主極點法

由 9.4.4 節直接分析中可知，有 1 個零點和 2 個極點。零點 $\omega_z = \dfrac{g_m}{C_{XY}}$ 值（$|\omega_z|$）很大（因為 C_{XY} 很小），所以比起 2 個極點而言，此零點可以放棄考慮。[譯 9-17] 假設這 2 個極點 ω_{p_1} 和 ω_{p_2} 的大小關係為 $\omega_{p_2} \gg \omega_{p_1}$（$\omega_{p_1}$ 是主極點）。所以

$$as^2 + bs + 1 = (\frac{s}{\omega_{p_1}} + 1)(\frac{s}{\omega_{p_2}} + 1) \tag{9.66}$$

$$= \frac{s^2}{\omega_{p_1}\omega_{p_2}} + (\frac{1}{\omega_{p_1}} + \frac{1}{\omega_{p_2}})s + 1 \tag{9.67}$$

由 (9.66) 式和 (9.67) 式可知

$$b = \frac{1}{\omega_{p_1}} + \frac{1}{\omega_{p_2}} \approx \frac{1}{\omega_{p_1}} \tag{9.68}$$

所以，可以得到主極點 ω_{p_1} 為

$$\left|\omega_{p_1}\right| = \frac{1}{b} \tag{9.69}$$

$$= \frac{1}{(1 + g_m R_L)C_{XY}R_{th} + R_{th}C_{in} + R_L(C_{XY} + C_{out})} \tag{9.70}$$

將 (9.69) 式代入 (9.67) 式可得

$$a = b\frac{1}{\omega_{p_2}} \tag{9.71}$$

$$\left|\omega_{p_2}\right| = \frac{b}{a} \tag{9.72}$$

$$= \frac{(1 + g_m R_L)C_{XY}R_{th} + R_{th}C_{in} + R_L(C_{XY} + C_{out})}{R_{th}R_L(C_{in}C_{XY} + C_{out}C_{XY} + C_{in}C_{out})} \tag{9.73}$$

（譯 9-17）
From the direct analysis in Section 9.4.4, we can see that there are 1 zero and 2 poles. Since the zero $\omega_z = \dfrac{g_m}{C_{XY}}$, its value ($|\omega_z|$) is very large (because C_{XY} is very small). So, compared to the two poles, this zero can be ignored.

📶 例題 9.12

如圖 9.35 所示。假設所有電晶體皆在飽和區，且 $\lambda \neq 0$，利用主極點法求其極點。

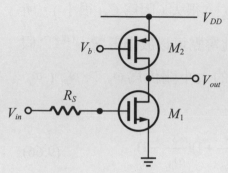

圖 9.35　例題 9.12 的電路圖

▶ 解答

首先先在電路上把高頻電容畫出來，所有的電源皆接地，如圖 9.36 所示。

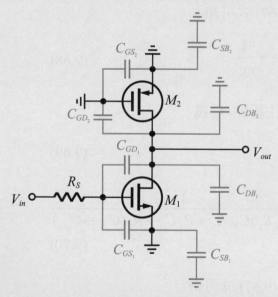

圖 9.36　圖 9.35 加上高頻電容且電源接地後的電路圖

去除兩端都接地的電容，如 C_{SB_1}、C_{GS_2} 和 C_{SB_2}，C_{GD_2}、C_{DB_2} 和 C_{DB_1} 這 3 個電容在輸出端並聯，所以合併成一個電容其值為 $C_{DB_1} + C_{DB_2} + C_{GD_2}$，重畫去除和合併電容的電路圖如圖 9.37 所示。

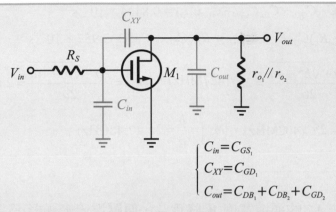

$$\begin{cases} C_{in}=C_{GS_1} \\ C_{XY}=C_{GD_1} \\ C_{out}=C_{DB_1}+C_{DB_2}+C_{GD_2} \end{cases}$$

圖 9.37　圖 9.36 化簡和合併後的電路圖

$$\left|\omega_{p_1}\right|=\frac{1}{b}=\frac{1}{[1+g_{m_1}(r_{o_1}//r_{o_2})]C_{XY}R_S+R_SC_{in}+(r_{o_1}//r_{o_2})(C_{XY}+C_{out})}$$

$$\left|\omega_{p_2}\right|=\frac{b}{a}=\frac{[1+g_{m_1}(r_{o_1}//r_{o_2})]C_{XY}R_S+R_SC_{in}+(r_{o_1}//r_{o_2})(C_{XY}+C_{out})}{R_S(r_{o_1}//r_{o_2})(C_{in}C_{XY}+C_{out}C_{XY}+C_{in}C_{out})}$$

立即練習❍

承例題 9.12，若 $\lambda=0$，其餘條件不變，利用主極點法求其極點。

📶 例題 9.13

如圖 9.30(a) 的 CS 組態放大器。$R_S=180\Omega$，$C_{GS}=180\,\mathrm{f\,F}$，$C_{GD}=60\,\mathrm{f\,F}$，$C_{DB}=85\,\mathrm{f\,F}$，$g_m=(120\Omega)^{-1}$，$\lambda=0$，$R_L=1.5\,\mathrm{k\Omega}$。請利用 (1) 米勒定理法，(2) 直接分析法，(3) 主極點法，計算出其極點的值。

▶ 解答

$$(1)\quad \left|\omega_{p,in}\right|=\frac{1}{R_S[C_{GS}+C_{GD}(1+g_mR_L)]}=2\pi\ (893\mathrm{MHz})$$

$$\left|\omega_{p,out}\right|=\frac{1}{R_L[C_{DB}+C_{GD}(1+\dfrac{1}{g_mR_L})]}=2\pi\ (708\mathrm{MHz})$$

(2) $a = R_S R_L (C_{GS} C_{GD} + C_{DB} C_{GD} + C_{GS} C_{DB}) = 0.8424 \times 10^{-20} \text{s}^{-2}$

$b = (1 + g_m R_L) C_{GD} R_S + R_S C_{GS} + R_L (C_{GD} + C_{DB}) = 3.957 \times 10^{-10} \text{s}^{-1}$

$$\left| \omega_{p_1} \right| = \frac{-b + \sqrt{b^2 - 4a}}{2a} = 2\pi \ (427\text{MHz}) \ , \ \left| \omega_{p_2} \right| = \frac{-b - \sqrt{b^2 - 4a}}{2a} = 2\pi \ (7.05\text{GHz})$$

(3) $\left| \omega_{p_1} \right| = \dfrac{1}{b} = 2\pi \ (402\text{MHz}) \ , \ \left| \omega_{p_2} \right| = \dfrac{b}{a} = 2\pi \ (7.48\text{GHz})$

立即練習○

承例題 9.13，若 M_1 的通道寬度 W 降為 $\dfrac{2}{3}$，偏壓電流 I_D 亦降為 $\dfrac{2}{3}$，其餘條件不變，請利用 (1) 米勒定理法，(2) 直接分析法，(3) 主極點法，計算出其極點的值。

9.4.6　輸入阻抗

(譯 9-18)

The input impedance of the high-frequency *CE* and *CS* configuration determines whether they are easily driven by the pervious stage, so it needs to be discussed. Figure 9.38 is the input impedance diagram of the *CE* configuration.

高頻 *CE* 和 *CS* 組態的輸入阻抗決定著它們是否容易被上一級所驅動，因此需要探討一下，圖 9.38 是 *CE* 組態的輸入阻抗圖。[譯 9-18] 所以，利用米勒定理可以得到輸入阻抗 Z_{in} 為

$$Z_{in} = \frac{1}{s[C_\pi + C_\mu(1 + g_m R_L)]} \ // \ r_\pi \tag{9.74}$$

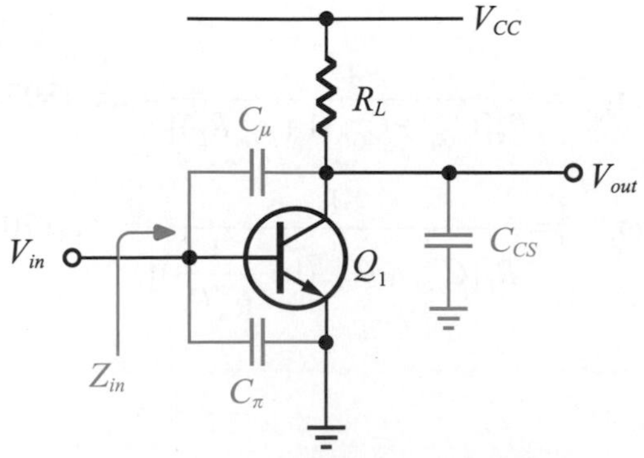

圖 9.38　*CE* 組態的輸入阻抗

圖 9.39 是 CS 組態的輸入阻抗圖。所以一樣使用米勒定理可以得到輸入阻抗 Z_{in} 為

$$Z_{in} = \frac{1}{s[C_{GS} + C_{GD}(1 + g_m R_L)]} \qquad (9.75)$$

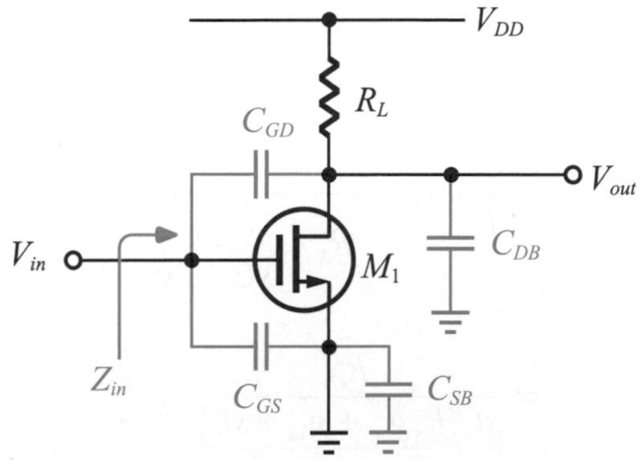

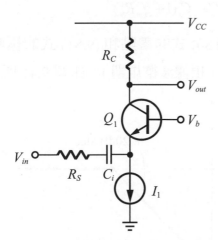

圖 9.39　CS 組態的輸入阻抗

9.5　CB 和 CG 組態的頻率響應

9.5.1　低頻的頻率響應

圖 9.40 是具有輸入耦合電容 C_i 的 CB(共基極) 組態。

圖 9.40　具輸入耦合電容的 CB 組態

若是沒有連接 C_i 時的電壓增益 A_v 為 (於《電子學 (基礎概念)》第 6 章討論過)

$$A_v = \frac{R_C}{R_S + \dfrac{1}{g_m}} \tag{9.76}$$

因此，加上輸入耦合電容 C_i 的轉移函數 $H(s)$ 為

$$H(s) = \frac{V_{out}}{V_{in}}(s) = \frac{R_C}{R_S + \dfrac{1}{sC_i} + \dfrac{1}{g_m}} \tag{9.77}$$

$$= \frac{R_C}{\dfrac{sC_iR_Sg_m + g_m + sC_i}{sC_ig_m}} \tag{9.78}$$

$$= \frac{sC_iR_Cg_m}{sC_i(1 + g_mR_S) + g_m} \tag{9.79}$$

(9.79) 式的零點 $|\omega_z|$ 和極點 $|\omega_p|$ 分別為

$$|\omega_z| = 0 \tag{9.80}$$

$$|\omega_p| = \frac{g_m}{C_i(1 + g_mR_S)} \tag{9.81}$$

根據 (9.80) 式的零點和 (9.81) 式的極點，可以畫出其波德圖 (根據波德規則)，如圖 9.41 所示。

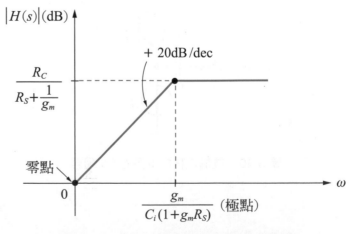

圖 9.41 圖 9.39 電路的低頻頻率響應圖

9.5.2 高頻的頻率響應

圖 9.42 分別為 *CB* 和 *CG* 組態的高頻響應電路圖。

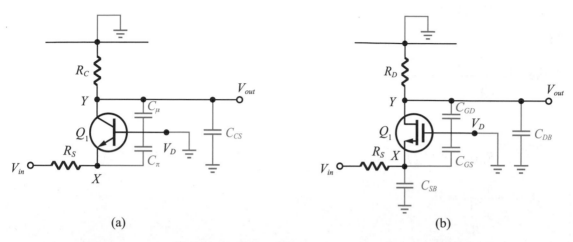

(a)   (b)

圖 9.42 (a)*CB* 組態的高頻響應電路圖，(b)*CG* 組態的高頻響應電路圖

X 點的極點 $|\omega_{p,X}|$ 為

$$|\omega_{p,X}| = \frac{1}{(R_S /\!/ \frac{1}{g_m})C_X} \tag{9.82}$$

其中 $C_X = C_\pi$，*CB* 組態；$C_X = C_{GS} + C_{SB}$，*CG* 組態。

Y 點的極點 $|\omega_{p,Y}|$ 為

$$|\omega_{p,Y}| = \frac{1}{R_L C_Y} \tag{9.83}$$

其中 $R_L = R_C$ 且 $C_Y = C_\mu + C_{CS}$，*CB* 組態；$R_L = R_D$ 且 $C_Y = C_{GD} + C_{DB}$，*CG* 組態。

📶ııl 例題 9.14

如圖 9.42(b) 所示，若 $R_L = R_D$，$C_{SB} = C_{DB}$。請利用例題 9.13 所得數據，畫出其高頻響應圖 (波德圖)。

▶ 解答

$$\left| \omega_{p,X} \right| = \frac{1}{(R_S \, // \, \frac{1}{g_m})(C_{GS} + C_{SB})} = 2\pi \ (8.34\text{GHz})$$

$$\left| \omega_{p,Y} \right| = \frac{1}{R_D(C_{GD} + C_{DB})} = 2\pi \ (732\text{MHz})$$

$$A_v = \frac{R_D}{R_S + \frac{1}{g_m}} = 5$$

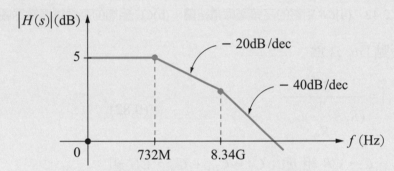

圖 9.43   例題 9.14 的高頻響應圖

立即練習〇

承例題 9.14，若輸出端有一個負載電容 $C_L = 180 \, \text{f F}$，其餘條件不變，畫出其高頻響應圖 (波德圖)。

9.6 / *CC* 和 *CD* 組態的頻率響應

　　圖 9.44 分別是 *CC* 組態 (射極隨耦器) 和 *CD* 組態 (源極隨耦器) 高頻響應的電路圖。以下將使用直接分析的方法來求解 *CC* 組態；至於 *CD* 組態，則以 *CC* 組態的答案做一點小小的替代，即可求得 *CD* 組態的答案。(譯 9-19)

(譯 9-19)
Figure 9.44 is the circuit diagram of the high frequency response of *CC* configuration (emitter follower) and *CD* configuration (source follower) respectively. The following will use the direct analysis method to solve the *CC* configuration; as for the *CD* configuration, the answer can be obtained by making a small substitution with the answer of the *CC* configuration.

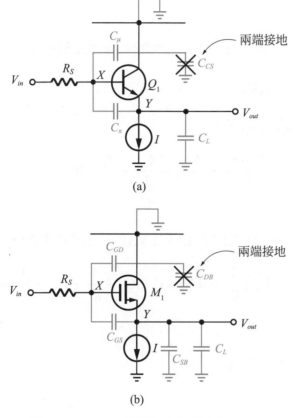

圖 9.44 (a)*CC* 組態的高頻響應電路圖，
(b)*CD* 組態的高頻響應電路圖

　　圖 9.45 是 *CC* 組態的高頻小訊號模型電路。分析如下：

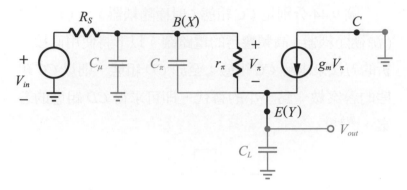

圖 9.45　CC 組態的高頻小訊號模型電路

$$\text{KVL} \Rightarrow V_X = V_\pi + V_{out} \tag{9.84}$$

X 點的 KCL：

$$\frac{V_X - V_{in}}{R_S} + \frac{V_X}{\frac{1}{sC_\mu}} + \frac{V_\pi}{\frac{1}{sC_\pi}} + \frac{V_\pi}{r_\pi} = 0 \tag{9.85}$$

將 (9.84) 式代入 (9.85) 式後，合併同類項，可得

$$V_{out}(\frac{1}{R_S} + sC_\mu) + V_\pi(sC_\mu + \frac{1}{R_S} + sC_\pi + \frac{1}{r_\pi}) = \frac{V_{in}}{R_S} \tag{9.86}$$

Y 點的 KCL：

$$\frac{V_\pi}{\frac{1}{sC_\pi}} + \frac{V_\pi}{r_\pi} + g_m V_\pi = \frac{V_{out}}{\frac{1}{sC_L}} \tag{9.87}$$

將 (9.87) 式中同類項合併後，可得

$$V_\pi = \frac{sC_L V_{out}}{sC_\pi + \dfrac{1}{r_\pi} + g_m} \qquad (9.88)$$

再將 (9.88) 式代入 (9.86) 式中取代 V_π，一樣合併同類項後，可得其轉移函數 $H(s)$

$$H(s) = \frac{V_{out}}{V_{in}}(s) = \frac{1 + s\dfrac{C_\pi}{g_m}}{as^2 + bs + 1} \qquad (9.89)$$

其中 $a = \dfrac{R_S}{g_m}(C_\mu C_\pi + C_L C_\pi + C_L C_\mu)$，

$b = \dfrac{C_\pi}{g_m} + R_S C_\mu + \dfrac{C_L}{g_m}(1 + \dfrac{R_S}{r_\pi})$。所以根據 (9.89) 式的轉移函數，可以得到零點 $|\omega_z|$ 和極點 $|\omega_{p_{1,2}}|$ 分別為

$$|\omega_z| = \frac{g_m}{C_\pi} \qquad (9.90)$$

$$|\omega_{p_{1,2}}| = \frac{-b \pm \sqrt{b^2 - 4a}}{2a} \qquad (9.91)$$

至於 CD 組態，將電阻 r_π 趨近無限大 $(r_\pi \to \infty)$ 和相對的電容替換 $(C_L$ 用 $C_L + C_{SB}$ 取代)，即可得 CD 組態的轉移函數

$$H(s) = \frac{V_{out}}{V_{in}}(s) = \frac{1 + s\dfrac{C_{GS}}{g_m}}{as^2 + bs + 1} \qquad (9.92)$$

其 中 $a = \dfrac{R_S}{g_m}[C_{GD}C_{GS} + C_{GD}(C_L + C_{SB}) + C_{GS}(C_L + C_{SB})]$，

$b = R_S C_{GD} + \dfrac{C_{GS} + C_L + C_{SB}}{g_m}$。根據 (9.92) 式的轉移函數，

可以得到零點 $|\omega_z|$ 和極點 $|\omega_{P_{1,2}}|$ 分別為

$$|\omega_z| = \frac{g_m}{C_{GS}} \qquad\qquad (9.93)$$

$$|\omega_{P_{1,2}}| = \frac{-b \pm \sqrt{b^2 - 4a}}{2a} \qquad\qquad (9.94)$$

📶 例題 9.15

如圖 9.44(b) 所示之 CD 組態。$R_S = 180\ \Omega$，$C_L = 80\ \text{f F}$，$C_{SB} = C_{DB}$，其他數據同例題 9.13，求其極點之值。

▶ **解答**

$a = 1.09 \times 10^{-21} \text{s}^{-2}$

$b = 5.22 \times 10^{-11} \text{s}^{-2}$

所以，$\omega_{P_{1,2}} = \dfrac{-b \pm \sqrt{b^2 - 4a}}{2a}$

$$= \begin{cases} 2\pi[-3.81\text{GHz} + j(2.95\text{GHz})] \\ 2\pi[-3.81\text{GHz} - j(2.95\text{GHz})] \end{cases}$$

立即練習○

承例題 9.15，若使 2 個極點為實數且相等，則 g_m 之值應為多少？

9.6.1　輸入阻抗

　　圖 9.46 分別爲求 CC 和 CD 組態輸入阻抗的高頻電路圖。

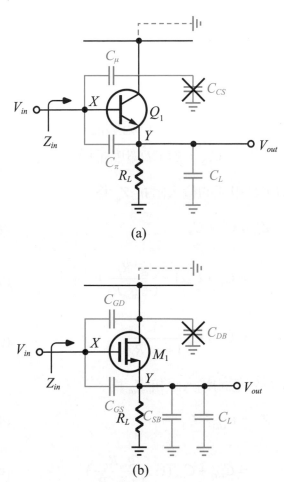

(a)

(b)

圖 9.46　(a)CC 組態輸入阻抗的高頻電路，

(b)CD 組態輸入阻抗的高頻電路

　　其中 CC 組態中的 C_π 電容和 CD 組態中的 C_{GS} 電容爲浮接元件，利用米勒定理可得 X 點的 C_X 爲

$$\frac{1}{SC_X} = \frac{1}{SC_{XY}}\frac{1}{1-A_v} \tag{9.95}$$

即

$$C_X = C_{XY}(1 - A_v) \qquad (9.96)$$

其中 A_v 為沒有高頻電容的電壓增益

$$A_v = \frac{g_m R_L}{1 + g_m R_L} \qquad (9.97)$$

C_{XY} 為跨接 X、Y 點間的電容

$$C_{XY} = \begin{cases} C_\pi & \text{，對 } CC \text{ 組態而言} \\ C_{GS} & \text{，對 } CD \text{ 組態而言} \end{cases} \qquad (9.98)$$

所以 CC 組態的輸入阻抗 Z_{in} 為

$$Z_{in} = C_\mu + C_X \qquad (9.99)$$

$$= C_\mu + C_\pi (1 - \frac{g_m R_L}{1 + g_m R_L}) \qquad (9.100)$$

$$= C_\mu + C_\pi \frac{1}{1 + g_m R_L} \qquad (9.101)$$

而 CD 組態的輸入阻抗 Z_{in} 為

$$Z_{in} = C_{GD} + C_X \qquad (9.102)$$

$$= C_{GD} + C_{GS} (1 - \frac{g_m R_L}{1 + g_m R_L}) \qquad (9.103)$$

$$= C_{GD} + C_{GS} \frac{1}{1 + g_m R_L} \qquad (9.104)$$

9.6.2 輸出阻抗

圖 9.47 分別爲求 CC 和 CD 組態輸出阻抗的高頻電路圖。其中忽略掉接在 E 點的 R_L 電阻，利用小訊號模型求其輸出阻抗 Z_{out}，圖 9.48 是 CC 組態的小訊號模型電路。(譯 9-20)

(譯 9-20)
Figure 9.47 is the high-frequency circuit diagram for calculating the output impedance of CC and CD configuration respectively. The R_L resistance connected at terminal E is ignored, and the small signal model is used to find the output impedance Z_{out}. Figure 9.48 is the small signal model circuit of the CC configuration.

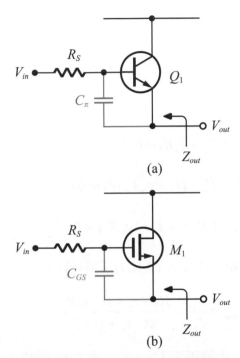

圖 9.47 (a)CC 組態輸出阻抗的高頻電路，
(b)CD 組態輸出阻抗的高頻電路

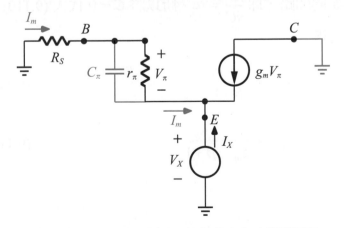

圖 9.48 CC 組態求解輸出阻抗的小訊號模型電路

求解 Z_{out} 的分析過程如下：

E 點的 KCL：

$$I_X + g_m V_\pi + \frac{V_\pi}{(r_\pi // \frac{1}{sC_\pi})} = 0 \qquad (9.105)$$

將 (9.105) 式移項整理後，可得

$$V_\pi = -I_X \left(\frac{r_\pi}{1 + \beta + sC_\pi} \right) \qquad (9.106)$$

KVL：

$$V_X + V_\pi + I_m R_S = 0 \qquad (9.107)$$

$$V_X + V_\pi - (I_X + g_m V_\pi) R_S = 0 \qquad (9.108)$$

$$V_X - I_X R_S + V_\pi (1 - g_m R_S) = 0 \qquad (9.109)$$

將 (9.106) 式代入 (9.109) 式中可得

$$Z_{out} = \frac{V_X}{I_X} = \frac{R_S + r_\pi + sC_\pi r_\pi R_S}{sC_\pi r_\pi + \beta + 1} \qquad (9.110)$$

(9.110) 式值得探討一下，當在低頻時，電容的行

為如同開路，即 $\frac{1}{sC} = \infty$。所以將 $C = 0$ 代入 (9.110) 式

中可得

$$Z_{out} = \frac{r_\pi + R_S}{\beta + 1} = \frac{r_\pi}{\beta + 1} + \frac{R_S}{\beta + 1} \qquad (9.111)$$

$$= \frac{1}{g_m} + \frac{R_S}{\beta + 1} \qquad (9.112)$$

　　當在高頻時，電容的行為如同短路，即 $\dfrac{1}{sC} = 0$。
所以將 $C = \infty$ 代入 (9.110) 式中可得

$$Z_{out} = \lim_{C_\pi \to \infty} \frac{R_S + r_\pi + sC_\pi r_\pi R_S}{sC_\pi r_\pi + \beta + 1} \qquad (9.113)$$

$$= \lim_{C_\pi \to \infty} \frac{\dfrac{R_S + r_\pi}{C_\pi} + sr_\pi R_S}{sr_\pi + \dfrac{\beta + 1}{C_\pi}} \qquad (9.114)$$

$$= R_S \qquad (9.115)$$

　　由 CC 組態的輸出阻抗 Z_{out} (9.110 式)，可以推展
至 CD 組態。將 (9.110) 的 $r_\pi \to \infty$ 且 C_π 替換成 C_{GS} 即
可得

$$Z_{out} = \lim_{r_\pi \to \infty} \frac{R_S + r_\pi + sC_{GS} r_\pi R_S}{sC_{GS} r_\pi + \beta + 1} \qquad (9.116)$$

$$= \lim_{r \to \infty} \frac{\dfrac{R_S}{r_\pi} + 1 + sC_{GS} R_S}{sC_{GS} + \dfrac{\beta + 1}{r_\pi}} \qquad (9.117)$$

$$= \frac{sC_{GS} R_S + 1}{sC_{GS} + g_m} \qquad (9.118)$$

例題 9.16

如圖 9.49 所示。若 $r_{o_3} = \infty$、$r_{o_2} \neq \infty$、$r_{o_1} \neq \infty$，求 Z_{out} 為多少？

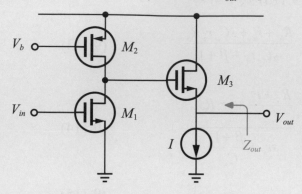

圖 9.49　例題 9.16 的電路圖

▶ 解答

圖 9.49 可以重畫為圖 9.50。

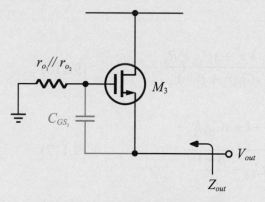

圖 9.50　圖 9.49 重畫後的電路圖

所以，Z_{out} 為

$$Z_{out} = \frac{sC_{GS_3}(r_{o_1}//r_{o_2})+1}{sC_{GS_3} + g_{m_3}}$$

立即練習○

承例題 9.16，若 $r_{o_1} = r_{o_2} = r_{o_3} \neq \infty$，則 Z_{out} 變為多少？

9.7　實例挑戰

例題 9.17

關於運算放大器，根據以下敘述分析其對錯，並詳述之。

(1) 利用負回授，電壓放大器的增益變化會比開迴路時更加不敏感。

(2) 在使用負回授的放大器，其頻率補償是一個用來伸展閉迴路頻寬的技術。

(3) 對一個具單極點的運算放大器，其增益頻寬積為一個常數。

【107 中正大學 - 電機工程學系、機械工程學系碩士】

▶ 解答

　(1)　正確。

　(2)　錯誤。

　(3)　正確。

重點回顧

1. 放大器的增益若考慮頻率的效應時，其值與頻率有關，如圖 9.2 和圖 9.4 所示，此現象稱之頻率響應，而畫出大小值對頻率的關係圖稱之波德圖。

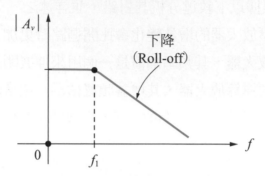

圖 9.2　電壓增益對頻率的關係圖

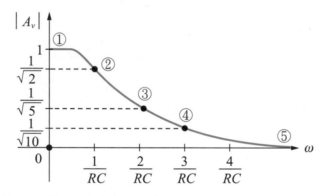

圖 9.4　圖 9.3 電路的電壓增益 $|A_v|$ 對角頻率 ω 的關係圖

2. 放大器的增益若與頻率有關，稱之轉移函數。

3. 轉移函數分子的根稱之零點，而分母的根稱之極點。

4. 波德規則是一套用以快速且正確畫出波德圖的方法。

5. 一般而言，極點會出現在電路信號路徑的節點上，其值為節點上的電阻值 R 和電容值 C 乘積的倒數。

6. 米勒定理是有效解決浮接元件的最佳方法，如圖 9.11、(9.26) 式和 (9.27) 式所描述。

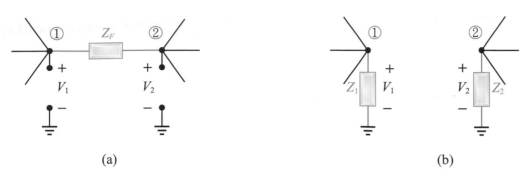

(a)　　　　　　　　　　(b)

圖 9.11　(a) 具浮接元件 Z_F 的電路，(b) 利用米勒定理處理的等效電路

$$Z_1 = Z_F \frac{1}{1-A_v} \tag{9.26}$$

$$Z_2 = Z_F \frac{1}{1-\dfrac{1}{A_v}} \tag{9.27}$$

7. BJT 的高頻模型如圖 9.18 所示，而 MOS 的高頻模型如圖 9.22 所示。

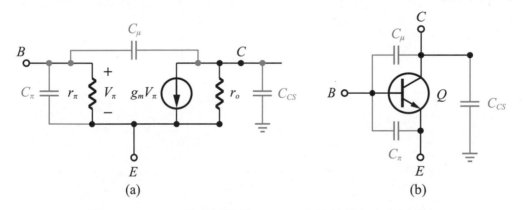

(a)　　　　　　　　　　(b)

圖 9.18　(a)BJT 的高頻模型，(b)BJT 電路符號加上高頻電容

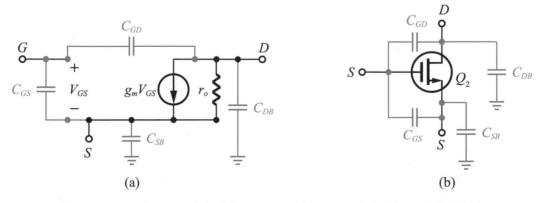

(a)　　　　　　　　　　(b)

圖 9.22　(a)MOSFET 的高頻模型，(b)MOSFET 電路符號加上其高頻電容

8.　BJT 的通過角頻率 ω_T 如 (9.43) 式所示，而 MOS 的通過角頻率 ω_T 如 (9.44) 式所示。

$$\omega_T = \frac{g_m}{C_\pi} \tag{9.43}$$

$$\omega_T = \frac{g_m}{C_{GS}} \tag{9.44}$$

9.　電晶體外部的電容，如耦合電容和旁路電容，會影響電路的低頻響應，而其內部高頻電容，則會影響電路的高頻響應。

10. CE 和 CS 組態的高頻響應分析有 3 種方法：

(1) 米勒定理法

(2) 直接分析法

(3) 主極點法。

Chapter 10 回授

回授是一個電路或系統自我修正的重要機制，被廣泛運用於現代的電子電路和系統中。因此，本章將深入探討此重大機制的原理，總共有 4 大重點，分述如下：

放大器的偵測／返回的方法
(1) 放大器的種類
(2) 放大器的模型
(3) 偵測／返回的方法
(4) 回授的極性

3

4 穩定(Stability)和補償(Compensation)
(1) 迴路的穩定性
(2) 相位邊界(Phase Margin)
(3) 頻率補償

1

2

一般性的考量
(1) 回授系統的元素(Elements)
(2) 負回授(Negative Feedback)的特性

回授電路的分析
(1) 四大種類的回授電路
(2) 有限輸入／輸出阻抗的效應

📶 10.1 一般性的考量

(譯 10-1)
The so-called feedback
is to process the output
value of a system (circuit)
through a "feedback
network" to the input
terminal.

負回授
(*negative feedback*)

正回授
(*positive feedback*)

前饋系統
(*feedforward system*)

偵測機制
(*sense mechanism*)

回授網路
(*feedback network*)

比較機制 (*comparison
mechanism*)

　　所謂的回授，就是把一個系統 (電路) 的輸出值經由一個 "回授網路" 的作用後，給輸入端做處理。^(譯 10-1) 至於輸入端要做何種 "處理" 呢？一般而言有 2 種，第 1 種是輸入值 "減去" 回授網路作用後的值，稱之負回授；第 2 種是輸入值 "加上" 回授網路作用後的值，此方式稱之正回授。

　　負回授的輸入值由於是和輸出值加權後相減，因此其值不時在做 "修正" 以 "追蹤" 輸出值，這是一個 "控制" 系統的好方式，值得好好討論；至於正回授，由於輸入值一直在加輸出加權值，終有一刻它的值會 "飽和"，以致系統達永遠 "飽和"，此作用看似無用，唯一的應用是製作振盪電路的好方法。所以，正回授不在本章的討論範圍，將討論重心放在負回授的原理。

　　圖 10.1 是負回授的方塊圖。它有 4 大元件，分別是*前饋系統* A_1(圖 10.1 標示為①處)、*偵測機制* (圖 10.1 標示為②處)、*回授網路 K*(圖 10.1 標示為③處) 和*比較機制* (圖 10.1 標示為④處)。

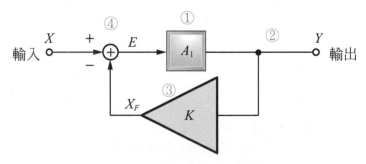

圖 10.1　負回授的方塊圖

根據圖 10.1，$K = 0$ 即是沒有回授只留下前饋系統 A_1，因此稱之為**開迴路系統**；若 $K \neq 0$，代表有回授，因此稱之為**閉迴路系統**。$^{(譯\ 10-2)}$ 那圖 10.1 的轉移函數 $\dfrac{Y}{X}$ 又是多少呢？分析如下：

$$X_F = KY \tag{10.1}$$

$$Y = A_1(X - X_F) \tag{10.2}$$

將 (10.1) 式代入 (10.2) 式可得

$$Y = A_1(X - KY) \tag{10.3}$$

$$= A_1 X - K A_1 Y \tag{10.4}$$

整理 (10.4) 式可得

$$\frac{Y}{X} = \frac{A_1}{1 + K A_1} \tag{10.5}$$

(10.5) 式即是圖 10.1 的轉移函數，亦可有以下 2 個結果：第一，若 $K = 0$(開迴路系統)，則 $\dfrac{Y}{X} = A_1$；第二，閉迴路增益 ($\dfrac{A_1}{1 + K A_1}$) 是小於開迴路增益 (A_1)。後續將會討論到，雖然閉迴路增益變小了，相對地其穩定度卻大大地提升了。$^{(譯\ 10-3)}$

(譯 10-2)
According to Figure 10.1, $K = 0$ means that there is no feedback and only the feedforward system A_1 is left, so it is called an ***open-loop system***(開迴路系統); if $K \neq 0$, it means there is a feedback, so it is called a ***closed-loop system***(閉迴路系統).

(譯 10-3)
First, if $K = 0$ (open-loop system), then $\dfrac{Y}{X} = A_1$; second, the closed-loop gain($\dfrac{A_1}{1 + K A_1}$) is less than the open-loop gain (A_1). It will be discussed later that although the closed-loop gain has become smaller, its stability has been greatly improved.

📶 例題 **10.1**

如圖 10.2 所示，求其轉移函數 $\dfrac{Y}{X}$ 。

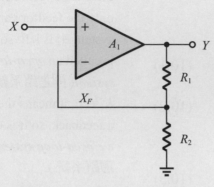

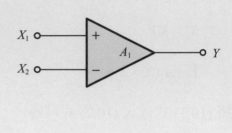

圖 10.2　例題 10.1 的電路圖　　　　　　圖 10.3　運算放大器

▶ 解答

如同第 8 章所述，一個如圖 10.3 所示的運算放大器，其輸出 Y 和輸入 X_1 和 X_2 間的關係爲 $Y = A_1(X_1 - X_2)$。所以，圖 10.2 中

$$X_F = \frac{R_2}{R_1 + R_2} Y \tag{10.6}$$

$$Y = A_1(X - X_F) \tag{10.7}$$

將 (10.6) 式代入 (10.7) 式可得

$$Y = A_1(X - \frac{R_2}{R_1 + R_2} Y) \tag{10.8}$$

$$= A_1 X - \frac{R_2}{R_1 + R_2} A_1 Y \tag{10.9}$$

整理 (10.9) 式可得

$$\frac{Y}{X} = \frac{A_1}{1 + \dfrac{R_2}{R_1 + R_2} A_1} \tag{10.10}$$

其中 (10.10) 式中的 $\dfrac{R_2}{R_1 + R_2}$ 就是 (10.5) 式中的 K。

立即練習○────

承例題 10.1，若 $R_2 = \infty$，求其轉移函數 $\dfrac{Y}{X}$ 。

那圖 10.1 中 E 和 X 的關係又是如何呢？分析如下

$$E = X - X_F \tag{10.11}$$

$$X_F = KY = KEA_1 \tag{10.12}$$

將 (10.12) 式代入 (10.11) 式，並化簡整理後可得

$$E = \frac{X}{1 + KA_1} \tag{10.13}$$

📶 例題 10.2

如圖 10.2 所示，若 $A_1 \to \infty$，求其轉移函數 $\dfrac{Y}{X}$。

▶ 解答

由 (10.10) 式將 $A_1 = \infty$ 代入，則 $\dfrac{Y}{X} = \dfrac{\infty}{\infty}$。所以將 (10.10) 式上下除以 A_1，得

$$\frac{Y}{X} = \frac{1}{\dfrac{1}{A_1} + \dfrac{R_2}{R_1 + R_2}} \tag{10.14}$$

再將 $A_1 = \infty$ 代入 (10.14) 式可得

$$\frac{Y}{X} = \frac{1}{\dfrac{R_2}{R_1 + R_2}} \tag{10.15}$$

$$= \frac{R_1 + R_2}{R_2} = 1 + \frac{R_1}{R_2} \tag{10.16}$$

立即練習○

承例題 10.2，若 $R_2 = \infty$，其餘條件不變，求其轉移函數 $\dfrac{Y}{X}$。

最後，藉由上述例題推導可得，圖 10.1 中整個迴路的增益是 KA_1。

📶 例題 **10.3**

若將圖 10.1 中 A_1 的輸入打斷，形成如圖 10.4 所示電路，則求此系統的迴路增益。

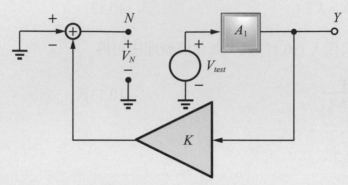

圖 10.4　例題 10.3 的電路圖

▶ 解答

$V_N = 0 - KA_1 V_{test} = -KA_1 V_{test}$

所以，迴路增益為 KA_1。

立即練習○───────

承例題 10.3，若將圖 10.1 中的減法輸入打斷，則迴路增益為多少？

(譯 10-4)

When the loop gain (KA_1) of a negative feedback system is much greater than 1, the transfer function (closed-loop system) of this system will have nothing to do with the gain A_1 of the open loop system. This property is called *gain desensitization*(**增益脫敏**).

📶 10.2 負回授的特性

負回授會有以下 4 個好處，分別是增益脫敏、頻寬放大、輸入 / 輸出阻抗改變和線性度增加，接下來將逐一討論之。

🔋 10.2.1 增益脫敏

當一個負回授系統的迴路增益 (KA_1) 遠大於 1 時，則此系統的轉移函數 (閉迴路系統) 將與開迴路系統的增益 A_1 無關，此性質稱之**增益脫敏**。(譯 10-4)

分析如下，將 (10.5) 式上下除以 A_1 可得

$$\frac{Y}{X} = \frac{1}{\frac{1}{A_1} + K} \tag{10.17}$$

因為 $KA_1 \gg 1$ 中主要是 $A_1 \gg 1$，所以 (10.17) 式中的 A_1 以 ∞ 代入，可得

$$\frac{Y}{X} \approx \frac{1}{K} \tag{10.18}$$

由 (10.18) 式可知，此時轉移函數 $\frac{Y}{X}$ 只與 K 有關，和 A_1 無關。

例題 10.4

如圖 10.2 所示，其閉迴路的增益為 6。則試求 (1) $A_1 = 3000$，(2) $A_1 = 1200$ 時，其閉迴路的增益是多少？並且比較其開迴路增益和閉迴路增益的變化量。

▶ 解答

由 (10.16) 式知 $\frac{Y}{X} = 1 + \frac{R_1}{R_2} = 6$ ，所以 $\frac{R_1}{R_2} = 5$ 。

(1)　由 (10.10) 式知 $\dfrac{Y}{X} = \dfrac{A_1}{1 + KA_1} = \dfrac{3000}{1 + \frac{1}{6}3000} = 5.988$

(2)　由 (10.10) 式知 $\dfrac{Y}{X} = \dfrac{A_1}{1 + KA_1} = \dfrac{1200}{1 + \frac{1}{6}1200} = 5.97$

所以，開迴路增益 A_1 由 3000 變化至 1200，比例變化 60%($= \dfrac{3000 - 1200}{3000}$)，

但閉迴路增益由 5.988 變化至 5.97，比例變化 0.3%($= \dfrac{5.988 - 5.97}{5.988}$)。

立即練習 ●

承例題 10.4，若 A_1 為 3000 降至 800，請計算迴路和閉迴路增益變化的百分比。

▮▮◗ 10.2.2 頻寬放大

假設開迴路的增益 A_1，具有一個極點 ω_0，寫成

$$A_1(s) = \frac{A_0}{1+\dfrac{s}{\omega_0}} \tag{10.19}$$

其中 A_0 為低頻的電壓增益。將 (10.19) 式代入 (10.5) 式中可得

$$\frac{Y}{X}(s) = \frac{\dfrac{A_0}{1+\dfrac{s}{\omega_0}}}{1+K\dfrac{A_0}{1+\dfrac{s}{\omega_0}}} \tag{10.20}$$

$$= \frac{\dfrac{A_0\omega_0}{s+\omega_0}}{\dfrac{s+\omega_0+K\omega_0 A_0}{s+\omega_0}} \tag{10.21}$$

$$= \frac{A_0\omega_0}{s+(1+KA_0)\omega_0} \tag{10.22}$$

$$= \frac{A_0}{(1+KA_0)+\dfrac{s}{\omega_0}} \tag{10.23}$$

$$= \frac{\dfrac{A_0}{1+KA_0}}{1+\dfrac{s}{(1+KA_0)\omega_0}} \tag{10.24}$$

　　(10.24) 式即是閉迴路的增益。比較 (10.19) 式和 (10.24) 式可知，低頻增益由開迴路的 A_0 變小至閉迴路的 $\dfrac{A_0}{1+KA_0}$。但極點 (頻寬) 卻由開迴路的 ω_0 變大至閉迴路的 $(1 + KA_0)\omega_0$。

　　藉由表 10.1 和圖 10.5 可更加清楚增益和極點 (頻寬) 的變化。由此可知，閉迴路的頻寬為放大且延展。

表 10.1　開／閉迴路的增益和頻寬比較

	開迴路	閉迴路
增益	A_0	$\dfrac{A_0}{1+KA_0}$
頻寬	ω_0	$(1 + KA_0)\omega_0$

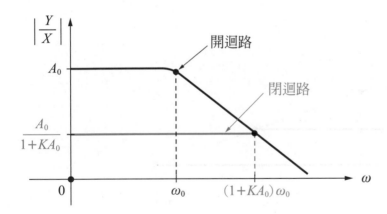

圖 10.5　開迴路與閉迴路的頻率響應

例題 10.5

若 $K = 0$、0.2 和 0.6，$A_0 = 500$，請畫出 (10.24) 式的頻率響應圖。

▶ **解答**

(1)　$K = 0$，$A_0 = 500$

$$\frac{Y}{X}(s) = \frac{500}{1 + \dfrac{s}{\omega_0}}$$

(2)　$K = 0.2$，$A_0 = 500$

$$\frac{Y}{X}(s) = \frac{\dfrac{500}{101}}{1 + \dfrac{s}{101\omega_0}}$$

(3)　$K = 0.6$，$A_0 = 500$

$$\frac{Y}{X}(s) = \frac{\dfrac{500}{301}}{1 + \dfrac{s}{301\omega_0}}$$

其頻率響應如圖 10.6 所示。

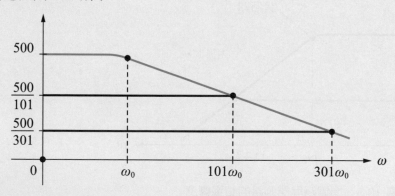

圖 10.6　頻率響應圖

立即練習○

承例題 10.5，若 $K = 1$，其他數據不變，請畫出 (10.24) 式的頻率響應圖。

10.2.3 輸入／輸出阻抗改變

負回授會使得輸入阻抗變大、輸出阻抗變小，以下以一個例題來證明之。

例題 10.6

如圖 10.7 所示，$\lambda = 0$，$R_1 + R_2 \gg R_D$。(1) 請決定該回授系統的四大元素，(2) 求開迴路和閉迴路的電壓增益，(3) 求開迴路和閉迴路的輸入和輸出阻抗。

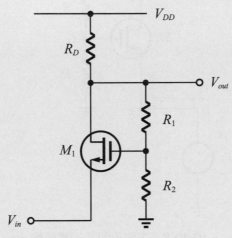

圖 10.7 例題 10.6 的電路圖

解答

(1) 前饋系統：M_1 和 R_D

　　偵測機制：R_1 和 R_2

　　回授網路：R_1 和 R_2 (分壓)

　　比較機制：M_1

(2) 開迴路的電壓增益：$\dfrac{V_{out}}{V_{in}} = A_o = g_m R_D$

　　閉迴路的電壓增益：$\dfrac{V_{out}}{V_{in}} = \dfrac{g_m R_D}{1 + \dfrac{R_2}{R_1 + R_2} g_m R_D}$

(3) 開迴路的輸入阻抗 $R_{in} = \dfrac{1}{g_m}$

　　開迴路的輸出阻抗 $R_{out} = R_D$

閉迴路的輸入阻抗求解，首先將圖 10.7 的輸入端加入一個電源 V_X，使其流入電流 I_X，如圖 10.8 所示。

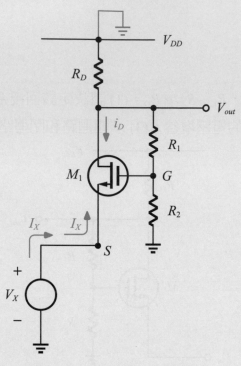

圖 10.8　求輸入阻抗的電路圖

求出 V_X 和 I_X 的關係即爲輸入阻抗 R_{in}，分析如下

$$V_{out} = I_X R_D \tag{10.25}$$

$$V_G = V_{out} \frac{R_2}{R_1 + R_2} \tag{10.26}$$

$$= \frac{I_X R_D R_2}{R_1 + R_2} \tag{10.27}$$

$$V_{GS} = V_G - V_S \tag{10.28}$$

$$= \frac{I_X R_D R_2}{R_1 + R_2} - V_X \tag{10.29}$$

因爲 $i_D = g_m V_{GS}$，所以

$$i_D = g_m \left(\frac{I_X R_D R_2}{R_1 + R_2} - V_X \right) \tag{10.30}$$

又因為 $I_X = -i_D$，因此

$$-I_X = \frac{g_m I_X R_D R_2}{R_1 + R_2} - g_m V_X \tag{10.31}$$

將 (10.31) 式中含有 V_X 的項移至左邊，含 I_X 的項移至右邊可得

$$g_m V_X = I_X (1 + \frac{g_m R_D R_2}{R_1 + R_2}) \tag{10.32}$$

所以

$$R_{in} = \frac{V_X}{I_X} = \frac{1}{g_m} (1 + \frac{g_m R_D R_2}{R_1 + R_2}) \tag{10.33}$$

由 (10.33) 式知比 $\dfrac{1}{g_m}$ 來得大。

閉迴路的輸出阻抗求解。首先將圖 10.7 的輸出端加上一個電源 V_X，使其流入電流 I_X，如圖 10.9 所示。

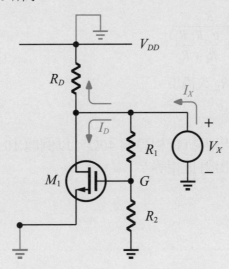

圖 10.9　求輸出阻抗的電路圖

求出 V_X 和 I_X 間的關係即為輸出阻抗 R_{out}。分析如下

$$V_{GS} = V_G - V_S \tag{10.34}$$

$$= V_G \tag{10.35}$$

$$= V_X \frac{R_2}{R_1 + R_2} \tag{10.36}$$

$$I_D = g_m V_{GS} \tag{10.37}$$

$$= g_m V_X \frac{R_2}{R_1 + R_2} \tag{10.38}$$

因為 $R_1 + R_2 \gg R_D$，所以 I_X 流入 $R_1 + R_2$ 的電流很小可以忽略之。根據 KCL 可得

$$I_X = I_D + \frac{V_X}{R_D} \tag{10.39}$$

將 (10.38) 式代入 (10.39) 式中可得

$$I_X = g_m V_X \frac{R_2}{R_1 + R_2} + \frac{V_X}{R_D} \tag{10.40}$$

整理 (10.40) 式可得

$$R_{out} = \frac{V_X}{I_X} = \frac{1}{\dfrac{g_m R_2}{R_1 + R_2} + \dfrac{1}{R_D}} \tag{10.41}$$

$$= \frac{R_D}{1 + \dfrac{g_m R_D R_2}{R_1 + R_2}} \tag{10.42}$$

由 (10.42) 式知比 R_D 來得小。

立即練習◦

有些應用中，輸入和輸出阻抗皆相等為 40Ω。以例題 10.6 所推導之關係式，何者可以讓輸入阻抗和輸出阻抗相等？

▐▐▌ 10.2.4 線性度增加

考慮開迴路的增益如圖 10.10(a) 所示，在 X_1 點的斜率為 A_1 即為其增益，同樣地在 X_2 點的斜率為 A_2 即為其增益；而閉迴路系統的增益如圖 10.10(b) 所示，在 X_1 點的增益為

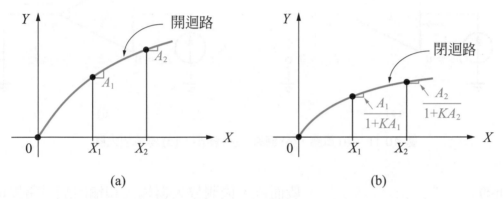

$$\frac{A_1}{1+KA_1} \tag{10.43}$$

$$= \frac{1}{K}\left(\frac{A_1}{A_1+\dfrac{1}{K}}\right) \tag{10.44}$$

$$= \frac{1}{K}\left(\frac{1}{1+\dfrac{1}{KA_1}}\right) \tag{10.45}$$

圖 10.10　(a) 開迴路之非線性增益，(b) 閉迴路之非線性增益

(10.45) 式中因為 $KA_1 \gg 1$，所以 $\dfrac{1}{KA_1} \ll 1$。利用泰勒級數 (Taylor Series) 展開可得 X_1 點的增益為

$$\frac{1}{K}\left(1-\frac{1}{KA_1}\right) \tag{10.46}$$

(10.46) 式的值比 A_1 小，所以其線性度變好 (增加)。同理，X_2 點的增益為

$$\frac{1}{K}\left(1-\frac{1}{KA_2}\right) \tag{10.47}$$

同樣 (10.47) 式的值比 A_2 小，所以其線性度亦變好 (增加)。

📶 10.3 / 放大器的形式

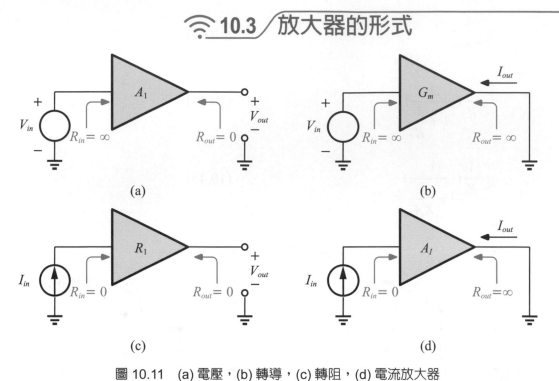

圖 10.11　(a) 電壓，(b) 轉導，(c) 轉阻，(d) 電流放大器

(譯 10-5)
Generally speaking, the input and output terminals of the detection amplifier are voltage signals, but current signals can also be detected. Therefore, there are 4 different amplifier forms in combination, and Figure 10.11 is the amplifier model of these 4 forms. If the input terminal is voltage, the impedance R_{in} is infinite (∞), otherwise it is 0; if the output terminal is voltage, the impedance R_{out} is 0, otherwise it is ∞.

　　一般而言，偵測放大器輸入和輸出端是電壓的信號，其實電流的信號也是可以被偵測的。因此，組合起來會有 4 種不同的放大器形式，圖 10.11 即為此 4 種形式的放大器模型。輸入端為電壓者其阻抗 R_{in} 為無限大 (∞)，反之為 0；輸出端為電壓者其阻抗 R_{out} 為 0，反之為 ∞。 (譯 10-5)

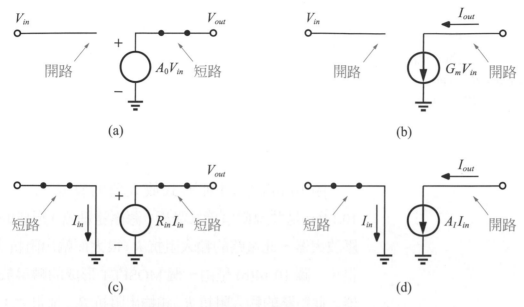

▮▮ 10.3.1 放大器的模型

圖 10.12　(a) 電壓，(b) 轉導，(c) 轉阻，(d) 電流放大器的理想模型

　　圖 10.11 中 4 種型式放大器的模型可分為**理想模型**和**實際模型**來討論。圖 10.12 分別是圖 10.11 的 4 種模式放大器之理想模型，它們輸入阻抗 $R_{in} = \infty$(以 "開路" 表示)，輸出阻抗 $R_{out} = 0$(以 "短路" 表示)；輸入阻抗 $R_{in} = 0$(以 "短路" 表示)，輸出阻抗 $R_{out} = \infty$(以 "開路" 表示)。(譯 10-6)

(譯 10-6)
The four types of amplifier models in Figure 10.11 can be divided into *ideal models*(理想模型) and *actual models*(實際模型) for discussion. Figure 10.12 is the ideal model of the four types of amplifiers shown in Figure 10.11. Their input impedance $R_{in} = \infty$ (indicated by "open circuit"), output impedance $R_{out} = 0$ (indicated by "short circuit"); input impedance $R_{in} = 0$ (indicated by "short circuit"), output impedance $R_{out} = \infty$ (indicated by "open circuit").

(譯 10-7)

Figure 10.13 is the actual model of the four types of amplifiers in Figure 10.11. Their input impedance R_{in} is no longer ∞ or 0, and their output impedance R_{out} is no longer 0 or ∞.

　　圖 10.13 則是圖 10.11 的 4 種型式放大器之實際模型。它們的輸入阻抗 R_{in} 不再是 ∞ 或 0，輸出阻抗 R_{out} 也不再爲 0 或 ∞。^(譯 10-7)

🔋 10.3.2 四種放大器的實際例子

　　於 10.3.1 節中所展示的 4 種型式放大器，是否能夠以至今所學習的電路來表示呢？答案當然是肯定的。

　　圖 10.14 即爲 4 種形式放大器的實際例子，圖 10.14(a) 是共源極串接共汲極 (源極隨耦器) 形成的電壓放大器，此電路的輸入阻抗 R_{in} 很大而輸出阻抗 R_{out} 很小；圖 10.14(b) 是由一個 MOSFET 形成的轉導放大器，此電路的輸入阻抗 R_{in} 和輸出阻抗 R_{out} 都很大；圖 10.14(c) 是共閘極串接共汲極形成的轉阻放大器，此電路的輸入阻抗 R_{in} 和輸出阻抗 R_{out} 都很小；圖 10.14(d) 是一個共閘極形成的電流放大器，此電路的輸入阻抗 R_{in} 很小，但輸出阻抗 R_{out} 卻很大。^(譯 10-8)

(譯 10-8)

Figure 10.14 is a practical example of the four types of amplifiers. Figure 10.14(a) is a voltage amplifier formed by a common source in series with a common drain (source follower). The input impedance R_{in} of this circuit is very large and the output impedance R_{out} is very small; Figure 10.14(b) is a transconductance amplifier formed by a MOSFET, the input impedance R_{in} and output impedance R_{out} of this circuit are both large; Figure 10.14(c) is a transimpedance formed by a common gate in series with a common drain amplifier, the input impedance R_{in} and output impedance R_{out} of this circuit are very small; Figure 10.14(d) is a current amplifier formed by a common gate, the input impedance R_{in} of this circuit is very small, but the output impedance R_{out} is very large.

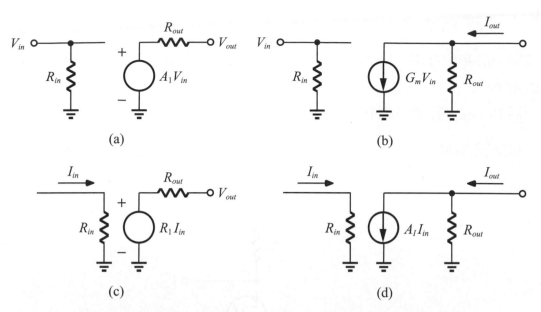

圖 10.13　(a) 電壓，(b) 轉導，(c) 轉阻，(d) 電流放大器的實際模型

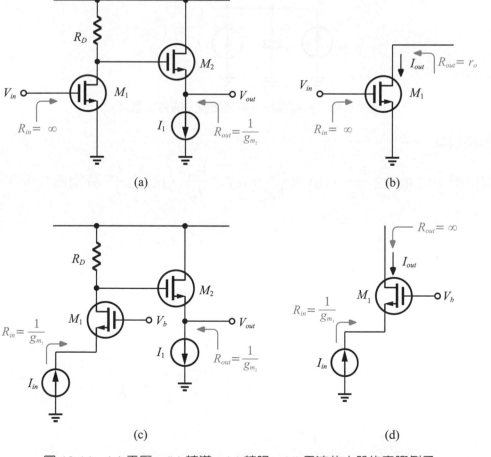

圖 10.14　(a) 電壓，(b) 轉導，(c) 轉阻，(d) 電流放大器的實際例子

Ｙⅲ 例題 **10.7**

如圖 10.14(d) 的 $A_I = 1$，似乎可以用導線來取代之。請問該放大器有何優點？

▶ **解答**

圖 10.14(d) 若在輸入端有一個很大的寄生電容 C_p，如圖 10.15 所示，則其輸入端的極點 $\dfrac{g_m}{C_p}$ 會很大（比起 $\dfrac{1}{RC_p}$，因為 $R > \dfrac{1}{g_m}$），因此有可能使得頻寬（–3dB 頻率）變得很大。

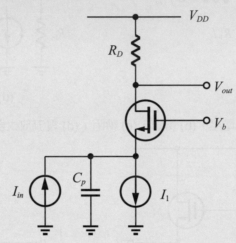

圖 10.15　共閘極輸入端有個很大的寄生電容 C_p

立即練習○

請求出圖 10.14(a) 之 $\dfrac{V_{out}}{V_{in}}$，(b) 之 $\dfrac{I_{out}}{V_{in}}$，(c) 之 $\dfrac{V_{out}}{I_{in}}$，(d) 之 $\dfrac{I_{out}}{I_{in}}$ 分別為多少？

10.4 偵測與返回機制

本節將探討如何偵測輸出端的信號 (包含電壓和電流)，並將回授網路的信號返回到輸入端。首先，欲偵測電壓需將回授網路和輸出端並接 (並聯)，如同圖 10.16(a) 所示，其中由輸出端看入回授網路的阻抗愈大愈好，以避免影響到輸出端。(譯 10-9) 真實的電路案例如圖 10.16(b) 所示，其中 R_1 和 R_2 即是回授網路，$R_1 + R_2$ 的阻值要愈大愈好。

(譯 10-9)
This section will discuss how to detect the signal (including voltage and current) at the output and return the signal from the feedback network to the input. First, if you want to detect the voltage, you need to have the feedback network and the output terminal connected in parallel (parallel connection), as shown in Figure 10.16(a), where the impedance seen from the output terminal into the feedback network is as large as possible to avoid influence on the output.

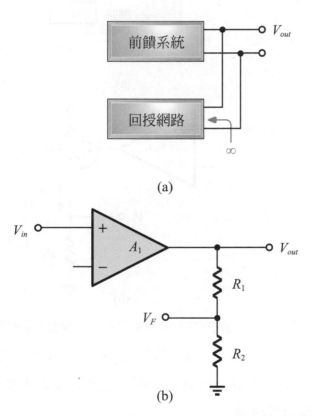

圖 10.16　(a) 回授網路並聯偵測輸出端，(b) 真實的案例電路

(譯 10-10)

If you want to detect the current at the output, you need to connect the feedback network and the output in series (serial connection), as shown in Figure 10.17(a), where the impedance seen from the output end into the feedback network is as small as possible in order to avoid affecting the output.

　　如果欲偵測輸出端的電流，則需將回授網路和輸出端串接 (串聯)，如圖 10.17(a) 所示，其中由輸出端看入回授網路的阻抗愈小愈好，以避免影響到輸出端。[譯 10-10] 真實的電路案例如圖 10.17(b) 所示，其中 R_S 串聯 M_1，以偵測輸出端的電流，R_S 的阻抗愈小愈好 ($\ll \frac{1}{g_m}$)。

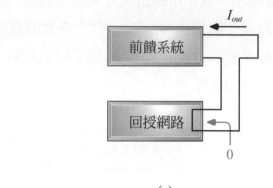

(a)

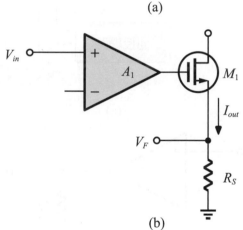

(b)

圖 10.17　(a) 回授網路串聯偵測輸出端，(b) 真實的案例電路

　　同樣，回授網路如何將信號 (包含電壓和電流) 返回輸入端和輸入信號相減呢？在此將區分電壓信號和電流信號討論。

首先，回授網路返回的電壓信號要和輸入信號相減，就必須以"串聯"的方式，如同 2 個電壓相加減時亦是以串聯的方式處理。圖 10.18 說明了輸入信號和回授網路返回電壓相減的接法 (串聯)，其中由輸入端往回授網路看入的阻抗愈小愈好，以避免影響信號相減。(譯 10-11) 電壓 V_e 為：

$$V_e = V_{in} - V_F \qquad (10.48)$$

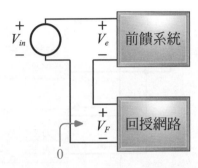

圖 10.18　輸入電壓和回授網路返回之電壓信號以串聯方式相減

真實的電路案例如圖 10.19 所示，圖 10.19(a) 是利用差動對來當成 2 個電壓相減器，圖 10.19(b) 則是使用一個 MOSFET 就可以當成 2 個電壓的相減器。

(譯 10-11)
First, if the voltage signal returned by the feedback network is subtracted from the input signal, it must be "serial connection", just as when two voltages are added or subtracted, they are also processed in series. Figure 10.18 illustrates the connection (serial connection) of the input signal and the return voltage of the feedback network. The impedance seen from the input to the feedback network is as small as possible in order to avoid affecting the signal subtraction.

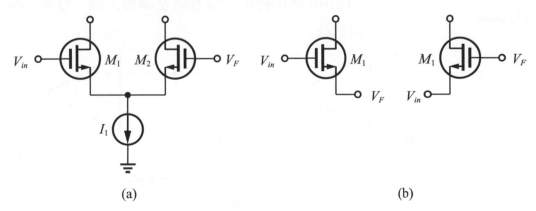

(a)　　　　　　　　　　　　　　(b)

圖 10.19　(a) 差動對當成電壓相減器，(b)MOSFET 當成電壓相減器

（譯 10-12)
Furthermore, if the
current signal returned
by the feedback network
is to be subtracted from
the input current signal,
it must be "parallel
connected", just as when
two currents are added
or subtracted, they are
also processed in parallel.
Figure 10.20 illustrates
the connection (parallel
connection) of the
subtraction of the input
current signal and the
return current signal of
the feedback network,
in which the impedance
of the feedback network
viewed from the input
end is as large as possible
to avoid affecting the
signal subtraction.

　　再者，回授網路返回的電流信號要和輸入電流信號相減，就必須以 "並聯" 的方式，如同 2 個電流相加減時亦是以並聯的方式處理一樣。圖 10.20 說明了輸入電流信號和回授網路返回電流信號相減的接法（並聯），其中由輸入端看入回授網路的阻抗愈大愈好，以避免影響信號相減。（譯 10-12) 電流 I_e 為：

$$I_e = I_{in} - I_F \tag{10.49}$$

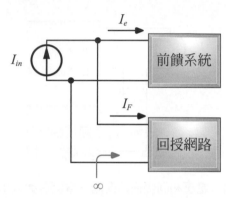

圖 10.20　輸入電流和回授網路返回之電流信號以並聯方式相減

　　眞實的電路案例如圖 10.21 所示，圖 10.21(a) 是利用一個 MOSFET 並聯輸入端，以形成電流相減，圖 10.21(b) 則是利用一個電阻並聯輸入端，就可形成電流相減。

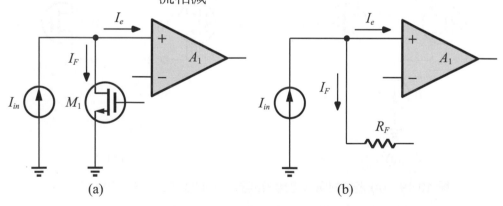

圖 10.21　(a) 利用一個 MOSFET 並聯輸入信號形成電流相減，
(b) 利用一個電阻並聯輸入信號形成電流相減

例題 10.8

如圖 10.22 所示，請決定何種偵測和返回的機制。

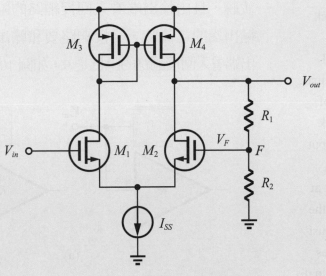

圖 10.22 例題 10.8 的電路圖

● 解答

R_1 和 R_2 當成是回授網路，偵測輸出 V_{out} 的電壓值為 $V_F = \dfrac{R_2}{R_1 + R_2}$。然後利用 M_1 和

M_2 的差動對做返回電壓的相減，它結合了圖 10.16(b) 的偵測電壓方式和圖 10.19(a)
的返回電壓的相減方式。

立即練習●

承例題 10.8，若 $R_2 = \infty$，請決定何種偵測和返回的機制。

(譯 10-13)

When detecting the voltage at the output terminal, the feedback network must be connected in parallel with the output terminal, and the impedance of the feedback network viewed from the output terminal is ∞; when detecting the current at the output terminal, the feedback network must be connected in series with the output terminal, and the impedance of the feedback network seen from the output end is 0, as shown in Figure 10.23(a).

| 極性 (*polarity*)

最後將以上所討論的重點做一個總結,如圖 10.23 所示。當偵測輸出端的電壓時,回授網路要和輸出端並聯,且由輸出端看入回授網路的阻抗是 ∞;當偵測輸出端的電流時,回授網路要和輸出端串聯,且由輸出端看入回授網路的阻抗是 0,如圖 10.23(a) 所示。(譯 10-13)

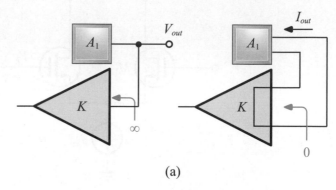

(a)

圖 10.23 (a) 偵測輸出信號的接法

🛜 10.5 回授的極性

欲知道回授網路返回的信號是何種**極性**,可由以下方法得知:

(1) 將輸入信號設為 0。

(2) 在輸入端和前饋系統間打斷連線。

(3) 以一個測試信號 V_t 輸入前饋系統,繞一圈後得到回授網路返回的信號 V_F,檢查 $\dfrac{V_F}{V_t}$ 的極性。

若是返回輸入端的信號是電壓，則回授網路和輸入端**串聯**，且由輸入端看入回授網路的阻抗爲 **0**；若返回輸入端的信號是電流，則回授網路和輸入端**並聯**，且由輸入端看入回授網路的阻抗是 ∞，如圖 10.23(b) 所示。^(譯 10-14)

(譯 10-14)
If the signal returning to the input terminal is voltage, the feedback network is connected in series with the input terminal, and the impedance of the feedback network viewed from the input terminal is 0. If the signal returning to the input terminal is current, the feedback network is connected in parallel with the input terminal, and the impedance of the feedback network seen from the input terminal is ∞, as shown in Figure 10.23(b).

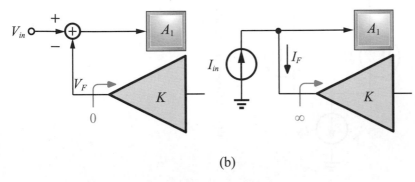

(b)

圖 10.23　(b) 返回輸入端之信號的接法（續）

另外一種方法亦可得知其極性：

(1) 假設輸入信號上升 (或下降)。

(2) 循著前饋系統和回授網路繞一圈。

(3) 觀察回授網路所返回的信號是下降 (或上升) 來決定其極性。

以下將以 2 個例題來說明之。

𝖸ⅼⅼⅼ 例題 10.9

如圖 10.24 所示，請決定其極性。

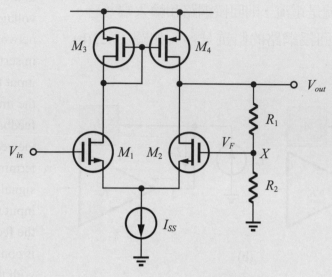

圖 10.24　例題 10.9 的電路圖

▶ 解答

若 V_{in} 上升，I_{D_1} 也會上升，I_{D_2} 則會下降 (∵ $I_{SS} = I_{D_1} + I_{D_2}$，$I_{SS}$ 為固定值)，V_{out} 和 V_X 也上升。但由於 V_X 的上升將使得 I_{D_2} 上升，違背先前的假設，因此可以判斷該回授為負極性 (若有興趣，亦可自行使用第一種方式進行探索)。

立即練習●

承例題 10.9，若圖 10.24 中的 R_1 是連接至 M_1 的汲極而非 M_2，請決定其極性。

例題 10.10

如圖 10.25 所示，請決定其極性。

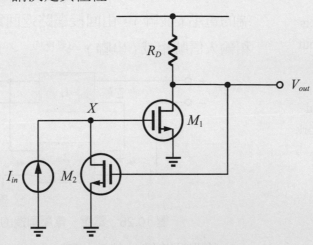

圖 10.25　例題 10.10 的電路圖

▶ 解答

若 I_{in} 上升，V_X 也上升，則 I_{D_1} 也會上升，造成 V_{out} 下降，I_{D_2} 也跟著下降，如此一來造成 V_X 上升 (為什麼？請思考一下！)，因此可判斷該回授為正極性 (若有興趣，亦可自行使用第一種方式進行探索)。

立即練習○

承例題 10.10，將圖 10.25 中 M_2 換成 pMOS，但依舊維持 CS 組態。

若 $R_D \rightarrow \infty$，則會產生什麼結果？

📶 10.6 回授的組態

藉由先前的討論已知放大器的組態有 4 大類。因此，本節將個別深入討論其特性，包含閉迴路的增益和輸入 / 輸出的阻抗，但是皆假設回授網路為理想狀態，如同圖 10.23 所述。

(譯 10-15)
Figure 10.26 is a voltage-voltage feedback amplifier, which detects the voltage at the output terminal (parallel connection), and the voltage signal returned by the feedback network is subtracted from the input signal at the input terminal (serial connection).

10.6.1 電壓—電壓回授

　　圖 10.26 是電壓—電壓回授放大器，它偵測輸出端的電壓 (並聯)，由回授網路返回電壓信號於輸入端和輸入信號相減 (串聯)。(譯 10-15)

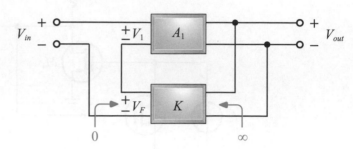

圖 10.26　電壓—電壓回授的電路圖

其閉迴路增益計算如下

$$V_1 = V_{in} - V_F \tag{10.50}$$

$$V_{out} = A_1 V_1 \tag{10.51}$$

將 (10.50) 式代入 (10.51) 式可得

$$V_{out} = A_1(V_{in} - V_F) \tag{10.52}$$

又

$$V_F = K V_{out} \tag{10.53}$$

將 (10.53) 式代入 (10.52) 式可得

$$V_{out} = A_1(V_{in} - K V_{out}) \tag{10.54}$$

整理 (10.54) 式後可得

$$\frac{V_{out}}{V_{in}} = A_1' = \frac{A_1}{1 + K A_1} \tag{10.55}$$

(10.55) 式的結果和 (10.5) 式一樣，也符合預期。

▽ⅲ 例題 10.11

如圖 10.27 所示，假設 $R_1 + R_2$ 很大，求此閉迴路電路的增益。

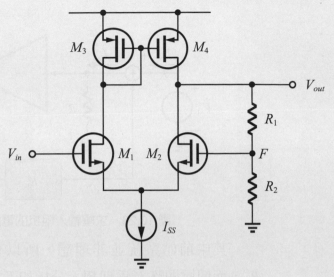

圖 10.27 例題 10.11 的電路圖

▶ 解答

由例題 10.9 得知，圖 10.27 的極性為負極性。

$R_1 + R_2$ 值很大符合圖 10.26 中看入回授網路的阻抗很大。

M_1 至 M_4 所形成的差動放大器增益 (將於第 12 章做討論) 為

$$A_1 = -g_{m_1}(r_{o_1} /\!/ r_{o_3}) \qquad (10.56)$$

而 V_F 為 V_{out} 的分壓，所以 K 為

$$K = \frac{V_F}{V_{out}} = \frac{R_2}{R_1 + R_2} \qquad (10.57)$$

將 (10.56) 式和 (10.57) 式代入 (10.55) 式可得

$$\frac{V_{out}}{V_{in}} = \frac{-g_{m_1}(r_{o_1} /\!/ r_{o_3})}{1 + \dfrac{-R_2}{R_1 + R_2} g_{m_1}(r_{o_1} /\!/ r_{o_3})} \qquad (10.58)$$

立即練習 ●

承例題 10.11，$g_{m_1} = \dfrac{1}{120\Omega}$，$r_{o_1} = 6\mathrm{k\Omega}$，$r_{o_3} = 3\mathrm{k\Omega}$，$\dfrac{R_2}{R_1 + R_2} = \dfrac{1}{5}$，求 $\dfrac{V_{out}}{V_{in}}$ 為多少？

接下來繼續求其輸入阻抗 $R_{in}{}'$，如圖 10.28 是求解輸入阻抗的電路圖。

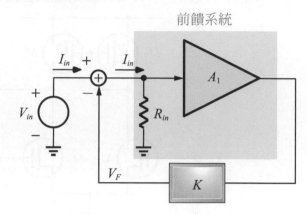

圖 10.28 　求解輸入阻抗的電路圖

其中前饋系統並非理想，所以有一個輸入阻抗 R_{in}，而回授網路 K 為理想，分析如下

$$I_{in} R_{in} = V_{in} - V_F \tag{10.59}$$

$$V_F = I_{in} R_{in} A_1 K \tag{10.60}$$

(譯 10-16)
From (10.62), the input impedance of the voltage amplifier with negative feedback becomes $(1 + KA_1)$ times larger, which conforms to the derivation of Section 10.2.

將 (10.60) 式代入 (10.59) 式可得

$$I_{in} R_{in} = V_{in} - I_{in} R_{in} A_1 K \tag{10.61}$$

整理 (10.61) 式可得

$$\frac{V_{in}}{I_{in}} = R_{in}{}' = R_{in}(1 + KA_1) \tag{10.62}$$

由 (10.62) 式可知負回授的電壓放大器其輸入阻抗變大 $(1 + KA_1)$ 倍，符合 10.2 節的推導。(譯 10-16)

例題 10.12

如圖 10.29 所示，假設 $R_1 + R_2$ 值很大，求其輸入阻抗。

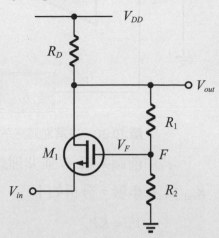

圖 10.29 例題 10.12 的電路圖

解答

將圖 10.29 中的 G 極和 F 點切斷，G 極接一直流電壓 V_b 即為開迴路系統 (CG 組態)，其輸入阻抗 $R_{in} = \dfrac{1}{g_m}$。

所以，閉迴路的輸入阻抗 R_{in}' 可由 (10.62) 式知

$$R_{in}' = \frac{1}{g_m}(1 + \frac{R_2}{R_1 + R_2}g_m R_D) \qquad (10.63)$$

其中 $K = \dfrac{R_2}{R_1 + R_2}$，$A_1 = g_m R_D$ 為開迴路系統 (CG 組態) 的電壓增益。

立即練習

承例題 10.12，若 $R_2 \to \infty$，其餘條件不變，求其輸入阻抗。

　　至於輸出阻抗 R_{out}' 可藉由圖 10.30 來求解。在輸出端加入一個電源 V_X，流入電流 I_X，輸入端短路至地，求 V_X 和 I_X 的關係即為答案。

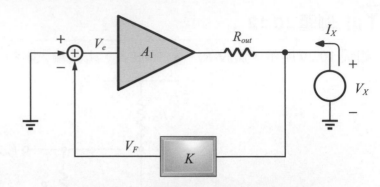

圖 10.30　求解閉迴路系統輸出阻抗的電路

其中前饋系統 A_1 並非理想，所以有一個輸出阻抗 R_{out} 和 A_1 串聯，分析如下

$$V_F = KV_X \qquad (10.64)$$

$$V_e = 0 - V_F \qquad (10.65)$$

$$= - V_F \qquad (10.66)$$

$$= - KV_X \qquad (10.67)$$

I_X 電流不會流入回授網路 K(為什麼？請思考一下！)，所以

$$I_X = \frac{V_X - A_1 V_e}{R_{out}} \qquad (10.68)$$

將 (10.67) 式代入 (10.68) 式可得

$$I_X = \frac{V_X + A_1 K V_X}{R_{out}} \qquad (10.69)$$

整理 (10.69) 可得

$$\frac{V_X}{I_X} = R_{out}{}' = \frac{R_{out}}{1 + KA_1} \qquad (10.70)$$

(10.70) 式即為閉迴路系統的輸出阻抗，比開迴路系統的輸出阻抗 R_{out} 小了 $(1 + KA_1)$ 倍，亦符合 10.2 節中的推導。[譯 10-17]

(譯 10-17)
(10.70) is the output impedance of the closed-loop system, which is $(1 + KA_1)$ times smaller than the output impedance R_{out} of the open-loop system, which is also in line with the derivation in Section 10.2.

例題 10.13

如圖 10.31 所示，假設 $R_1 + R_2$ 值很大，求其輸出阻抗。

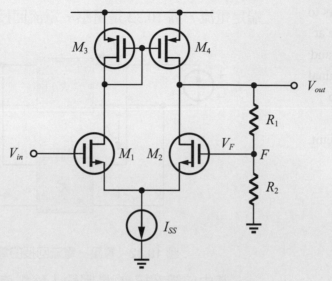

圖 10.31　例題 10.13 的電路圖

▶ 解答

切斷 M_2 的 G 極與 F 點的連線即成開迴路，其輸出阻抗 $R_{out} = r_{o_2} // r_{o_4}$。所以，其閉迴路的輸出阻抗 R_{out}' 為

$$R_{out}' = \frac{r_{o_2} // r_{o_4}}{1 + \dfrac{R_2}{R_1 + R_2} g_{m_1}(r_{o_1} // r_{o_3})} \tag{10.71}$$

其中 $K = \dfrac{R_2}{R_1 + R_2}$，開迴路增益 $A_1 = -g_{m_1}(r_{o_1} // r_{o_3})$。

立即練習○

承例題 10.13，若 $R_2 \to \infty$，其餘條件不變，求其輸出阻抗。

10.6.2 電壓—電流回授

(譯 10-18)
Voltage-current refers to
the detection voltage at
the output terminal, and
the return input terminal
is the current. Figure
10.32 is the voltage-
current feedback circuit.

　　電壓—電流指得是輸出端偵測電壓，而返回輸入端是電流，圖 10.32 是電壓—電流回授的電路。[譯 10-18]

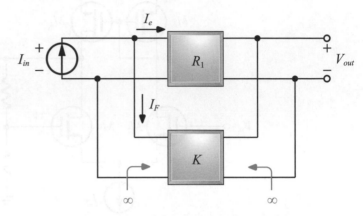

圖 10.32　電壓—電流回授的電路圖

　　其中前饋系統 R_1 是因輸入為電流，輸出為電壓，它即為一個轉阻 R_1，分析如下

$$I_e = I_{in} - I_F \tag{10.72}$$

$$V_{out} = I_e R_1 \tag{10.73}$$

將 (10.72) 式代入 (10.73) 式可得

$$V_{out} = (I_{in} - I_F)R_1 \tag{10.74}$$

而 I_F 為

$$I_F = KV_{out} \tag{10.75}$$

再將 (10.75) 式代入 (10.74) 式可得

$$V_{out} = (I_{in} - KV_{out})R_1 \tag{10.76}$$

整理 (10.76) 式可得

$$\frac{V_{out}}{I_{in}} = R_1' = \frac{R_1}{1 + KR_1} \tag{10.77}$$

例題 10.14

如圖 10.33 所示，假設 $\lambda = 0$，R_F 很大：(1) 證明此回授為負，(2) 求開迴路的電壓增益，(3) 求閉迴路的電壓增益。

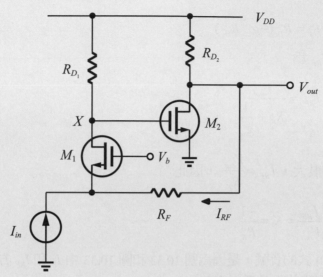

圖 10.33　例題 10.14 的電路圖

▶ 解答

(1) 若 I_{in} 上升，I_{D_1} 下降 (為什麼？請思考一下！)，V_X 上升，I_{D_2} 上升，結果 V_{out} 下降，I_{RF} 下降。所以，其極性為負。

(2) 將回授路徑切除，可得圖 10.34 電路。

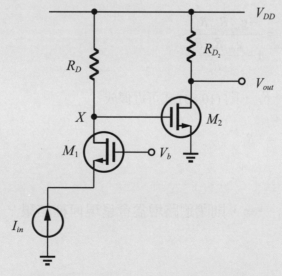

圖 10.34　圖 10.33 去除回授後的電路

第一級 (M_1) 的增益為 $\dfrac{V_X}{I_{in}} = R_{D_1}$ ，第二級 (M_2) 的增益為 $\dfrac{V_{out}}{V_X} = -g_{m_2} R_{D_2}$ 。所以整體的增益為

$$R_1 = R_{D_1}(-g_{m_2} R_{D_2}) \tag{10.78}$$

(3) 返回電流 I_{RF} 為

$$I_{RF} = \dfrac{V_{out}}{R_F + \dfrac{1}{g_m}} \tag{10.79}$$

因為 R_F 值很大， $I_{RF} \approx \dfrac{V_{out}}{R_F}$ ，因此

$$\dfrac{I_{RF}}{V_{out}} = K = \dfrac{-1}{R_F} \tag{10.80}$$

其中 (10.80) 式的負號，是因為圖 10.32 和圖 10.33 中 I_F 和 I_{RF} 方向相反所造成。所以，閉迴路的增益為

$$\dfrac{V_{out}}{I_{in}} = \dfrac{R_1}{1 + KR_1} \tag{10.81}$$

$$= \dfrac{-g_{m_2} R_{D_2} R_{D_1}}{1 + (\dfrac{-1}{R_F})(-g_{m_2} R_{D_2} R_{D_1})} \tag{10.82}$$

$$= \dfrac{-g_{m_2} R_{D_2} R_{D_1}}{1 + \dfrac{g_{m_2} R_{D_2} R_{D_1}}{R_F}} \tag{10.83}$$

若 $g_{m_2} R_{D_2} R_{D_1} \gg R_F$ ，則 (10.83) 式可近似成

$$\dfrac{V_{out}}{I_{in}} \approx -R_F \tag{10.84}$$

立即練習●

承例題 10.14，若 $R_1 \to \infty$，則閉迴路增益會呈現何種結果？

接下來，試求解圖 10.32 的輸入阻抗 R_{in}'，圖 10.35 是求解輸入阻抗的電路。

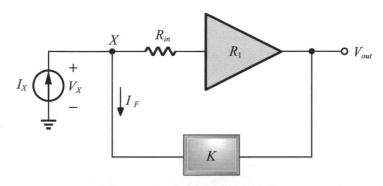

圖 10.35　求解輸入阻抗的電路圖

其中 R_1 為非理想，所以串聯一個阻抗 R_{in}，流入 R_{in} 的電流為 $\dfrac{V_X}{R_{in}}$，因此，$V_{out} = (\dfrac{V_X}{R_{in}})R_1$，所以

$$I_F = K\frac{V_X}{R_{in}}R_1 \qquad (10.85)$$

寫出 X 點的 KCL，可得

$$I_X = I_F + \frac{V_X}{R_{in}} \qquad (10.86)$$

將 (10.85) 式代入 (10.86) 式可得

$$I_X = K\frac{V_X}{R_{in}}R_1 + \frac{V_X}{R_{in}} \qquad (10.87)$$

$$= V_X(K\frac{R_1}{R_{in}} + \frac{1}{R_{in}}) \qquad (10.88)$$

整理 (10.88) 式可得

$$\frac{V_X}{I_X} = R_{in}' = \frac{R_{in}}{1 + KR_1} \qquad (10.89)$$

由 (10.89) 式可知，電壓—電流回授 (轉阻放大器) 的輸入阻抗 R_{in}' 變小 $(1 + KR_1)$ 倍。(譯 10-19)

(譯 10-19)
From (10.89), the input impedance R_{in}' of the voltage-current feedback (transimpedance amplifier) becomes $(1 + KR_1)$ times smaller.

📶 例題 **10.15**

如圖 10.33 所示，求其輸入阻抗 R_{in}'。

▶ 解答

將圖 10.33 和圖 10.35 對照可知 $R_{in} = \dfrac{1}{g_{m_1}}$，所以

$$R_{in}' = \frac{R_{in}}{1 + KR_1} \tag{10.90}$$

$$= \frac{\dfrac{1}{g_{m_1}}}{1 + (-\dfrac{1}{R_F})(-g_{m_2} R_{D_2} R_{D_1})} \tag{10.91}$$

$$= \frac{1}{g_m} \cdot \frac{1}{1 + \dfrac{g_{m_2} R_{D_2} R_{D_1}}{R_F}} \tag{10.92}$$

立即練習〇─────────────

承例題 10.15，若 $R_1 \to \infty$，則輸入阻抗 R_{in}' 變爲多少？。

最後求解圖 10.32 的輸出阻抗 R_{out}'，圖 10.36 是求解輸出阻抗 R_{out}' 的電路圖。

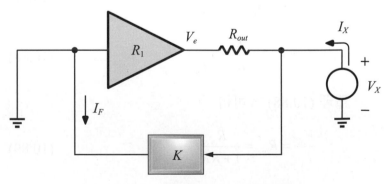

圖 10.36　求解輸出阻抗的電路圖

其中 R_1 並非理想，所以有一個輸出阻抗 R_{out} 串接在 R_1 之後，分析如下

$$I_F = KV_X \tag{10.93}$$

$$V_e = -I_F R_1 \tag{10.94}$$

$$= -KV_X R_1 \tag{10.95}$$

$$I_X = \frac{V_X - V_e}{R_{out}} \tag{10.96}$$

將 (10.95) 式代入 (10.96) 式可得

$$I_X = \frac{V_X + KV_X R_1}{R_{out}} \tag{10.97}$$

整理 (10.97) 式可得

$$R_{out}' = \frac{V_X}{I_X} = \frac{R_{out}}{1 + KR_1} \tag{10.98}$$

由 (10.98) 式可知，電壓—電流回授 (轉阻放大器) 的輸出阻抗 R_{out}' 變小 $(1 + KR_1)$ 倍。(譯 10-20)

(譯 10-20)
From (10.98), the output impedance R_{out}' of the voltage-current feedback (transimpedance amplifier) becomes $(1 + KR_1)$ times smaller.

∀ıll 例題 10.16

如圖 10.33 所示，求其輸出阻抗 R_{out}'。

▶ 解答

圖 10.33 的開迴路輸出阻抗 $R_{out} = R_{D_2}$。所以，閉迴路輸出阻抗 R_{out}' 為

$$R_{out}' = \frac{R_{D_2}}{1 + \dfrac{g_{m_2} R_{D_2} R_{D_1}}{R_F}} \tag{10.99}$$

立即練習●

承例題 10.16，若 $R_1 \to \infty$，則輸出阻抗 R_{out}' 會呈現什麼結果？

10.6.3 電流─電壓回授

(譯 10-21)
The so-called current-voltage feedback is the output terminal detecting current, and the return input terminal is the voltage signal. Figure 10.37 is the circuit diagram of current-voltage feedback.

所謂電流─電壓回授是輸出端偵測電流,而返回輸入端是電壓信號,圖 10.37 是電流─電壓回授的電路圖。(譯 10-21)

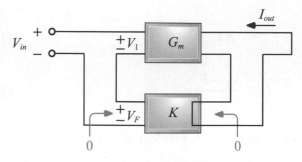

圖 10.37　電流─電壓回授的電路圖

其中前饋系統 G_m 是因輸出為電流,輸入為電壓而形成轉導 G_m,其增益分析如下

$$I_{out} = G_m(V_{in} - V_F) \tag{10.100}$$

$$V_F = KI_{out} \tag{10.101}$$

將 (10.101) 式代入 (10.100) 式可得

$$I_{out} = G_m(V_{in} - KI_{out}) \tag{10.102}$$

整理 (10.102) 式可得

$$\frac{I_{out}}{V_{in}} = G_m{}' = \frac{G_m}{1 + KG_m} \tag{10.103}$$

例題 10.17

如圖 10.38 所示,求其閉迴路增益。

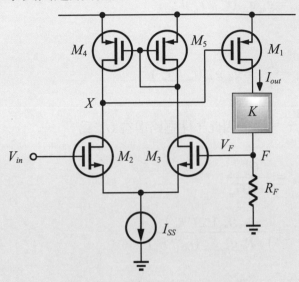

圖 10.38 例題 10.17 的電路圖

▶ 解答

首先求解開迴路的增益,切除回授網路後的開迴路如圖 10.39 所示。

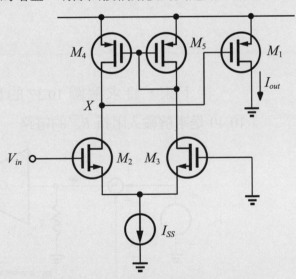

圖 10.39 前饋系統 (開迴路) 的電路圖

其中 M_3 的閘極接地因為沒有了回授信號,所以

$$I_{out} = -g_{m_1}V_X \tag{10.104}$$

$$V_X = -g_{m_2}(r_{o_2}//r_{o_4})V_{in} \tag{10.105}$$

將 (10.105) 式代入 (10.104) 式可得

$$I_{out} = g_{m_1} g_{m_2} (r_{o_2} // r_{o_4}) V_{in} \qquad (10.106)$$

所以

$$G_m = \frac{I_{out}}{V_{in}} = g_{m_1} g_{m_2} (r_{o_2} // r_{o_4}) \qquad (10.107)$$

而回授網路 $K = \dfrac{V_F}{I_{out}} = R_F$。因此，閉迴路增益 $G_m{'}$ 為

$$G_m{'} = \frac{G_m}{1 + K G_m} \qquad (10.108)$$

$$= \frac{g_{m_1} g_{m_2} (r_{o_2} // r_{o_4})}{1 + R_F g_{m_1} g_{m_2} (r_{o_2} // r_{o_4})} \qquad (10.109)$$

立即練習

承例題 10.17，若 $V_{in} = 0.2 \sin \omega t$，$R_F = 20\Omega$，$G_m = 1\Omega^{-1}$，請畫出 V_F 波形和求出 I_{out}。

接下來，將求解圖 10.37 的輸入阻抗 $R_{in}{'}$，圖 10.40 是求解輸入阻抗 $R_{in}{'}$ 的電路。

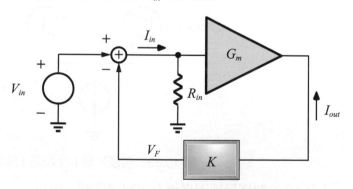

圖 10.40　求解輸入阻抗的電路圖

其中前饋系統 G_m 並非理想，所以有一個輸入阻抗 R_{in} 與之並聯存在，分析如下

$$V_{in} - V_F = I_{in} R_{in} \qquad (10.110)$$

$$V_F = I_{in} R_{in} G_m K \qquad (10.111)$$

將 (10.111) 式代入 (10.110) 式可得

$$V_{in} - I_{in} R_{in} K G_m = I_{in} R_{in} \qquad (10.112)$$

整理 (10.112) 式可得

$$R_{in}{}' = \frac{V_{in}}{I_{in}} = R_{in}(1 + K G_m) \qquad (10.113)$$

由 (10.113) 式可知電流－電壓回授 (轉導放大器) 的輸入阻抗 $R_{in}{}'$ 變大 $(1 + K G_m)$ 倍。[(譯 10-22)]

(譯 10-22)
From (10.113), the input impedance $R_{in}{}'$ of the current-voltage feedback (transconductance amplifier) becomes $(1 + K G_m)$ times larger.

▽ıı 例題 10.18

如圖 10.41 所示，求其輸入阻抗 $R_{in}{}'$。

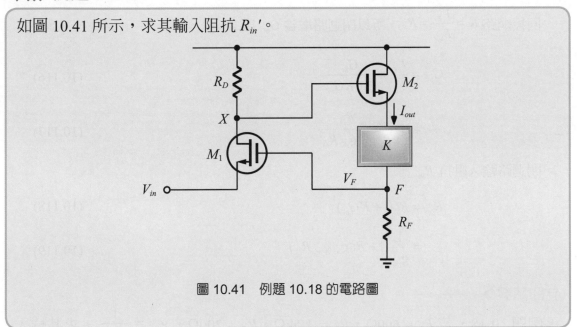

圖 10.41　例題 10.18 的電路圖

▶ **解答**

首先切除回授網路形成開迴路，如圖 10.42 所示。

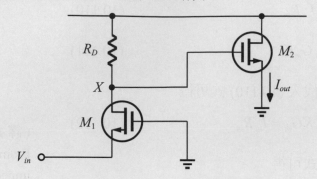

圖 10.42　圖 10.41 去除回授後的開迴路電路

其輸入阻抗 $R_{in} = \dfrac{1}{g_{m_1}}$ ，增益 G_m 為

$$G_m = \frac{I_{out}}{V_{in}} = \frac{V_X}{V_{in}} \frac{I_{out}}{V_X} \tag{10.114}$$

$$= g_{m_1} R_D \cdot g_{m_2} \tag{10.115}$$

回授網路 $K = \dfrac{V_F}{I_{out}} = R_F$ ，所以閉迴路增益 G_m' 為

$$G_m' = \frac{I_{out}}{V_{in}} = \frac{G_m}{1 + KG_m} \tag{10.116}$$

$$= \frac{g_{m_1} g_{m_2} R_D}{1 + R_F g_{m_1} g_{m_2} R_D} \tag{10.117}$$

閉迴路輸入阻抗 R_{in}' 為

$$R_{in}' = R_{in}(1 + KG_m) \tag{10.118}$$

$$= \frac{1}{g_{m_1}}(1 + R_F g_{m_1} g_{m_2} R_D) \tag{10.119}$$

立即練習◦

承例題 10.18，若 $R_{in} = 600\Omega$ ，$R_D = 1.5\text{k}\Omega$ ，$R_F = 200\Omega$ ，$g_{m_2} = \dfrac{1}{6\text{k}\Omega}$ ，求其輸入阻抗 R_{in}' 。

最後來求解圖 10.37 的輸出阻抗 R_{out}'，圖 10.43 是求解輸出阻抗 R_{out}' 的電路圖。

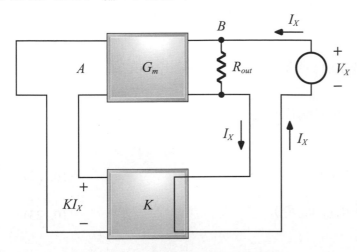

圖 10.43　求解輸出阻抗的電路圖

其中前饋系統 G_m 並非理想，所以有一輸出阻抗 R_{out} 與之並聯，輸入端則為短路。首先，A 點的電壓為 $-KI_X$，所以前饋系統 G_m 的輸出電流為 $-KI_XG_m$，而流過 R_{out} 的電流為 $\dfrac{V_X}{R_{out}}$，因此 B 點的 KCL 為

$$I_X = \frac{V_X}{R_{out}} - KI_XG_m \tag{10.120}$$

整理 (10.120) 式可得

$$R_{out}' = \frac{V_X}{I_X} = R_{out}(1+KG_m) \tag{10.121}$$

由 (10.121) 式可知，電流－電壓回授 (轉導放大器) 的輸出阻抗變大 **(1 + KG_m)** 倍。[譯 10-23]

(**譯 10-23**)
From (10.121), the output impedance of the current-voltage feedback (transconductance amplifier) becomes $(1 + KG_m)$ times larger.

📶 例題 10.19

如圖 10.41 所示，求其輸出阻抗 R_{out}'。

▶ 解答

切開回授網路的開迴路如圖 10.42 所示。其開迴路的輸出阻抗 $R_{out} = \dfrac{1}{g_{m_2}}$，開迴路

增益 G_m 如 (10.115) 式所示，回授網路 $K = \dfrac{V_F}{I_{out}} = R_F$。因此，閉迴路輸出阻抗 R_{out}'

為

$$R_{out}' = R_{out}(1 + KG_m) \tag{10.122}$$

$$= \frac{1}{g_{m_2}}(1 + R_F g_{m_1} g_{m_2} R_D) \tag{10.123}$$

立即練習o

承例題 10.19，若 $R_{in} = 500\Omega$，$R_D = 1.2$ kΩ，$R_F = 150$ Ω，$g_{m_2} = \dfrac{1}{5\text{k}\Omega}$，求其輸出

阻抗 R_{out}'。

🔋 10.6.4 電流—電流回授

所謂電流—電流回授是指輸出端偵測電流，而返回輸入端也是電流的信號，圖 10.44 是電流—電流回授的電路圖。[譯 10-24]

(譯 10-24)

The so-called current-current feedback means that the output terminal detects current, and the return input terminal is also a current signal. Figure 10.44 is the circuit diagram of current-current feedback.

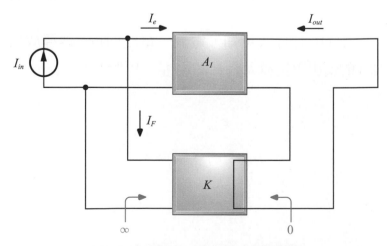

圖 10.44　電流—電流回授的電路圖

其中前饋系統 A_I 是因為輸入與輸出皆為電流而形成電流 A_I，其增益分析如下

$$K = \frac{I_F}{I_{out}} \qquad (10.124)$$

$$I_{out} = A_I I_e \qquad (10.125)$$

$$= A_I (I_{in} - I_F) \qquad (10.126)$$

將 (10.124) 式代入 (10.126) 式可得

$$I_{out} = A_I (I_{in} - K I_{out}) \qquad (10.127)$$

整理 (10.127) 式可得

$$\frac{I_{out}}{I_{in}} = A_I' = \frac{A_I}{1 + K A_I} \qquad (10.128)$$

📶 例題 **10.20**

如圖 10.45 所示，假設 R_p 很小且 R_F 很大。請證明此回授為負，並求閉迴路增益 A_I'。

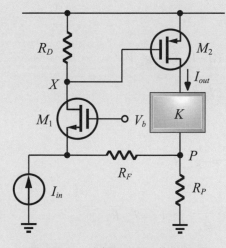

圖 10.45　例題 10.20 的電路圖

▶ 解答

(1) 先假設 I_{in} 上升，M_1 的 S 極電壓也上升，D 極的電壓也上升 (為什麼？請思考一下！)。M_1 的 D 極電壓上升造成 M_2 的 V_{SG} 下降，因此 I_{out} 下降，V_p 也下降，I_F 上升。最後，I_F 的上升造成 M_1 的 S 極電壓 (V_s) 下降。所以，I_F 上升造成 I_{in} 下降 (因為 V_s 下降)，故可判斷此回授是負極性。

(2) 因為 R_p 很小，所以 $V_p \approx 0$，圖 10.46 是其開迴路的電路圖。

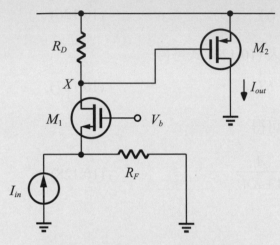

圖 10.46　圖 10.45 的開迴路電路

因為 R_F 值很大，所以 I_{in} 幾乎流入 M_1 和 R_D 中，產生 $V_X = I_{in} R_D$ (為什麼？請思考一下！)。

又

$$I_{out} = g_{m_2}(0 - V_X) = -g_{m_2} V_X \tag{10.129}$$

$$= -g_{m_2} I_{in} R_D \tag{10.130}$$

所以開迴路的增益為

$$A_I = \frac{I_{out}}{I_{in}} = -g_{m_2} R_D \tag{10.131}$$

而 $I_F = -\dfrac{V_p}{R_F}$ (因為 $R_F \gg \dfrac{1}{g_{m_1}}$)，$V_p = I_{out} R_p$。

所以

$$K = \frac{I_F}{I_{out}} \tag{10.132}$$

$$= \frac{-V_p}{R_F} \frac{1}{I_{out}} \tag{10.133}$$

$$= -\frac{R_p}{R_F} \tag{10.134}$$

因此

$$A_I' = \frac{A_I}{1 + KA_I} \tag{10.135}$$

$$= \frac{-g_{m_2} R_D}{1 + g_{m_2} R_D \dfrac{R_p}{R_F}} \tag{10.136}$$

立即練習o

請試求例題 10.20 中標示 (為什麼？請思考一下！) 之 (1)D 極上升的電壓，
(2)$V_X = I_{in} R_D$ 為多少？

接下來求解圖 10.44 的輸入阻抗 R_{in}'，圖 10.47 是
求解輸入阻抗 R_{in}' 的電路圖。

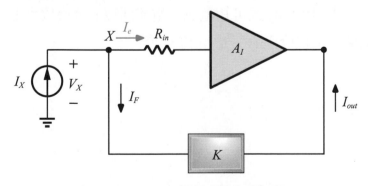

圖 10.47 求解輸入阻抗的電路圖

其中前饋系統 A_I 並非理想，所以有一個輸入阻抗 R_{in} 與之串聯存在，分析如下

$$I_e = \frac{V_X}{R_{in}} \qquad (10.137)$$

$$I_{out} = A_I I_e \qquad (10.138)$$

$$= A_I \frac{V_X}{R_{in}} \qquad (10.139)$$

$$I_F = K I_{out} \qquad (10.140)$$

$$= K A_I \frac{V_X}{R_{in}} \qquad (10.141)$$

X 點的 KCL

$$I_X = I_e + I_F \qquad (10.142)$$

將 (10.137) 式和 (10.141) 式代入 (10.142) 式可得

$$I_X = \frac{V_X}{R_{in}} + K A_I \frac{V_X}{R_{in}} \qquad (10.143)$$

整理 (10.143) 式可得

$$R_{in}{}' = \frac{V_X}{I_X} = \frac{R_{in}}{1 + K A_I} \qquad (10.144)$$

由 (10.144) 式可知電流－電流回授（電流放大器）的輸入阻抗變小 $(1 + KA_I)$ 倍。$^{(譯\ 10\text{-}25)}$

(譯 10-25)
From (10.144), the input impedance of the current-current feedback (current amplifier) becomes $(1 + KA_I)$ times smaller.

例題 10.21

如圖 10.45 所示，假設 R_p 很小且 R_F 很大，求其輸入阻抗 R_{in}'。

▶ 解答

其開迴路 (圖 10.46) 的輸入阻抗 $R_{in} = \dfrac{1}{g_{m_1}} \,/\!/\, R_F$。因 R_F 很大，所以 $R_{in} \approx \dfrac{1}{g_{m_1}}$。

又 A_I 如同 (10.131) 式所示，K 如同 (10.134) 式所示，因此

$$R_{in}' = \frac{1}{g_{m_1}} \frac{1}{1 + (-\dfrac{R_p}{R_F})(-g_{m_2} R_D)} \tag{10.145}$$

$$= \frac{1}{g_{m_1}} \frac{1}{1 + g_{m_2} R_D \dfrac{R_p}{R_F}} \tag{10.146}$$

立即練習 ○

承例題 10.21，若 $R_D \to \infty$，則其輸入阻抗 R_{in}' 變爲多少？

最後求解圖 10.44 的輸出阻抗 R_{out}'，圖 10.48 是求解其輸出阻抗 R_{out}' 的電路圖。

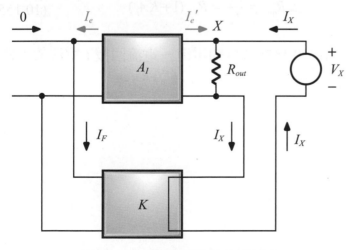

圖 10.48　求解輸出阻抗的電路圖

其中前饋系統 A_I 並非理想，所以有一個輸出阻抗 R_{out} 與之並聯存在。輸入端短路，所以電流爲 0，分析如下

$$I_F = KI_X \tag{10.147}$$

$$I_e = I_F \tag{10.148}$$

$$= KI_X \tag{10.149}$$

$$I_e' = A_I I_e \tag{10.150}$$

$$= A_I KI_X \tag{10.151}$$

X 點的 KCL

$$I_X + I_e' = \frac{V_X}{R_{out}} \tag{10.152}$$

$$I_X + A_I KI_X = \frac{V_X}{R_{out}} \tag{10.153}$$

$$I_X(1 + KA_I) = \frac{V_X}{R_{out}} \tag{10.154}$$

$$\therefore R_{out}' = \frac{V_X}{I_X} = R_{out}(1 + KA_I) \tag{10.155}$$

(譯 10-26)
From (10.155), the output impedance of the current-current feedback (current amplifier) becomes $(1 + KA_I)$ times larger.

由 (10.155) 式可知電流－電流回授 (電流放大器) 的輸出阻抗變大 $(1 + KA_I)$ 倍。 (譯 10-26)

例題 10.22

如圖 10.45 所示，假設 R_p 很小且 R_F 很大，求其輸出阻抗 R_{out}'。

▶ 解答

其開迴路 (圖 10.46) 的輸出阻抗為 r_{o_2}，而 A_1 和 K 分別如 (10.131) 式和 (10.134) 式所示，因此

$$R_{out}' = r_{o_2}[1 + (-\frac{R_p}{R_F})(-g_{m_2}R_D)] \tag{10.156}$$

$$= r_{o_2}(1 + g_{m_2}R_D\frac{R_p}{R_F}) \tag{10.157}$$

立即練習●

承例題 10.22，若選取 R_D 值和 R_F 值一樣很大且相同，求其輸出阻抗 R_{out}'。

🔊 10.7 非理想的輸入 / 輸出阻抗效應

　　先前所推導和計算的都假設在一個狀況，那就是回授網路是理想的，即回授網路的阻抗不是很大就是很小；但事實上並非如此，有限的回授網路阻抗改變整個電路的**效能**。因此，此非理想性需要被好好討論，在此之前將以一個例子來說明。(譯 10-27)

(譯 10-27)
The previous derivations and calculations assume that the feedback network is ideal, that is, the impedance of the feedback network is either very large or very small; but in fact, it is not the case, the limited feedback network impedance changes the ***performance*(效能)** of the entire circuit.

📶 例題 **10.23**

如圖 10.7 所示，$\lambda = 0$，若 $R_1 + R_2$ 沒有遠大於 R_D。則：

(1) 求閉迴路增益，(2) 求閉迴路輸入阻抗，(3) 求閉迴路輸出阻抗。

▶ **解答**

首先先畫出開迴路電路如圖 10.49 所示。

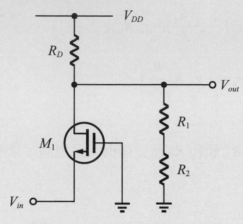

圖 10.49　圖 10.7 的開迴路電路

因為 $R_1 + R_2$ 沒有遠大於 R_D，所以開迴路增益 $A_v = g_{m_1}[R_D /\!/ (R_1 + R_2)]$，而輸入阻抗 R_{in} 依舊等於 $\dfrac{1}{g_{m_1}}$，輸出阻抗 $R_{out} = R_D /\!/ (R_1 + R_2)$。因此閉迴路增益 A_v'，輸入阻抗 R_{in}' 和輸出阻抗 R_{out}' 分別為

$$A_v' = \frac{g_{m_1}[R_D /\!/ (R_1 + R_2)]}{1 + \dfrac{R_2}{R_1 + R_2} g_{m_1}[R_D /\!/ (R_1 + R_2)]} \tag{10.158}$$

$$R_{in}' = \frac{1}{g_{m_1}}\{1 + \frac{R_2}{R_1 + R_2} g_{m_1}[R_D /\!/ (R_1 + R_2)]\} \tag{10.159}$$

$$R_{out}' = \frac{R_D /\!/ (R_1 + R_2)}{1 + \dfrac{R_2}{R_1 + R_2} g_{m_1}[R_D /\!/ (R_1 + R_2)]} \tag{10.160}$$

立即練習⊙

承例題 10.23，若 $R_D \to \infty$，其餘條件不變。則：

(1) 求閉迴路增益，(2) 求閉迴路輸入阻抗，(3) 求閉迴路輸出阻抗。

由例題 10.23 似乎可以直覺性來觀察並加以解答，但若碰到不易觀察的電路就可能無法如此輕鬆解題。因此，在此將提出一個有系統的解題方法來幫助求解。其步驟如下：

1. 根據"打斷回授網路的規則"來打斷回授網路。

2. 計算開迴路的各個參數 (增益，輸入／輸出阻抗)。

3. 根據"回授因子計算的規則"決定回授因子 (K)。

4. 計算閉迴路的各個參數。

那"打斷回授網路的規則"是什麼呢？首先，打斷回授網路後如圖 10.50 所示，回授網路形成了 2 個端點分別為返回點 (A 點) 和偵測點 (B 點)。那 A、B 兩點該如何接上信號呢？當然要以先前所提及的 4 大回授方法來接不同的信號。(譯 10-28)

(譯 10-28)

So, what are the "rules for interrupting the feedback network"? First, after interrupting the feedback network, as shown in Figure 10.50, the feedback network has formed two endpoints, namely the return point (point *A*) and the detection point (point *B*). How to connect the signal at points *A* and *B*? Of course, you must use the four feedback methods mentioned earlier to receive different signals.

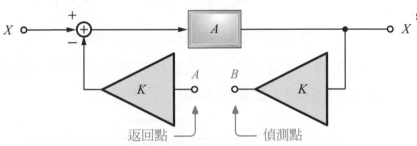

圖 10.50　打斷回授網路之圖

第一，若是電壓─電壓回授的放大器，則 A 點接地，B 點開路，如圖 10.51 所示。(譯 10-29)

(譯 10-29)

First, if it is a voltage-voltage feedback amplifier, point *A* is grounded and point *B* is open, as shown in Figure 10.51.

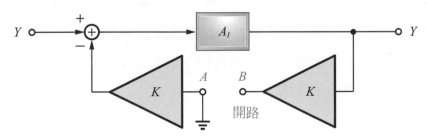

圖 10.51　電壓─電壓回授的 A、B 點接法

(譯 10-30)
Second, if it is a voltage-
current feedback
amplifier, point *A* is
grounded, and point *B* is
also grounded, as shown
in Figure 10.52.

第二，若是電壓－電流回授的放大器，則 *A* 點接地，*B* 點也接地，如圖 10.52 所示。^(譯 10-30)

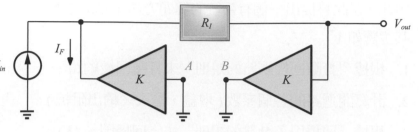

圖 10.52　電壓－電流回授的 *A*、*B* 點接法

(譯 10-31)
Third, if it is a current-
voltage feedback
amplifier, point *A* is open
and point *B* is also open,
as shown in Figure 10.53.

第三，若是電流－電壓回授的放大器，則 *A* 點開路，*B* 點也開路，如圖 10.53 所示。^(譯 10-31)

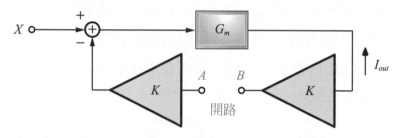

圖 10.53　電流－電壓回授的 *A*、*B* 點接法

(譯 10-32)
Fourth, if it is a current-
current feedback
amplifier, point *A* is open
and point *B* is grounded,
as shown in Figure 10.54.

第四，若是電流－電流回授的放大器，則 *A* 點開路，*B* 點接地，如圖 10.54 所示。^(譯 10-32)

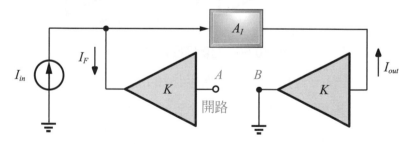

圖 10.54　電流－電流回授的 *A*、*B* 點接法

　　至於步驟 3 的 "回授因子計算的規則" 分析與計算方法如下所述：

第一，若是電壓－電壓回授的放大器，回授網路的輸出為開路，所以其回授因子 $K = \dfrac{V_2}{V_1}$，如圖 10.55(a) 所示；第二，若是電壓－電流回授的放大器，回授網路的輸出端為接地，所以其回授因子 $K = \dfrac{I_2}{V_1}$，如圖 10.55(b) 所示；第三，若是電流－電壓回授的放大器，回授網路的輸出端為開路，所以，其回授因子 $K = \dfrac{V_2}{I_1}$，如圖 10.55(c) 所示。第四，若是電流－電流回授的放大器，回授網路的輸出端為接地，所以其回授因子 $K = \dfrac{I_2}{I_1}$，如圖 10.55(d) 所示。^(譯 10-33)

(譯 10-33)
First, if it is a voltage-voltage feedback amplifier, the output of the feedback network is open, so its feedback factor $K = \dfrac{V_2}{V_1}$, as shown in Figure 10.55(a); second, if it is voltage-current feedback, the output terminal of the feedback network is grounded, so its feedback factor $K = \dfrac{I_2}{V_1}$, as shown in Figure 10.55(b); third, if it is a current-voltage feedback amplifier, the feedback network's output terminal is open circuit, so its feedback factor $K = \dfrac{V_2}{I_1}$, as shown in Figure 10.55(c). Fourth, if it is a current-current feedback amplifier, the output terminal of the feedback network is grounded, so its feedback factor $K = \dfrac{I_2}{I_1}$, as shown in Figure 10.55(d).

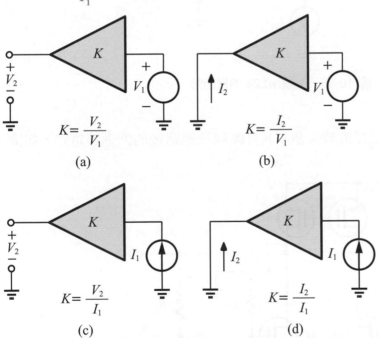

圖 10.55　(a) 電壓－電壓回授放大器的回授因子計算，
　　　　　(b) 電壓－電流回授放大器的回授因子計算，
　　　　　(c) 電流－電壓回授放大器的回授因子計算，
　　　　　(d) 電流－電流回授放大器的回授因子計算

以下，將舉 4 個例子來說明，當輸入／輸出阻抗效應無法被忽略時，用上述的步驟和方法來求出閉迴路系統的參數 (電壓增益、輸入阻抗和輸出阻抗)。

例題 10.24

如圖 10.56 所示，若 $R_1 + R_2$ 不遠大於 $r_{o_2} /\!/ r_{o_4}$，請分析該電路。

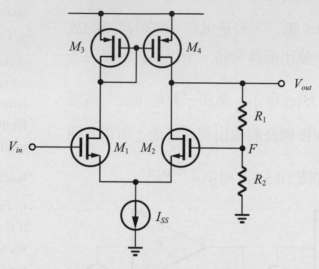

圖 10.56　例題 10.24 的電路圖

解答

圖 10.56 是電壓－電壓回授的放大器，其打斷回授網路後的開迴路電路，如圖 10.57 所示。

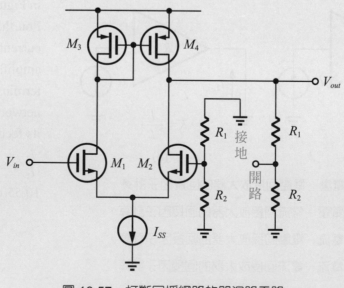

圖 10.57　打斷回授網路的開迴路電路

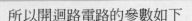

所以開迴路電路的參數如下

$$A_v = -g_{m_1}[r_{o_2} /\!/ r_{o_4} /\!/ (R_1 + R_2)] \tag{10.161}$$

$$R_{in} = \infty \tag{10.162}$$

$$R_{out} = r_{o_2} /\!/ r_{o_4} /\!/ (R_1 + R_2) \tag{10.163}$$

計算回授因子的電路如圖 10.58 所示。

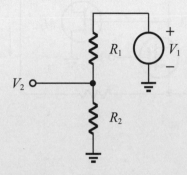

圖 10.58　計算回授因子的電路

因此回授因子 K 為

$$K = \frac{R_2}{R_1 + R_2} \tag{10.164}$$

所以閉迴路電路的參數如下

$$A_v' = \frac{-g_{m_1}[r_{o_2} /\!/ r_{o_4} /\!/ (R_1 + R_2)]}{1 + \dfrac{R_2}{R_1 + R_2}(-g_{m_1})[r_{o_2} /\!/ r_{o_4} /\!/ (R_1 + R_2)]} \tag{10.165}$$

$$R_{in}' = \infty \tag{10.166}$$

$$R_{out}' = \frac{r_{o_2} /\!/ r_{o_4} /\!/ (R_1 + R_2)}{1 + \dfrac{R_2}{R_1 + R_2} g_{m_1}[r_{o_2} /\!/ r_{o_4} /\!/ (R_1 + R_2)]} \tag{10.167}$$

立即練習♀

承例題 10.24，若有一個負載 R_L 在輸出端與地之間，請分析該電路。

例題 10.25

如圖 10.59 所示，若 R_F 不是很大，請分析該電路。

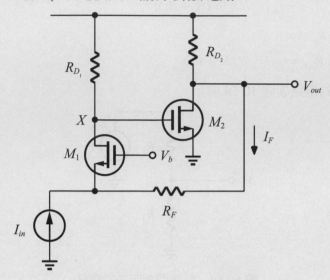

圖 10.59   例題 10.25 的電路圖

▶ 解答

圖 10.59 是電壓－電流回授的放大器，所以必須使用圖 10.52 和圖 10.55(b) 來處理該電路。圖 10.60(a) 是打斷回授網路後 A、B 點的接法，圖 10.60(b) 是回授因子 K 的計算所需的電路。

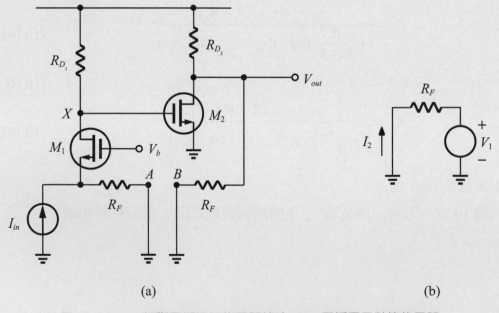

(a)   (b)

圖 10.60   (a) 打斷回授網路的電路接法，(b) 回授因子計算的電路

由圖 10.60(a) 可知電壓 V_X 為

$$V_X = I_{in}(R_F // \frac{1}{g_{m_1}}) \cdot \frac{R_{D_1}}{(R_F // \frac{1}{g_{m_1}}) + R_{D_1}} \tag{10.168}$$

$$= I_{in} \frac{R_F}{1 + g_{m_1} R_F} \cdot \frac{R_{D_1}}{\frac{R_F}{1 + g_{m_1} R_F} + R_{D_1}} \tag{10.169}$$

$$= I_{in} \frac{R_F R_{D_1}}{R_F + (1 + g_{m_1} R_F)R_{D_1}} \tag{10.170}$$

開迴路的 $R_1 = \frac{V_{out}}{I_{in}} = (\frac{V_X}{I_{in}}) \cdot (\frac{V_{out}}{V_X})$，因此

$$R_1 = \frac{R_F R_{D_1}}{R_F + (1 + g_{m_1} R_F)R_{D_1}} \cdot [-g_{m_2}(R_{D_2} // R_F)] \tag{10.171}$$

而開迴路的輸入阻抗 R_{in} 和輸出阻抗 R_{out} 分別為

$$R_{in} = R_F // \frac{1}{g_{m_1}} \tag{10.172}$$

$$R_{out} = R_F // R_{D_2} \tag{10.173}$$

由圖 10.60(b) 可得回授因子 K 為

$$K = \frac{I_2}{V_1} \tag{10.174}$$

$$= -\frac{1}{R_F} \tag{10.175}$$

所以，閉迴路電路的參數如下

$$R_1' = \frac{V_{out}}{I_{in}} = \frac{R_1}{1 - \frac{R_1}{R_F}} \tag{10.176}$$

$$R_{in}' = \frac{R_F // \frac{1}{g_{m_1}}}{1 - \frac{R_1}{R_F}} \tag{10.177}$$

$$R_{out}' = \frac{R_F \mathbin{/\mkern-5mu/} R_{D_2}}{1 - \dfrac{R_1}{R_F}}$$

(10.178)

立即練習●────────

承例題 10.25，若 R_{D_2} 以一個電流源取代 (即 $R_{D_2} = \infty$)，其餘條件不變，請分析該電路。

📶 例題 10.26

如圖 10.61 所示，假設 R_M 不是很小，請分析該電路。

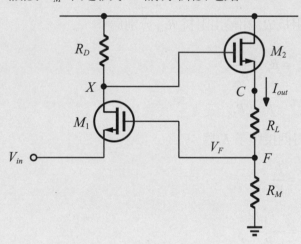

圖 10.61　例題 10.26 的電路圖

▶ 解答

圖 10.61 是電流－電壓回授的放大器。所以，必須使用圖 10.53 和圖 10.55(c) 來處理該電路。圖 10.62(a) 是打斷回授網路後 A、B 點的接法，圖 10.62(b) 是用以計算回授因子 K 所需的電路。由圖 10.62(a) 可知開迴路的 $G_m = \dfrac{I_{out}}{V_{in}} = (\dfrac{V_X}{V_{in}}) \cdot (\dfrac{I_{out}}{V_X})$。其中 M_1 和 R_D 是一個共閘極組態，所以 $\dfrac{V_X}{V_{in}} = g_{m_1} R_D$。

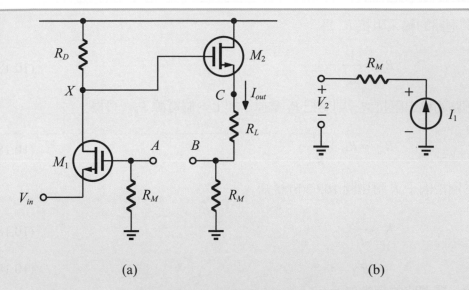

(a)   (b)

圖 10.62　(a) 打斷回授網路的電路接法，(b) 回授因子計算的電路

而 M_2 和 R_L 則是一個共汲極組態 (源極隨耦器)，所以

$$\frac{V_C}{V_X} = \frac{R_L + R_M}{R_L + R_M + \dfrac{1}{g_{m_2}}} \tag{10.179}$$

因此

$$I_{out} = \frac{V_C}{R_L + R_M} \tag{10.180}$$

$$= \frac{V_X}{R_L + R_M + \dfrac{1}{g_{m_2}}} \tag{10.181}$$

所以

$$\frac{I_{out}}{V_X} = \frac{1}{R_L + R_M + \dfrac{1}{g_{m_2}}} \tag{10.182}$$

因此

$$G_m = \frac{g_{m_1} R_D}{R_L + R_M + \dfrac{1}{g_{m_2}}} \tag{10.183}$$

而開迴路的輸入阻抗 R_{in} 爲

$$R_{in} = \frac{1}{g_{m_1}}$$

(10.184)

開迴路的輸出阻抗 R_{out} 則是把 R_L 拿掉，加上一個電源 V_X，可得

$$R_{out} = R_M + \frac{1}{g_{m_2}}$$

(10.185)

至於回授因子 K 可由圖 10.62(b) 得知

$$K = \frac{V_2}{I_1}$$

(10.186)

$$= R_M$$

(10.187)

至此，閉迴路的參數如下

$$G_m' = \frac{I_{out}}{V_{in}} = \frac{G_m}{1 + R_M G_m}$$

(10.188)

$$R_{in}' = \frac{1}{g_{m_1}}(1 + R_M G_m)$$

(10.189)

$$R_{out}' = (R_M + \frac{1}{g_{m_2}})(1 + R_M G_m)$$

(10.190)

立即練習○—————

承例題 10.26，若有一個 R_2 接在 C 點至地之間，其餘條件不變，請分析該電路。

例題 10.27

如圖 10.63 所示，假設 R_F 不是很大，R_M 不是很小，$r_{o_2} < \infty$，請分析該電路。

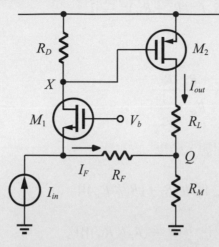

圖 10.63　例題 10.27 的電路圖

▶ 解答

圖 10.63 是電流－電流回授的放大器，所以必須使用圖 10.54 和圖 10.55(d) 來處理該電路。圖 10.64(a) 是打斷回授網路後 A、B 點的接法，而圖 10.64(b) 則是用以計算回授因子 K 所需的電路。由圖 10.64(a) 可知開迴路的 $A_I = \dfrac{I_{out}}{I_{in}} = (\dfrac{V_X}{I_{in}}) \cdot (\dfrac{I_{out}}{V_X})$ 。

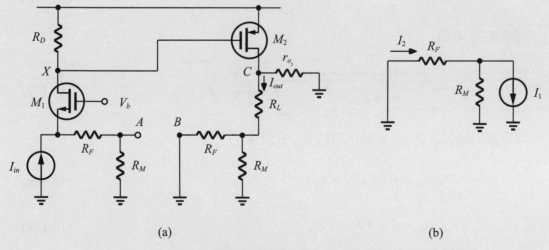

(a)　　　　　　　　　　　　　　　　　(b)

圖 10.64　(a) 打斷回授網路的電路接法，(b) 回授因子計算的電路

其中 M_1 和 R_D 是一個共閘極組態，所以

$$V_X = g_{m_1} R_D I_{in}[(R_F + R_M) // \frac{1}{g_{m_1}}] \tag{10.191}$$

整理 (10.191) 式，可得

$$\frac{V_X}{I_{in}} = \frac{(R_F + R_M)R_D}{R_F + R_M + \frac{1}{g_{m_1}}} \tag{10.192}$$

而 M_2 則是一個共源極組態，所以

$$\frac{V_C}{V_X} = -g_{m_2}\{r_{o_2} // [R_L + (R_F // R_M)]\} \tag{10.193}$$

$$V_C = -g_{m_2}\{r_{o_2} // [R_L + (R_F // R_M)]\}V_X \tag{10.194}$$

因此

$$I_{out} = \frac{V_C}{r_{o_2} // [R_L + (R_F // R_M)]} \times \frac{r_{o_2}}{r_{o_2} + R_L + (R_F // R_M)} \tag{10.195}$$

將 (10.194) 式代入 (10.195) 式並加以整理可得

$$\frac{I_{out}}{V_X} = \frac{-g_{m_2} r_{o_2}}{r_{o_2} + R_L + (R_F // R_M)} \tag{10.196}$$

開迴路的 A_I 為

$$A_I = \frac{(R_F + R_M)R_D}{R_F + R_M + \frac{1}{g_{m_1}}} \cdot \frac{-g_{m_2} r_{o_2}}{r_{o_2} + R_L + (R_F // R_M)} \tag{10.197}$$

開迴路的輸入阻抗 R_{in} 和輸出阻抗 R_{out} 分別為

$$R_{in} = \frac{1}{g_{m_1}} // (R_F + R_M) \tag{10.198}$$

$$R_{out} = (r_{o_2} + R_F) // R_M \tag{10.199}$$

由圖 10.64(b) 可知回授因子 K 為

$$K = \frac{I_2}{I_1} \tag{10.200}$$

$$= -\frac{R_M}{R_M + R_F} \tag{10.201}$$

因此，閉迴路的參數分別如下

$$A_I' = \frac{A_I}{1 - \frac{R_M}{R_M + R_F} A_I} \tag{10.202}$$

$$R_{in}' = \frac{\frac{1}{g_{m_1}} \,//\, (R_F + R_M)}{1 - \frac{R_F}{R_M + R_F} A_I} \tag{10.203}$$

$$R_{out}' = [(r_{o_2} + R_F) \,//\, R_M](1 - \frac{R_M}{R_F + R_M} A_I) \tag{10.204}$$

立即練習

承例題 10.27，若 R_D 並聯另一個 R_E 來取代原來的 R_D，其餘條件不變，請分析該電路。

10.8 回授系統的穩定性

　　至今為止討論了諸多負回授的好處，但是如果沒有縝密地設計，負回授系統有可能變得效能很差或是振盪 (不穩定)。因此，本節將深入探討負回授系統的穩定性。

10.8.1 波德規則的回顧

記得在第 9 章講述過波德規則，只是先前所討論的波德規則是描述如何用極點 (大小值下降 20 dB/dec) 和零點 (大小值上升 20 dB/sec) 來畫出轉移函數的大小值對頻率的圖；其實還有另一個轉移函數的相位值對頻率的圖需要被探討，相位圖的規則如下：當頻率到達極 (零) 點的 $\frac{1}{10}$ 時，相位開始下降 (上升)，直到極 (零) 點時，相位下降 (上升) 至 $-45°(+45°)$，最後到達極 (零) 點的 10 倍時，相位到達 $-90°(+90°)$。

例題 10.28

如圖 10.65 所示，是大小對頻率的波德圖，請畫出相位對頻率的波德圖。

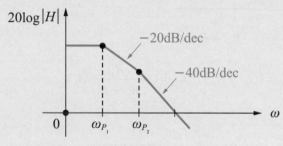

圖 10.65　例題 10.28 的波德圖

● 解答

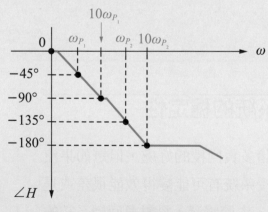

圖 10.66　相位對頻率的波德圖

立即練習○

承例題 10.28，若加上一個零點 ω_z 於 ω_{P_1} 和 ω_{P_2} 之間，請畫出相位對頻率的波德圖。

例題 10.29

請畫出 (1) 1 個極點，(2) 3 個極點的大小與相位對頻率的波德圖。

▶ 解答

(1)

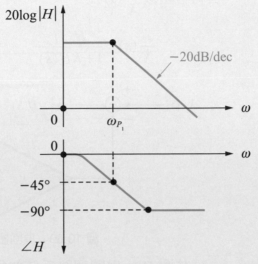

圖 10.67　1 個極點的大小與相位對頻率的波德圖

(2)

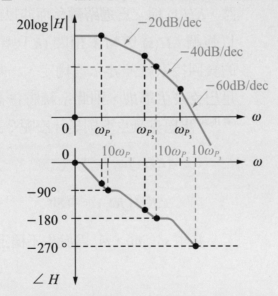

圖 10.68　3 個極點的大小與相位對頻率的波德圖

立即練習○────────────

承例題 10.29，若 3 極點中 $\omega_{P_1} = \omega_{P_2}$，請畫出其大小與相位對頻率的波德圖。

Among them, $H(s)$ is the transfer function of the open-loop system, K is the feedback network, and $KH(s)$ is called *loop transmission*(迴路轉移) instead of previously called *loop gain*(迴路增益) in order to emphasize that $KH(s)$ is related to frequency (K has nothing to do with frequency). The negative feedback system of Figure 10.69 is not always stable. Once the loop transmission $KH(s)$ meets the *Barkhausen criterion*(巴克豪生準則), the system will be unstable and form *oscillations*(振盪).

10.8.2 不穩定的問題

在 10.1 節中可知，負回授系統如圖 10.69 所示，其轉移函數 $\frac{Y}{X}(s)$ 為

$$\frac{Y}{X}(s) = \frac{H(s)}{1 + KH(s)} \qquad (10.205)$$

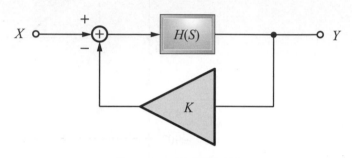

圖 10.69　負回授系統

其中 $H(s)$ 為開迴路系統的轉移函數，K 為回授網路，$KH(s)$ 稱之為**迴路轉移**而非以前所稱的**迴路增益**，以強調 **$KH(s)$** 與頻率相關 (K 與頻率無關)。圖 10.69 的負回授系統並非永遠穩定，一旦迴路轉移 $KH(s)$ 滿足**巴克豪生準則**，則此系統將會不穩定而形成**振盪**。

（譯 10-34）那巴克豪生準則是什麼呢？詳述如下：

$$\left| KH(j\omega_1) \right| \geq 1 \qquad (10.206)$$

$$\angle KH(j\omega_1) = -180° \qquad (10.207)$$

其中 $s = j\omega_1$，ω_1 為發生不穩定的頻率。

例題 10.30

試解釋具 2 個極點的負回授系統為何不會振盪？

▶ 解答

由例題 10.28 得知，當 $\omega \to \infty$ 時，相位才會到達 $-180°$，且此時 $|H| \to 0$(見例題 10.28 的解答)。所以說沒有任何一個頻率 ω_1 可以滿足 (10.206) 式和 (10.207) 式的要求，因此 2 極點負回授系統是穩定的。

立即練習○────

承例題 10.30，若其中 1 個極點在原點，為何不會振盪？

例題 10.31

一個具 3 極點的負回授系統，其 $KH(s)$ 的波德圖如圖 10.68(其中將 20 log$|H|$ 改為 20 log$|KH(s)|$，$10\omega_{P_2}$ 變為 ω_1) 所示，請問此系統是否會振盪？

▶ 解答

答案是此系統會振盪。因為在 ω_1 時，相位為 $-180°$，$|KH(s)| > 1$，所以經過回授後會將回授值加入輸入值，使得進入 $H(s)$ 的值變大，直到輸出值飽和，此時就產生了振盪。

立即練習○────

承例題 10.31，若 ω_{P_1} (圖 10.68) 變為原來的 $\frac{1}{3}$，則此系統是否仍會振盪？

因此，一個負回授系統要穩定有以下 2 種做法：

(1)　不同時滿足 (10.206) 式和 (10.207) 式。

(2)　系統在相位到達 $-180°$ 時，其大小值已經降至 1 以下。

以上 2 點其實是在描述同一件事，只是藉不同說法以利理解。

例題 10.32

如圖 10.70 所示，說明為何該電路不會振盪。

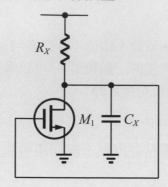

圖 10.70　例題 10.32 的電路圖

▶解答

因為該電路只有一個極點 ($\dfrac{1}{R_X C_X}$)，所以其相位不可能到達 $-180°$，因此不會振盪。

立即練習○

承例題 10.32，若 $R_D \to 0$ 且 $\lambda \to 0$，說明為何該電路不會振盪。

例題 10.33

如圖 10.71 所示，是完全相同的 3 級。若接成 $K = 1$ 的負回授，請畫出其頻率響應圖並決定其穩定的條件。

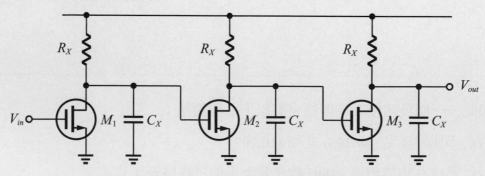

圖 10.71　例題 10.33 的電路圖

▶ 解答

此電路的低頻電壓增益為 $(g_m R_X)^3$，3 個重疊的極點為 $\dfrac{1}{R_X C_X}$，波德圖如圖 10.72 所示。

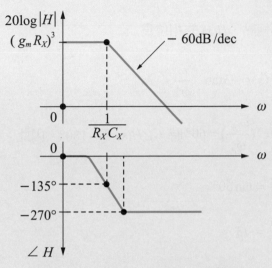

圖 10.72　圖 10.71 電路的波德圖

因為 $K = 1$，所以 $|KH| = |H|$。

根據先前所提的穩定條件，圖 10.73 中的 Q 點對應的大小值 $|H_Q|$ 要小於 1（即 $|H_Q| < 1$）。

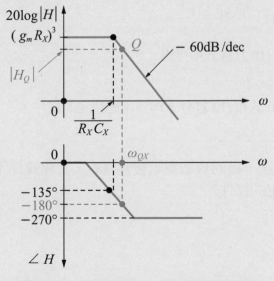

圖 10.73　Q 點達到 $-180°$ 時的 $|H_Q|$ 值

令 $H(s)$ 為

$$H(s) = \frac{(g_m R_X)^3}{(1 + \frac{s}{\omega_P})^3}$$

(10.208)

其中 $\omega_P = \frac{1}{R_X C_X}$ 為極點，$H(s)$ 的相位為

$$\angle H(s) = -3\tan^{-1}\frac{\omega}{\omega_P}$$

(10.209)

根據穩定條件，$\tan^{-1}(\frac{\omega_{QX}}{\omega_P}) = 60°$ 時，$\angle H(s)$ 為 $-180°$。因此

$$\frac{\omega_{QX}}{\omega_P} = \tan 60°$$

(10.210)

$$= \sqrt{3}$$

(10.211)

所以

$$\omega_{QX} = \sqrt{3}\omega_P$$

(10.212)

此時，$|H_Q| < 1$ 可寫成

$$\frac{(g_m R_X)^3}{[\sqrt{1 + (\frac{\omega_{QX}}{\omega_P})}]^3} < 1$$

(10.213)

將 (10.212) 式代入 (10.213) 式中可得

$$g_m R_X < 2$$

(10.214)

得出結論，(10.212) 式和 (10.214) 式即為本題穩定的條件。

立即練習

承例題 10.33，若最後一級的負載電阻變為 $3R_X$，其餘條件不變，請畫出其頻率響應圖並決定其穩定的條件。

ᐸᐸᐸ 10.8.3 相位邊界

　　首先定義 2 個重要頻率再講述何謂**相位邊界**。當轉移函數 H 的大小下降至 1 時，所對應的頻率稱之**增益交越頻率** ω_{GC}。另外，當 H 的相位值下降至 $-180°$ 時，所對應的頻率稱之**相位交越頻率** ω_{PC}。$^{(譯\ 10-35)}$ 很明顯地根據穩定條件，ω_{GC} 和 ω_{PC} 的關係要如下才可達到穩定 (不振盪)：

$$\omega_{GC} < \omega_{PC} \tag{10.215}$$

　　因此，當 $\omega_{GC} = \omega_{PC}$ 時，系統是不穩定的 (振盪的)。若 $\omega_{GC} < \omega_{PC}$，但 ω_{PC} 只大一點點時，稱之**邊界穩定**，圖 10.74 說明了邊界穩定時輸出波形會先振盪一段時間後趨於穩定。$^{(譯\ 10-36)}$

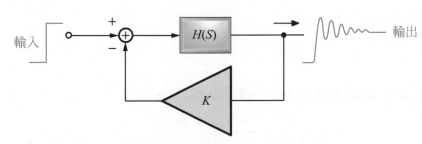

圖 10.74　邊界穩定時的輸出波形會先振盪後再穩定

　　根據以上的討論，可以定義相位邊界 (PM) 為

$$PM = \angle (\omega_{GC}) + 180° \tag{10.216}$$

（譯 10-35）
First define two important frequencies and then talk about what is meant by the ***phase margin***(相位邊界). When the value of the transfer function H drops to 1, the corresponding frequency is called the ***gain crossover frequency***(**增益交越頻率**) ω_{GC}. In addition, when the phase value of H drops to $-180°$, the corresponding frequency is called the ***phase crossover frequency***(**相位交越頻率**) ω_{PC}.

（譯 10-36）
Therefore, when $\omega_{GC} = \omega_{PC}$, the system is unstable (oscillating). If $\omega_{GC} < \omega_{PC}$, but ω_{PC} is only a little larger, it is said that the ***marginally stable***(**邊界穩定**). Figure 10.74 shows that when the margin is stable, the output waveform will oscillate for a period then become stable.

📶 例題 **10.34**

如圖 10.75 所示的系統，接成 $K = 1$ 的負回授系統，請問其 PM 爲多少？

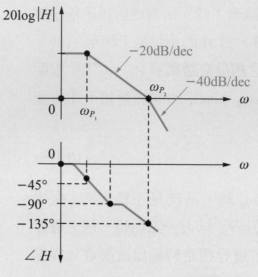

圖 10.75　例題 10.34 的波德圖

▶ **解答**

$PM = -135° + 180° = 45°$

立即練習

承例題 10.34，若 $K = \dfrac{1}{3}$ 時，則其 PM 比 45° 大或小？爲什麼？

經過上述討論及例題的演練，爲了使系統更加穩定，一般建議 PM 要大於 (等於)60°。

10.8.4 頻率補償

當一個負回授系統設計完成後，發現其相位邊界不符合穩定的要求進而產生振盪，例如例題 10.33 中，$K = 1$，$g_m R_X > 2$，是否有辦法來補救呢？答案是肯定的，稱之 **"頻率補償"** 。(譯 10-37)

它的方法是將增益交越頻率 ω_{GC} 往原點移動即可。然而 ω_{GC} 非極點又該如何移動他呢？實務上只要將主極點 ω_{P_1}（最小的極點）變小，ω_{GC} 也將會跟著往原點移動。(譯 10-38)

圖 10.76 說明了頻率補償後波德圖的改變，進而系統也穩定了，圖中黑色線所標示的 ω_{GC} 和 ω_{PC} 的關係是 $\omega_{PC} < \omega_{GC}$，如此的系統違反了穩定條件，因此為振盪；若將 ω_{P_1} 變小至 ω'_{P_1}，則波德圖的曲線（藍色線）改變，ω_{GC} 也移至 ω'_{GC}，此時 $\omega'_{GC} < \omega_{PC}$，系統穩定。

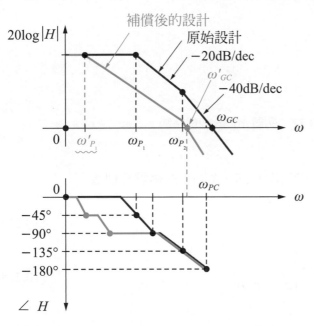

圖 10.76　主極點 ω_{P_1} 變小後，ω_{GC} 也往原點移動

(譯 10-37)
After the design of a negative feedback system is completed, it is found that its phase margin does not meet the requirements of stability and thus causes oscillation. For example, in the example 10.33, $K = 1$, $g_m R_X > 2$, is there a remedy for this problem? The answer is yes, it is called "*frequency compensation*(頻率補償)".

(譯 10-38)
The method is to move the gain crossover frequency ω_{GC} toward the origin. But how to move ω_{GC} when it is not a pole? In practice, if we can make the dominant pole ω_{P_1} (the smallest pole) smaller, ω_{GC} will also be moved toward the origin.

至於如何將主極點 ω_{P_1} 變小呢？一般而言會在產生 ω_{P_1} 的節點上並聯一個電容 C_{comp}，使得電容值變大，進而降低主極點 ω_{P_1}（ $= \dfrac{1}{RC}$ ），以例題 10.35 說明之。

📶 例題 10.35

如圖 10.77 所示，假設 3 個極點產生在 A、B、X 點上，其中 B 點是主極點 ω_{PB}，請畫出其波德圖，並說明如何補償該電路使其穩定。

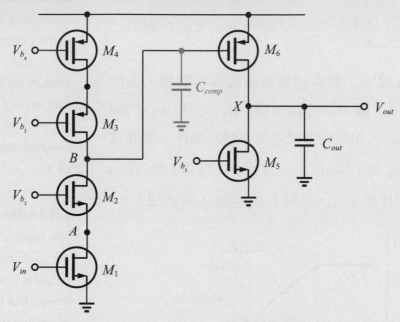

圖 10.77　例題 10.35 的電路圖

▶ 解答

根據第 9 章頻率響應的分析，可寫出 A、B、X 點上的極點分別為

$$\omega_{PA} = \frac{g_{m_2}}{C_A} \tag{10.217}$$

$$\omega_{PB} = \frac{1}{[(g_{m_2}r_{o_2}r_{o_1}) // (g_{m_3}r_{o_3}r_{o_4})]C_B} \tag{10.218}$$

$$\omega_{PX} = \frac{1}{(r_{o_5} // r_{o_6})C_{out}} \tag{10.219}$$

假設 $\omega_{PB} < \omega_{PA} < \omega_{PX}$，其波德圖如圖 10.78 中黑色線所畫的，此時系統不穩定。

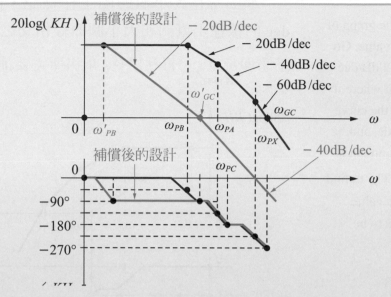

圖 10.78　主極點 ω_{PB} 變為 ω'_{PB} 後，波德圖曲線的變化 (黑為原始設計，藍為補償後設計)

為了使得此系統變得穩定，在 B 點上並聯一個很大電容值的電容 C_{comp}，如圖 10.77 所示。如此一來 B 點的電容值變大 ($\because C_B \rightarrow C_B + C_{comp}$)，極點 ω_{PB} 變小為

$$\omega'_{PB} = \frac{1}{[(g_{m_2}r_{o_2}r_{o_1})//(g_{m_3}r_{o_3}r_{o_4})](C_B + C_{comp})} \tag{10.220}$$

其波德圖如圖 10.78 中藍色線所示。此時 $\omega'_{GC} < \omega_{PC}$，系統符合穩定條件。

立即練習o

承例題 10.35，若將 M_2 和 M_3 去除 (即為簡單 CS 組態)，其餘條件不變，請畫出其波德圖，並說明如何補償該電路使其穩定。

最後將頻率補償公式化。首先先決定想要的相位邊界 *PM*，然後求出想要的頻率 $\omega_{PM} = -180° + PM$ (如圖 10.79 所示)。[譯 10-39]

(譯 10-39)

Finally, the frequency compensation is formulated. First determine the desired phase margin *PM*, and then find the desired frequency $\omega_{PM} = -180° + PM$ (as shown in Figure 10.79).

(譯 10-40)

Mark ω_{PM} on the graph of the magnitude value. Go up along the –20dB/dec line to the point where it intersects with the curve of the magnitude, and the vertical alignment is ω'_{P_1} .Then use ω'_{P_1} to find the capacitance value C_{comp} that needs to be compensated.

將 ω_{PM} 在大小值的圖上作標記，沿著 –20dB/dec 的線往上直到和大小圖曲線相交之點，垂直對下來即是 ω'_{P_1} ，再利用 ω'_{P_1} 求出所需要補償的電容值 C_{comp} 。 **(譯 10-40)**

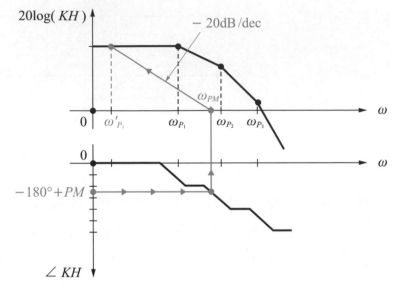

圖 10.79　頻率補償的圖解法

例題 10.36

如圖 10.80 所示。若想得到 $PM = 60°$ 且 $K = 1$，請補償該放大器。

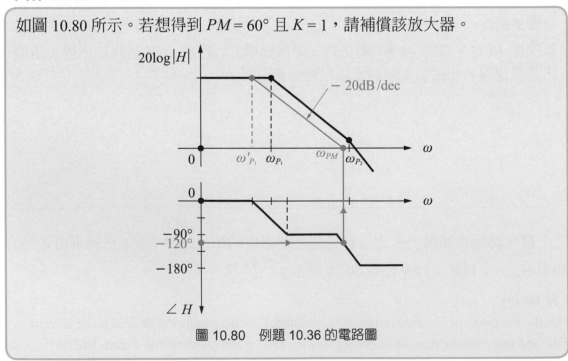

圖 10.80　例題 10.36 的電路圖

▶ 解答

$\omega_{PM} = -180° + PM = -180° + 60° = -120°$，於圖 10.81 中標記 $-120°$。由相位圖中拉水平線和垂直線至大小圖中標記 ω_{PM}，再由 ω_{PM} 沿 -20 dB/dec 線往上交於大小曲線後，垂直對下得到 ω'_{P_1} 頻率即為所求。本題結果非常恰當，因為 $\omega_{PM} < \omega_{P_2}$ ($-135°$)。

立即練習○

承例題 10.36，若 $K = \dfrac{1}{3}$，請補償該放大器。

🔋 10.8.5 米勒補償

    在做頻率補償，時會在產生主極點的節點上加一個大的電容，以求降低主極點來達到系統的穩定。但是如果有其他不方便的因素，無法直接放一個大電容於此節點時，可以使用米勒定理來產生大的電容。因此，使用米勒定理來產生此大的電容做頻率補償，稱之 **米勒補償**。(譯 10-41) 圖 10.81 即為一個米勒補償的好例子，電容 C_C 是一個跨於 M_6 輸入端與輸出端的浮接電容，利用米勒定理可以把 C_C 轉換成接於 B 點 (輸入端) 的電容 C_{comp}，如圖 10.77 所示。

(譯 10-41)

When doing frequency compensation, a large capacitor will be added to the node where the dominant pole is generated, in order to reduce the dominant pole to achieve system stability. But if there are other inconvenient factors that cannot directly place a large capacitor at this node, Miller's theorem can be used to generate a large capacitor. Therefore, Miller's theorem is used to generate this large capacitance for frequency compensation, which is called *Miller compensation*(米勒補償).

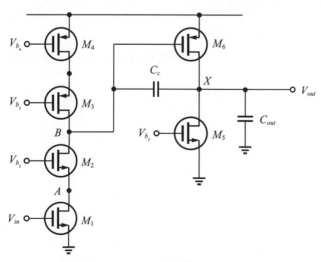

圖 10.81　米勒補償的範例圖

C_{comp} 的值為

$$C_{comp} = (1 - A_v)C_C \tag{10.221}$$

$$= [1 + g_{m_6}(r_{o_5} // r_{o_6})]C_C \tag{10.222}$$

由 (10.222) 式可知 C_{comp} 把 C_C 放大了 $[1 + g_{m_6}(r_{o_5} // r_{o_6})]$ 倍。另外 C_C 電容也會影響 X 點 (輸出端) 的電容值，其值為

$$C_{out}{}' = C_{out} + (1 + \frac{1}{A_v})C_C \tag{10.223}$$

$$= C_{out} + (1 + \frac{1}{[g_{m_6}(r_{o_5} // r_{o_6})]})C_C \tag{10.224}$$

由 (10.224) 式可知，X 點的極點也會因其電容值增加 (由 C_{out} 變為 $C_{out}{}'$) 而降低。

📶 10.9 實例挑戰

📶 例題 10.37

負回授有 4 種基本組態 (電壓 - 電壓、電流 - 電壓、電壓 - 電流、電流 - 電流) 用來改變放大器的特性。則：

(1) 輸入阻抗下降而輸出阻抗上升，為使用何種組態？

(2) 輸入和輸出阻抗皆上升，為使用何種組態？

(3) 輸入和輸出阻抗皆下降，為使用何種組態？

【108 雲林科技大學 - 電子系碩士】

▶ 解答

(1) 電流 - 電流組態

(2) 電流 - 電壓組態

(3) 電壓 - 電流組態

例題 10.38

試分析如圖 10.82 所示電路之級間回饋。則：

(1) 此電路為正回授 (positive feedback) 還是負回授 (negative feedback)？

(2) 此電路屬於何種回授狀態 (直流、交流、交直流)？

(3) 此電路屬於何種組態？

(4) 其電壓放大倍數 $\dfrac{V_{out}}{V_{in}}$ 大約為多少？

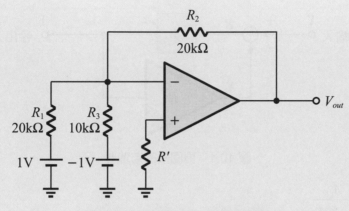

圖 10.82　例題 10.38 的電路圖

【105 聯合大學 - 光電工程學系碩士】

▶ 解答

(1) 負回授

(2) 直流

(3) 電壓 - 電壓組態

(4) $V_{out} = (-\dfrac{20\text{k}}{20\text{k}}) \times 1 + (-\dfrac{20\text{k}}{10\text{k}}) \times (-1) = -1 + 2 = 1\text{V}$

重點回顧

1. 將輸出值經過回授網路和輸入值相加，稱之正回授；若是和輸入值相減，則稱之負回授。

2. 負回授是控制一個電路或系統穩定運作的良好機制，其方塊圖如圖 10.1 所示，由 4 大元件所組成，轉移函數則如 (10.5) 式所示。

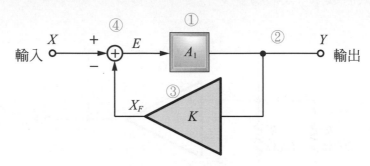

圖 10.1　負回授的方塊圖

$$\frac{Y}{X} = \frac{A_1}{1 + KA_1} \tag{10.5}$$

3. 負回授有 4 大好處：

   (1) 增益脫敏

   (2) 頻寬放大

   (3) 輸入 / 輸出阻抗改變 (分別變大 / 變小)

   (4) 線性度增加。

4. 回授放大器的形式有 4 種，如圖 10.11 所示，其模型如圖 10.12(理想) 與圖 10.13(實際) 所示，實際例子則如圖 10.14 所示。

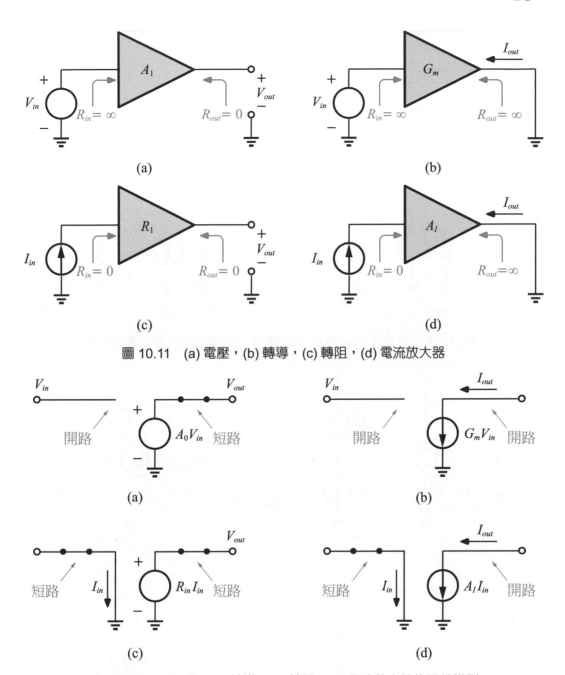

圖 10.11　(a) 電壓，(b) 轉導，(c) 轉阻，(d) 電流放大器

圖 10.12　(a) 電壓，(b) 轉導，(c) 轉阻，(d) 電流放大器的理想模型

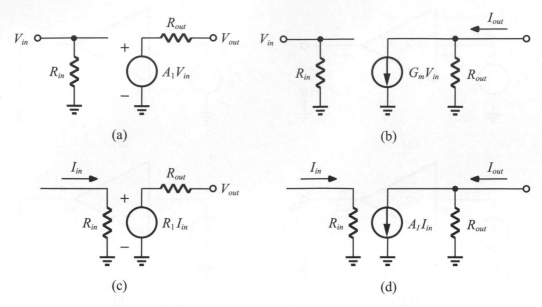

圖 10.13　(a) 電壓，(b) 轉導，(c) 轉阻，(d) 電流放大器的實際模型

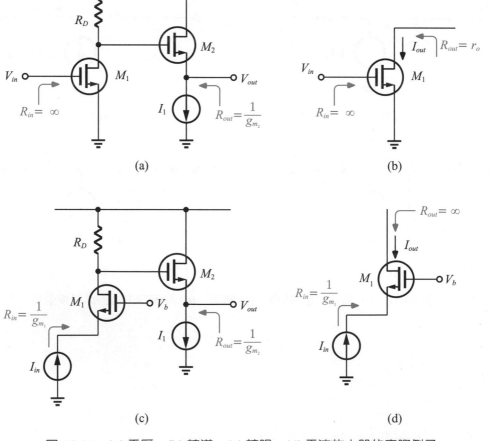

圖 10.14　(a) 電壓，(b) 轉導，(c) 轉阻，(d) 電流放大器的實際例子

5. 偵測輸出的電壓值採 "並聯" 的方式，如圖 10.16 所示，電流值則採 "串聯" 的方式，如圖 10.17 所示。

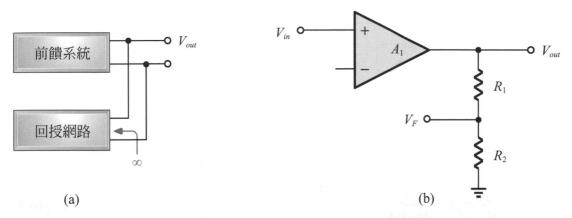

圖 10.16　(a) 回授網路並聯偵測輸出端，(b) 真實的案例電路

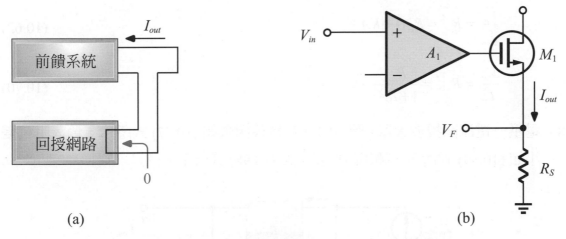

圖 10.17　(a) 回授網路串聯偵測輸出端，(b) 真實的實例電路

6. 回授網路返回的電壓信號要和輸入相減，採 "串聯" 的方式，如圖 10.18 所示，電流信號要和輸入相減，採 "並聯" 的方式，如圖 10.20 所示。

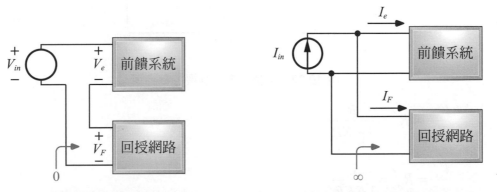

圖 10.18　輸入電壓和回授網路返回之電壓信號以串聯方式相減　　圖 10.20　輸入電流和回授網路返回之電流信號以並聯方式相減

7. 電壓―電壓回授放大器 (圖 10.26) 其轉移函數如 (10.55) 式所示，輸入阻抗變大如 (10.62) 式所示，輸出阻抗變小如 (10.70) 式所示。

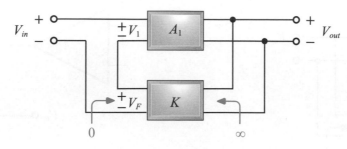

圖 10.26　電壓―電壓回授的電路圖

$$\frac{V_{out}}{V_{in}} = A_1' = \frac{A_1}{1 + KA_1} \tag{10.55}$$

$$\frac{V_{in}}{I_{in}} = R_{in}' = R_{in}(1 + KA_1) \tag{10.62}$$

$$\frac{V_X}{I_X} = R_{out}' = \frac{R_{out}}{1 + KA_1} \tag{10.70}$$

8. 電壓―電流回授放大器 (圖 10.32) 其轉移函數如 (10.77) 式所示，輸入阻抗變小如 (10.89) 式所示，輸出阻抗變小如 (10.98) 式所示。

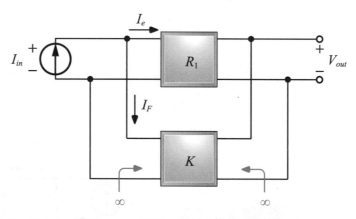

圖 10.32　電壓―電流回授的電路圖

$$\frac{V_{out}}{V_{in}} = R_1' = \frac{R_1}{1 + KR_1} \tag{10.77}$$

$$\frac{V_X}{I_X} = R_{in}' = \frac{R_{in}}{1 + KR_1} \tag{10.89}$$

$$R_{out}{}' = \frac{V_X}{I_X} = \frac{R_{out}}{1+KR_1} \tag{10.98}$$

9. 電流―電壓回授放大器 (圖 10.37) 其轉移函數如 (10.103) 式所示，輸入阻抗變大如 (10.113) 式所示，輸出阻抗變大如 (10.121) 式所示。

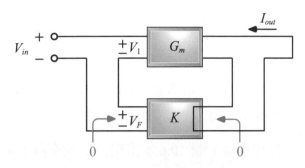

圖 10.37　電流―電壓回授的電路圖

$$\frac{I_{out}}{V_{in}} = G_m{}' = \frac{G_m}{1+KG_m} \tag{10.103}$$

$$R_{in}{}' = \frac{V_{in}}{I_{in}} = R_{in}(1+KG_m) \tag{10.113}$$

$$R_{out}{}' = \frac{V_X}{I_X} = R_{out}(1+KG_m) \tag{10.121}$$

10. 電流―電流回授放大器 (圖 10.44) 其轉移函數如 (10.128) 式所示，輸入阻抗變小如 (10.144) 式所示，輸出阻抗變大如 (10.155) 式所示。

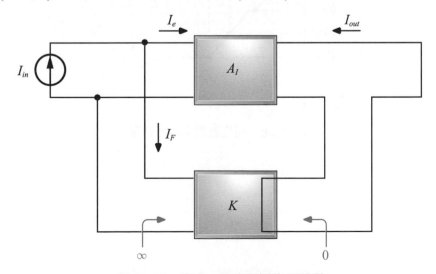

圖 10.44　電流―電流回授的電路圖

$$\frac{I_{out}}{I_{in}} = A_I' = \frac{A_I}{1 + KA_I} \tag{10.128}$$

$$R_{in}' = \frac{V_X}{I_X} = \frac{R_{in}}{1 + KA_I} \tag{10.144}$$

$$R_{out}' = \frac{V_X}{I_X} = R_{out}(1 + KA_I) \tag{10.155}$$

11. 非理想的輸入／輸出阻抗效應須考慮 "回授網路" 的阻抗是有限的，而非很大或很小，其結果即輸入／輸入阻抗要再重新計算過 (10.7 節詳述)。

12. 波德圖包含了大小對頻率圖 (圖 10.65) 和相位對頻率圖 (圖 10.66)。

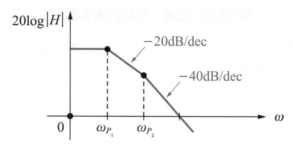

圖 10.65　例題 10.28 的波德圖

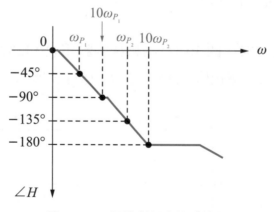

圖 10.66　相位對頻率的波德圖

13. 若負回授系統的迴路增益滿足巴克豪生準則，則此系統將會不穩定而形成振盪，如 (10.206) 式和 (10.207) 式所示。

$$|KH(j\omega_1)| \geq 1 \tag{10.206}$$

$$\angle KH(j\omega_1) = -180° \tag{10.207}$$

14. 當轉移函數 H 下降至 1 時，所對應的頻率稱之增益交越頻率 ω_{GC}，H 的相位值下降至 $-180°$ 時，所對應的頻率稱之相位交越頻率 ω_{PC}，而當 $\omega_{GC} < \omega_{PC}$(10.215) 時，則稱之邊界穩定。

$$\omega_{GC} < \omega_{PC} \tag{10.215}$$

15. 若要系統達絕對穩定，則須滿足相位邊界 PM(如 (10.216) 式) 大於 60°。

16. 利用相位邊界 PM 大於 60° 即可將 ω_{GC} 往原點移動，此方法稱之"頻率補償"，而米勒補償 (產生一個大電容來降低 ω_{GC}) 即一種常用的頻率補償，如圖 10.81 所示。

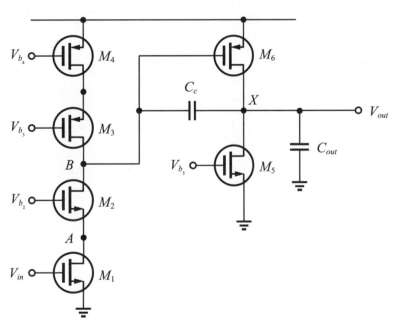

圖 10.81 米勒補償的範例圖

Chapter **11** 堆疊級與電流鏡

生活電子學

滿溢書房的墨香,見證一部部經典的流傳。抄書是古代文人傳遞知識的方式,起初僅限地位崇高的知識份子可為,後來則由平民階級的文人為業,文書的抄錄就像是再做一個相同的電路,當需求擴大時,此方式便顯得不太現實,因此發明了印刷術,而電流鏡同理,可以將設計好的參考電流源放大或縮小,複製給電路使用。

前幾章已經探討過 BJT 和 MOS 的放大器後,接下來將討論 2 個重要的電路組態。第 1 個組態稱之堆疊級,主要是將共射級和共源級修改成堆疊的電路形式 (所謂堆疊的形式即將電晶體的數目往縱 (y) 軸方向成長),以增加電路的效能 (增加其電壓增益);第 2 個組態則稱之電流鏡,主要的概念是利用 "複製" 的方法將電路中的 "電流源" 複製出去給各個需要不同大小的電流的電路們使用,藉此不需每次都重新設計電流源,如同影印機一樣可以放大或縮小複製。因此,本章將針對這 2 個重要的電路組態來做一個詳細的探討:

1 堆疊級
(1) 堆疊當成電流源
(2) 堆疊當成放大器

2 電流鏡
(1) BJT 電流鏡
(2) MOS 電流鏡

11.1　堆疊級

11.1.1 堆疊當成一個電流源

(譯 11-1)
Before discussing in this section, it is necessary to clarify the concept of connecting two circuit elements. The first is the *cascade*(串接) connection of the circuit. The connection of this circuit is basically the horizontal (*x*) circuit connection. As shown in Figure 11.1, the *CE* stage is connected to the *CC* stage. The other connection is to the vertical (*y*) direction. This connection is generally called *cascode*(堆疊). As shown in Figure 11.2, M_1 and M_2 are cascoded to form a cascode *CS* configuration.

　　在本節探討之前，需先將 2 個電路元件連接的概念予以釐清。首先是電路的**串接**，這種電路的接法基本上是橫 (*x*) 向的電路連接，如圖 11.1 所示為 *CE* 級串接 *CC* 級；而另一種接法則是往縱 (*y*) 向發展的接法，一般稱之**堆疊**，如圖 11.2 所示，M_1 和 M_2 堆疊而形成一個堆疊 *CS* 組態。(譯 11-1) 在此，特別提醒不要將這 2 種電路連接的方式搞混。而本節所要探討的是後者——堆疊級的電路。

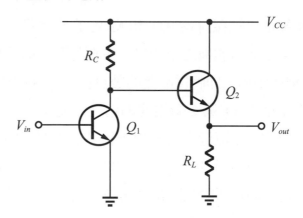

圖 11.1　*CE* 組態和 *CC* 組態的串接

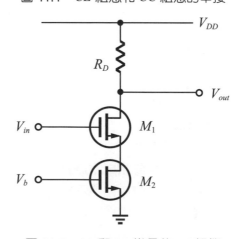

圖 11.2　M_1 和 M_2 堆疊的 *CS* 組態

先考慮圖 11.3 中的 2 個電路的輸出阻抗 R_{out_1} 和 R_{out_2}。這 2 個電路分別在 6 章和第 7 章中曾以小訊號模型計算過，在此不再贅述 (請自行參閱上述章節)，可寫出其結果

$$R_{out_1} = [1 + g_m(r_\pi // R_E)] r_o + (r_\pi // R_E) \qquad (11.1)$$

$$R_{out_2} = (1 + g_m R_S)r_o + R_S \qquad (11.2)$$

若將圖 11.3(a) 電路中的電阻 (R_E) 以 BJT 電晶體來取代即形成所謂的 BJT 堆疊級，如圖 11.4(a) 所示。且因 $V_A \neq 0$，所以圖 11.4(a) 又可以畫成圖 11.4(b)，$R_{out_2} = r_{o_2}$ 。

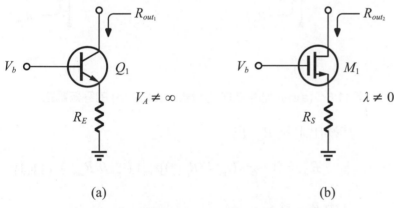

圖 11.3　(a) 射極退化之 CE 組態的輸出阻抗，
　　　　(b) 源極退化之 CS 組態的輸出阻抗

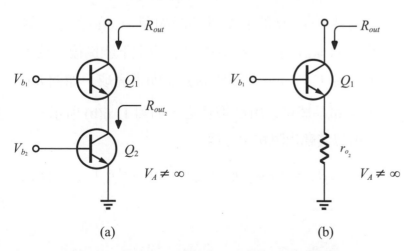

圖 11.4　(a)BJT 的堆疊級，(b) 圖 (a) 的等效電路

所以 R_{out} 為

$$R_{out} = [1 + g_{m_1}(r_{\pi_1} \, / \! / \, r_{o_2})]r_{o_1} + (r_{\pi_1} \, / \! / \, r_{o_2}) \qquad (11.3)$$

按照這樣的堆疊方式，同理亦可堆疊 3 個 BJT 形成另一型式的 BJT 堆疊級，如圖 11.5 所示。

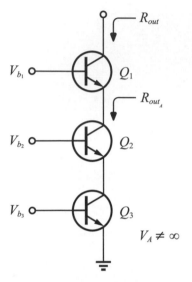

圖 11.5　3 個 BJT 形成的堆疊級

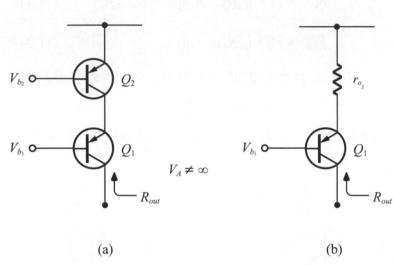

(a)　　　　　　　(b)

圖 11.6　(a)*pnp* 型的 BJT 堆疊級，(b) 圖 (a) 的等效電路

其輸出阻抗 R_{out} 為

$$R_{out} = [1 + g_{m_1}(r_{\pi_1} \, / \! / \, R_{out_A})]r_{o_1} + (r_{\pi_1} \, / \! / \, R_{out_A}) \quad (11.4)$$

其中 R_{out_A} 為

$$R_{out_A} = [1 + g_{m_2}(r_{\pi_2} \, / \! / \, r_{o_3})]r_{o_2} + (r_{\pi_2} \, / \! / \, r_{o_3}) \qquad (11.5)$$

另外，*pnp* 型的 BJT 堆疊級如圖 11.6(a) 所示。僅需將圖 11.4(a) 的 *npn* 型 BJT 堆疊級上下顛倒後，接地換成電源 V_{CC}，*npn* 型換成 *pnp* 型即可完成。如同 *npn* 型，Q_2 電晶體可以用 r_{o_2} 取代之，如圖 11.6(b) 所示。

所以其輸出阻抗 R_{out} 為

$$R_{out} = [1 + g_{m_1}(r_{\pi_1} \, / \! / \, r_{o_2})]r_{o_1} + (r_{\pi_1} \, / \! / \, r_{o_2}) \qquad (11.6)$$

▽ 例題 11.1

如圖 11.7 所示，求其輸出阻抗 R_{out}。

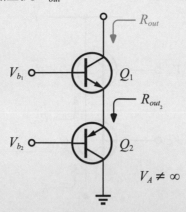

圖 11.7 例題 11.1 的電路圖

解答

首先先寫出 R_{out_2} 的值。由 BJT 的 E 極看入的阻抗爲 (此值在《電子學 (基礎概念)》第 6 章曾以小訊號模型計算過，請自行參閱)

$$R_{out_2} = \frac{1}{g_{m_2}} // r_{o_2} \tag{11.7}$$

所以，R_{out} 的值爲

$$R_{out} = [1 + g_{m_1}(r_{\pi_1} // R_{out_2})]r_{o_1} + (r_{\pi_1} // R_{out_2}) \tag{11.8}$$

$$= [1 + g_{m_1}(r_{\pi_1} // r_{o_2} // \frac{1}{g_{m_2}})]r_{o_1} + (r_{\pi_1} // r_{o_2} // \frac{1}{g_{m_2}}) \tag{11.9}$$

但是，圖 11.7 的電路不可稱爲堆疊級，因爲必須要同類型的 BJT 堆疊才能夠稱爲堆疊級。

立即練習

承例題 11.1，若 $I_C = 1.5$ mA，$V_A = 10$ V，求其 R_{out} 值。

例題 11.2

如圖 11.8 所示，求其輸出阻抗 R_{out}。

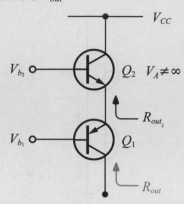

圖 11.8　例題 11.2 的電路圖

▶ 解答

首先先寫出 R_{out_2} 的值 (第六章討論過) 為

$$R_{out_2} = \frac{1}{g_{m_2}} \mathbin{/\mkern-5mu/} r_{o_2} \tag{11.10}$$

所以，R_{out} 的值為

$$R_{out} = [1 + g_{m_1}(r_{\pi_1} \mathbin{/\mkern-5mu/} R_{out_2})]r_{o_1} + (r_{\pi_1} \mathbin{/\mkern-5mu/} R_{out_2}) \tag{11.11}$$

$$= [1 + g_{m_1}(r_{\pi_1} \mathbin{/\mkern-5mu/} r_{o_2} \mathbin{/\mkern-5mu/} \frac{1}{g_{m_2}})]r_{o_1} + (r_{\pi_1} \mathbin{/\mkern-5mu/} r_{o_2} \mathbin{/\mkern-5mu/} \frac{1}{g_{m_2}}) \tag{11.12}$$

圖 11.8 的電路亦不稱為堆疊級，因為 BJT 電晶體的類型不一樣。

立即練習 ○──────

承例題 11.2，若 $I_C = 1$ mA，$V_A = 8$ V，求其 R_{out} 的近似值 (R_{out} 最後可近似成 $2r_{o_1}$)。

接下來將探討 MOS 的堆疊級。將圖 11.3(b) 的 R_S 以一個 n 型的 MOS 取代，即形成 MOS 堆疊級，如圖 11.9(a) 所示，圖 11.9(b) 則為圖 11.9(a) 的等效電路。

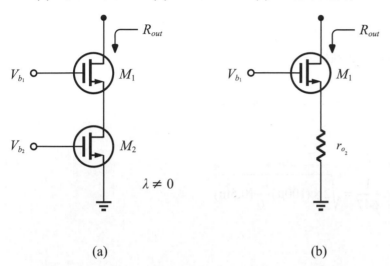

(a)　　　　　　　　　(b)

圖 11.9　(a)n 型 MOS 的堆疊級，(b) 圖 (a) 的等效電路

其輸出阻抗 R_{out} 為

$$R_{out} = [1 + g_{m_1} r_{o_2}] r_{o_1} + r_{o_2} \qquad (11.13)$$

而 p 型的 MOS 堆疊級如圖 11.10 所示。

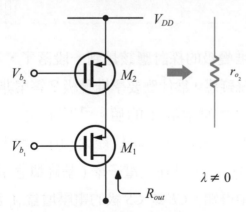

圖 11.10　p 型 MOS 的堆疊級

其輸出阻抗 R_{out} 為

$$R_{out} = [1 + g_{m_1} r_{o_2}] r_{o_1} + r_{o_2} \qquad (11.14)$$

📶 例題 11.3

試設計圖 11.9(a) 的 n MOS 堆疊級，使得輸出阻抗 R_{out} 爲 300kΩ 且 $I_D = 0.5$mA，$\mu_n C_{ox} = 100\ \mu A/V^2$，$\lambda = 0.15\ V^{-1}$，且假設 $M_1 = M_2$。

▶ 解答

$$r_{o_1} = r_{o_2} = \frac{1}{\lambda I_D} = \frac{1}{0.15 \times 0.5m} = 13.3k\Omega$$

$$R_{out} = [1 + g_{m_2} r_{o_2}] r_{o_1} + r_{o_2} \quad \therefore 300k = [1 + g_{m_1}(13.3k)]13.3k + 13.3k$$

$$\therefore g_{m_1} = \frac{1}{647\Omega}$$

$$\because g_m = \sqrt{2\mu_n C_{ox} \frac{W}{L} I_D} \quad \therefore \frac{1}{647} = \sqrt{2 \times (100\mu)\frac{W}{L}(0.5m)}$$

$$\therefore \frac{W}{L} = 23.9$$

立即練習 ○

承例題 11.3，若 $\frac{W}{L} = 30$，其餘條件不變，則其輸出阻抗 R_{out} 爲多少？

(譯 11-2)
So far, the discussion of the cascode should be at the end. I wonder if there are still some doubts, why should we learn the cascode? The answer is very clear, i.e., to increase the value of the voltage gain A_v.

至此堆疊級的探討應該是到一段落了，不知是否仍有些絲絲疑惑，爲什麼要學堆疊級？答案非常明確，爲了要增加電壓增益 A_v 的值。(譯 11-2) 首先，堆疊級會使得 CE 或 CS 級的輸出阻抗變大 (由 r_o 增大至 (11.3) 式或 (11.13) 式)，且在《電子學 (基礎概念)》第 6 章和第 7 章中得知，CE 或 CS 級的電壓增益 A_v 爲

$$A_v = \frac{V_{out}}{V_{in}} = -g_m R_{out} \tag{11.15}$$

(11.15) 式中 g_m 值在電晶體製造好時即爲固定值，只有增加 R_{out}，A_v 才會變大。因此，堆疊級就達成此重要的目標。

既然堆疊這麼好用，那麼是否可藉由堆疊愈多，使輸出阻抗愈大，電壓增益也更大呢？答案是不可以的，一旦堆疊超過 2 個 (如圖 11.5 所示)，每一個 BJT 在導通時會消耗電壓使得輸出擺幅變小。[(譯 11-3)]

尤其現在為了省功率都使用低電壓 (1.8V ～ 2.5V 的電源)，一旦使用過多的堆疊數，輸出擺幅過小導致電路不動作，那麼即便電壓增益再大也無用武之地，因此一般建議堆疊數以 2 個為限 (如圖 11.4(a) 或圖 11.9(a))。

11.1.2 堆疊當成放大器

在探討如何將堆疊技術當成放大器使用之前，需先定義一個重要的物理量——稱為**短路轉導**，以 "G_m" 表示之。它是描述一個電路的輸出端接地時，由輸出端流入電路內的電流 i_{out} 對輸入端電壓 V_{in} 的比值大小，如圖 11.11 所示。[(譯 11-4)]

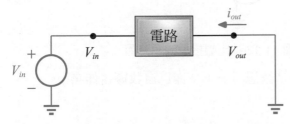

圖 11.11 計算電路的短路轉導 G_m 之示意圖。

所以，短路轉導 G_m 的定義如下：

$$G_m = \frac{i_{out}}{V_{in}}\bigg|_{V_{out}=0} \tag{11.16}$$

那 G_m 和在第 6、7 章中所學到的電晶體轉導 g_m($= \dfrac{\Delta I_C}{\Delta V_{BE}}$ 或 $= \dfrac{\Delta I_D}{\Delta V_{GS}}$)，這兩者有著什麼關係呢？對一般的線性電路而言，G_m 等於 g_m，以下將藉由例題 11.4 來加以說明。

(譯 11-3)
Since cascode is so useful, can more cascode be used to make the output impedance higher and the voltage gain higher? The answer is no. Once cascoded more than two (as shown in Figure 11.5), each BJT will consume voltage when it is turned on, making the output swing smaller.

(譯 11-4)
Before discussing how to use cascode as an amplifier, it is necessary to define an important physical quantity, called **short-circuit transduction**(短路轉導), which is represented by "G_m". It describes the ratio of the current i_{out} flowing into the circuit from the output terminal to the input terminal voltage V_{in} when the output terminal of a circuit is grounded, as shown in Figure 11.11.

例題 **11.4**

如圖 11.12 所示，請計算此 CS 組態的 G_m。

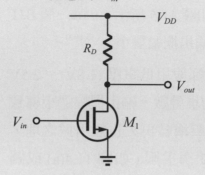

圖 11.12　例題 11.4 的電路──CS 組態

解答

首先將輸出端接地，如圖 11.13 所示。

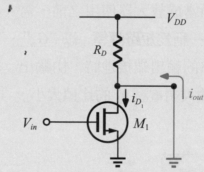

圖 11.13　圖 11.12 輸出端接地的示意圖

此時，R_D 上不會有電流 (為什麼？請思考一下，作為自我練習作業)。

所以 $i_{out} = i_{D_1}$

$$G_m = \frac{i_{out}}{V_{in}} \qquad (11.17)$$

$$= \frac{i_{D_1}}{V_{GS_1}} \qquad (11.18)$$

$$= g_{m_1} \qquad (11.19)$$

因此，CS 組態的轉導 G_m 等於 MOS 的轉導 g_m。

立即練習

承例題 11.4，若通道寬度 W 和電流 I_D 皆變為 3 倍，則 G_m 將如何變化？

定理：一個線性電路的電壓增益 A_v 可表示成

$$A_v = -G_m R_{out} \qquad (11.20)$$

其中 R_{out} 為此線性電路的輸出阻抗。

由以上的定理可知，當一個 MOS 製造好了，其 g_m 值也固定了，同理接成電路後其 G_m 亦固定。所以，利用堆疊技術來增加輸出阻抗 R_{out} 之值，即為提升電壓增益 A_v 的最佳利器了。**(譯 11-5)**

(譯 11-5)

It can be seen from the above theorem that when a MOS is manufactured, its g_m value is also fixed, and its G_m is also fixed after it is connected into a circuit. Therefore, the use of cascode to increase the value of the output impedance R_{out} is the best tool to increase the voltage gain A_v.

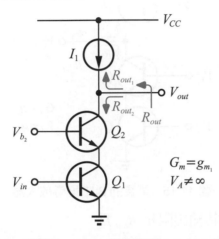

圖 11.14　BJT 堆疊 ($(CE(Q_1)$ 組態堆疊 $(CB(Q_2)$ 組態) 放大器

那堆疊放大器該是如何建構呢？在此需先從 BJT 談起。圖 11.14 是 BJT 堆疊放大器，根據先前提到的原則，堆疊數以 2 個為準 (V_{out} 以下堆疊數為 2)，此電路的 $G_m = g_{m_1}$。

所以，其輸出阻抗 R_{out} 為

$$R_{out} = R_{out_1} \mathbin{/\!/} R_{out_2} \qquad (11.21)$$

其中

$$R_{out_1} = \infty \qquad (11.22)$$

$$R_{out_2} = [1 + g_{m_2}(r_{\pi_2} \mathbin{/\!/} r_{o_1})]r_{o_2} + (r_{\pi_2} \mathbin{/\!/} r_{o_1}) \qquad (11.23)$$

電壓增益 A_v 為

$$A_v = -g_{m_1} R_{out} \qquad (11.24)$$

(譯 11-6)
The current source I_1 in Figure 11.14 can be formed by cascoding two *pnp* to become a "real" BJT cascode amplifier, as shown in Figure 11.15.

圖 11.14 中的電流源 I_1 實際上可以用 2 個 *pnp* 型堆疊，而形成 "真實" 的 BJT 堆疊放大器，如圖 11.15 所示。(譯 11-6) 這個電路的堆疊數為 $2(V_{out}$ 上下各堆疊 2 個電晶體)，$G_m = g_{m_1}$。

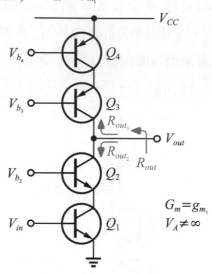

圖 11.15   真實的 BJT 堆疊放大器

所以，其輸出阻抗 R_{out} 為

$$R_{out} = R_{out_2} \ // \ R_{out_3} \tag{11.25}$$

其中

$$R_{out_2} = [1 + g_{m_2}(r_{\pi_2} \ // \ r_{o_1})]r_{o_2} + (r_{\pi_2} \ // \ r_{o_1}) \tag{11.26}$$

$$R_{out_3} = [1 + g_{m_3}(r_{\pi_3} \ // \ r_{o_4})]r_{o_3} + (r_{\pi_3} \ // \ r_{o_4}) \tag{11.27}$$

電壓增益 A_v 為

$$A_v = -g_m R_{out} \tag{11.28}$$

討論完了 BJT 堆疊放大器後，接下來將探討 MOS
堆疊放大器。如圖 11.16 即為一 MOS 堆疊放大器。

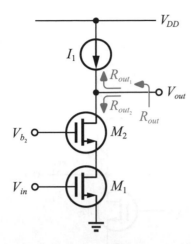

圖 11.16　MOS 堆疊 ($CS(M_1)$ 組態堆疊 $CG(M_2)$ 組態) 放大器

所以，$G_m = g_{m_1}$，其輸出阻抗 R_{out} 為

$$R_{out} = R_{out_1} \,/\!/\, R_{out_2} \tag{11.29}$$

其中

$$R_{out_1} = \infty \tag{11.30}$$

$$R_{out_2} = \left[1 + g_{m_2} r_{o_1}\right] r_{o_2} + r_{o_1} \tag{11.31}$$

電壓增益 A_v 為

$$A_v = -g_{m_1} R_{out} \tag{11.32}$$

(譯 11-7)
The current source I_1 in Figure 11.16 can be formed by cascoding 2 p MOS to become a "real" MOS cascode amplifier, as shown in Figure 11.17.

圖 11.16 中的電流源 I_1 實際上可以用 2 個 p MOS 來堆疊，而形成 "眞實" 的 MOS 堆疊放大器，如圖 11.17 所示。$^{(譯\ 11-7)}$ 堆疊數一樣是 2，$G_m = g_{m_1}$。

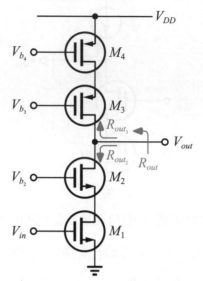

圖 11.17　真實的 MOS 堆疊放大器

所以，其輸出阻抗 R_{out} 爲

$$R_{out} = R_{out_2} \ // \ R_{out_3} \qquad\qquad (11.33)$$

其中

$$R_{out_2} = \Big[1 + g_{m_2} r_{o_1} \Big] r_{o_2} + r_{o_1} \qquad\qquad (11.34)$$

$$R_{out_3} = \Big[1 + g_{m_3} r_{o_4} \Big] r_{o_3} + r_{o_4} \qquad\qquad (11.35)$$

電壓增益 A_v 爲

$$A_v = -g_{m_1} R_{out} \qquad\qquad (11.36)$$

例題 11.5

如圖 11.17 所示。$(\frac{W}{L})_1 = (\frac{W}{L})_2 = 36$，$(\frac{W}{L})_3 = (\frac{W}{L})_4 = 48$，$I_{D_1} = I_{D_2} = I_{D_3} = I_{D_4} = 1\text{mA}$，$\mu_n C_{ox} = 120\ \mu\text{A/V}^2$，$\mu_p C_{ox} = 50\ \mu\text{A/V}^2$，$\lambda_n = 0.1\ \text{V}^{-1}$，$\lambda_p = 0.18\ \text{V}^{-1}$，求 A_v。

▶ 解答

$$g_{m_1} = g_{m_2} = \sqrt{2\mu_n C_{ox}(\frac{W}{L})_1 I_D} = \sqrt{2(120\mu)\cdot 36\cdot 1m} = \frac{1}{340\Omega}$$

$$g_{m_3} = g_{m_4} = \sqrt{2\mu_n C_{ox}(\frac{W}{L})_3 I_D} = \sqrt{2(50\mu)\cdot 48\cdot 1m} = \frac{1}{456\Omega}$$

$$r_{o_1} = r_{o_2} = \frac{1}{\lambda_n I_D} = \frac{1}{0.1\cdot 1m} = 10\text{k}\Omega$$

$$r_{o_3} = r_{o_4} = \frac{1}{\lambda_p I_D} = \frac{1}{0.18\cdot 1m} = 5.6\text{k}\Omega$$

$$\therefore R_{out_2} = [1+\frac{1}{340}\cdot 10k]\cdot 10k + 10k = 314\text{k}\Omega$$

$$R_{out_3} = [1+\frac{1}{456}\cdot 5.6k]\cdot 5.6k + 5.6k = 80\text{k}\Omega$$

$$\therefore A_v = -\frac{1}{340}(314k\ //\ 80k) = -188$$

立即練習

承例題 11.5，若 $I_D = 0.5$ mA，其餘條件不變，則 A_v 將變為多少？並比較 $I_D = 1$ mA 和 0.5 mA 時輸出阻抗，為何 I_D 比較小時，輸出阻抗會比較大？

📶 11.2 電流鏡

🔋 11.2.1 初始的想法

(譯 11-8)

The so-called mirror is a tool that can reflect and replicate the real object, so the **current mirror(電流鏡)** is a circuit designed using the same principle.

　　所謂鏡子是可將實物反射複製出來的工具，因此 **電流鏡** 即是利用相同的原理所設計出的電路。[譯 11-8]

　　試想現在有一份資料要發給 50 位同學，那老師會將它抄寫 50 份後再發給同學嗎？此做法很顯然地並不現實，僅需使用影印機即可解決之，甚至還可以放大或縮小！

　　同樣的道理，一個大型電路中一定需要很多的偏壓電流源，設計者絕不會一個一個去設計它 (成本太高)，而是利用影印機原理，先設計好一個參考的電流源，再利用電流鏡將參考電流源放大或縮小，再給予各個需要偏壓電流的電路來使用。

(譯 11-9)

Therefore, the concept of current mirror to copy current is shown in Figure 11.18. The designed reference current I_{REF} is enlarged or reduced by the current mirror circuit and copied to I_{copy_1} , I_{copy_2} ...

　　因此，電流鏡複製電流的概念如圖 11.18 所示，將設計好的參考電流 I_{REF}，利用電流鏡電路放大或縮小複製給 I_{copy_1} 、 I_{copy_2} …… 。[譯 11-9]

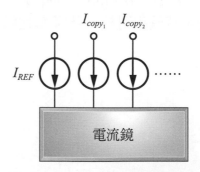

圖 11.18　電流鏡電路的概念圖

在正式介紹電流鏡電路之前，先回顧一下有什麼曾經學過的電路可以當成電流鏡？答案是有的，不過效能相對很差，例如受溫度或製程等因素而影響其準確度等，圖 11.19 是一個利用電阻分壓來產生電流的 BJT 電流源。

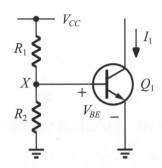

圖 11.19　不切實際的 BJT 電流源

其分析如下：

$$V_X = V_{CC}\frac{R_2}{R_1+R_2} = V_{BE} \tag{11.37}$$

$$I_1 = I_S e^{\frac{V_{BE}}{V_T}} \tag{11.38}$$

$$= I_S e^{\frac{V_X}{V_T}} \tag{11.39}$$

以上的分析初看好像沒有什麼問題，實際上卻有著 2 個重大致命傷使得 I_1 不準確。第一，I_S 和 V_T 和溫度有所關聯，亦即溫度改變，I_S 和 V_T 也會改變，進而影響 I_1 的值，由此可知隨著溫度改變的電流值當然不適合；第二，R_1 和 R_2 的電阻值誤差很大，V_X 的電壓值也會變動很大。因 $V_X = V_{BE}$，所以 I_1 的值也會隨著 R_1 和 R_2 的變動而變動。(譯 11-10) 根據以上 2 點的說明，圖 11.19 的電路並不適合當成電流鏡來使用。

(譯 11-10)
First, I_S and V_T are related to temperature, that is, if the temperature changes, I_S and V_T will also change, which in turn affects the value of I_1. The current value that changes with temperature is certainly not suitable. Second, the resistance value of R_1 and R_2 has a large error, and the voltage value of V_X will also vary greatly. Because $V_X = V_{BE}$, the value of I_1 will also change with error in R_1 and R_2.

另外 MOS 也可以和 BJT 一樣有著不切實際的
MOS 電流源，如圖 11.20 所示，它同樣是利用電阻分
壓提供 MOS 偏壓的電流源。

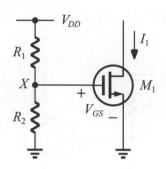

圖 11.20　不切實際的 MOS 電流源

其分析如下：

$$V_X = V_{DD} \frac{R_2}{R_1 + R_2} = V_{GS} \tag{11.40}$$

$$I_1 = \frac{1}{2} \mu_n C_{ox} \frac{W}{L} (V_{GS} - V_{th})^2 \tag{11.41}$$

以上的分析初看也好像沒有什麼問題，但實際上
它一樣有著 2 個重大問題，使得 I_1 不準確。第一，
(11.41) 式中的 $\mu_n C_{ox}$ 和 V_{th} 兩參數和半導體製程有所
相關，即製程改變了，I_1 也會跟著改變；第二，如同
BJT，其 R_1 和 R_2 的誤差也會影響 I_1 的準確度。(譯 11-11)
根據上述 2 點的說明，圖 11.20 的 MOS 電流源也是不
適合用來當成電流鏡。

(譯 11-11)
First, the $\mu_n C_{ox}$ and V_{th}
parameters in (11.41)
are related to the
semiconductor process,
that is, if the process
changes, I_1 will also
change; second, like BJT,
the error of R_1 and R_2 will
also affect the accuracy
of I_1

11.2.2 BJT 電流鏡

在第 11.2.1 節中討論過不切實際的電流源後，可以試著思考"電流鏡"應是如何的電路呢？首先，先畫出電流鏡的"概念圖"，如圖 11.21 所示。

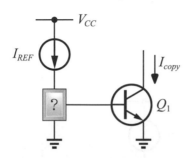

圖 11.21　電流鏡的概念圖

其中打問號的方塊即為欲設計的電流鏡電路 (並非第 11.2.1 節中的電阻分壓)，而 I_{REF} 則是已完成設計的參考電流。此電流鏡的電路就是要將設計好的電流源 I_{REF} 放大或縮小地複製到 I_{copy}。那打問號的方塊究竟是什麼的電路呢？其實是它是曾經在放大器章節中學過的電路──"**二極體連接**"，如圖 11.22 所示。(譯 11-12)

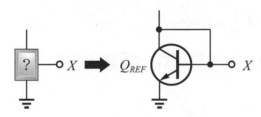

圖 11.22　問號方塊的真實電路

如此接法，Q_{REF} 的 B 極和 C 極短路 ($V_{BC} = 0$)，所以 Q_{REF} 操作在主動區的邊緣。

(譯 11-12)
The box with the question mark is the current mirror circuit to be designed (not the resistor divider in Section 11.2.1), and I_{REF} is the designed reference current. The circuit of this current mirror is to copy the designed current source I_{REF} to I_{copy} by zooming in or out. What kind of circuit is the box with the question mark? In fact, it is the circuit that has been learned in the amplifier chapter—"*diode connection*(二極體連接)", as shown in Figure 11.22.

可得

$$I_{REF} = I_S e^{\frac{V_{BE}}{V_T}} = I_S e^{\frac{V_X}{V_T}} \tag{11.42}$$

$$\therefore V_X = V_T \ln \frac{I_{REF}}{I_S} \tag{11.43}$$

X 點的電壓是被定義的，如 (11.43) 式所示，而非浮接之點。所以，完整的電流鏡電路如圖 11.23 所示。

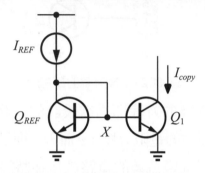

圖 11.23　完整的 BJT 電流鏡

那圖 11.23 是如何將 I_{REF} 複製出去 (即 I_{REF} 和 I_{copy} 的關係為何) ？因為 Q_1 也必須操作在主動區，所以

$$I_{copy} = I_{S_1} e^{\frac{V_X}{V_T}} \tag{11.44}$$

將 (11.44) 式除以 (11.42) 式，可得

$$\frac{I_{copy}}{I_{REF}} = \frac{I_{S_1} e^{\frac{V_X}{V_T}}}{I_S e^{\frac{V_X}{V_T}}} \tag{11.45}$$

$$= \frac{I_{S_1}}{I_S} \tag{11.46}$$

所以

$$I_{copy} = \frac{I_{S_1}}{I_S} I_{REF} \tag{11.47}$$

其中 I_{S_1} 為 Q_1 的逆向飽和電流，此值正比於 Q_1 的射極面積 A_{E_1}；而 I_S 則是 Q_{REF} 的逆向飽和電流，此值亦正比於 Q_{REF} 的射極面積 $A_{E,REF}$。所以，只要控制這 2 顆 BJT 的射極面積，就可以隨時放大、相等或縮小地複製出想要的電流。**(譯 11-13)** 例如：設 $I_{copy} = I_{REF}$，則 Q_1 和 Q_{REF} 相同射極面積，若 $I_{copy} = 2I_{REF}$，Q_1 的射極面積是 Q_{REF} 的 2 倍；若 $I_{copy} = \frac{1}{3}I_{REF}$，$Q_1$ 的射極面積是 Q_{REF} 的 $\frac{1}{3}$ 倍。

(譯 11-13)
Therefore, if you control the emitter area of these two BJTs, you can in any time, duplicate the desired current in an equal, enlarged or reduced manner.

📶 例題 11.6

如圖 11.24 所示，請解釋該電路的行為。

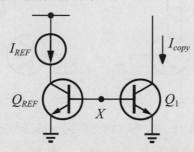

圖 11.24　例題 11.6 的電路圖

▶ 解答

由於 X 點浮接且無法提供這 2 個 BJT 的 I_B 電流。所以 X 點的電壓 V_X 不確定，$I_{copy} = 0$。

立即練習○

承例題 11.6，Q_{REF} 操作在什麼區域？

　　由例題 11.6 的分析得知，Q_{REF} 電晶體 B 極和 C 極的短路是必須而重要的。

例題 11.7

如圖 11.25 所示，請解釋該電路的行為。

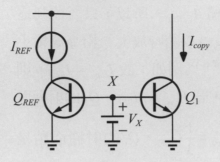

圖 11.25　例題 11.7 的電路圖

解答

圖 11.25 可重新畫成另一個電路，如圖 11.26 所示。

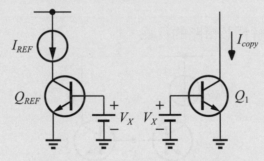

圖 11.26　圖 11.25 的另一種表示法

由圖 11.26 得知，Q_{REF} 和 Q_1 再也不相關，它們是 2 個各自獨立的電路圖。$I_{copy} = I_{S_1} e^{\frac{V_X}{V_T}}$，但不是電流鏡。又回上一節所描述的，是個非常差的電流源，和溫度相關。

立即練習

承例題 11.7，若 V_X 稍微比 $V_T \ln(\dfrac{I_{REF}}{I_{S,REF}})$ 值大一些，則 Q_{REF} 操作在什麼區域？

　　圖 11.27 則是另一個電流鏡的範例。若 $Q_{REF} = Q_1$ $= Q_2 = Q_3$ (即所有的 BJT 射極面積都一樣)，則 $I_{copy} = 3I_{REF}$。

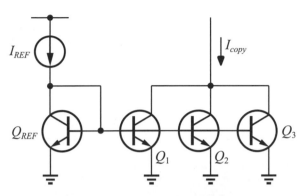

圖 11.27　多重複製的電流鏡

📶 例題 11.8

如圖 11.28 所示，若所有電晶體的射極面積都一樣，求 I_{copy_1} 和 I_{copy_2}。

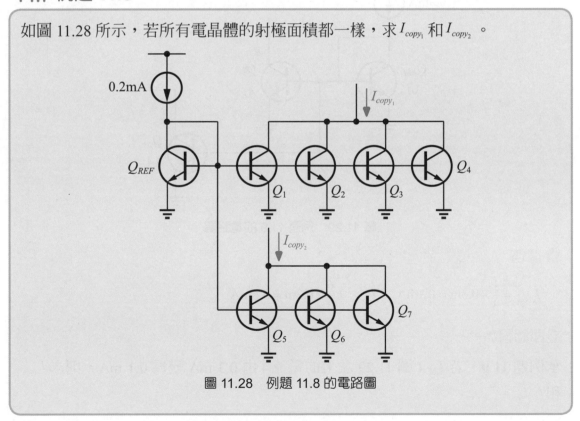

圖 11.28　例題 11.8 的電路圖

▶ 解答

$$I_{copy_1} = 0.2\text{m} \times 4 = 0.8\text{mA} \quad , \quad I_{copy_2} = 0.2\text{m} \times 3 = 0.6\text{mA}$$

立即練習●───

承例題 11.8，若 I_{REF}(圖 11.28 左上的電流) 由 0.2 mA 變爲 0.3 mA，其餘條件不變，則求 I_{copy_1} 和 I_{copy_2}。

▼ill 例題 11.9

如圖 11.29 所示，求 I_{copy_1} 和 I_{copy_2}。

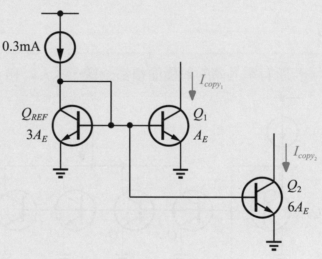

圖 11.29　例題 11.9 的電路圖

▶ 解答

$$I_{copy_1} = \frac{1}{3} \times 0.3\text{m} = 0.1\text{mA} \quad , \quad I_{copy_2} = \frac{6}{3} \times 0.3\text{m} = 0.6\text{mA}$$

立即練習●───

承例題 11.9，若 I_{REF}(圖 11.29 左上的電流) 由 0.3 mA 變爲 0.1 mA，則求 I_{copy_1} 和 I_{copy_2}。

BJT 電流鏡有一個重要的效應會影響其精確度，此效應稱為 I_B 電流效應。$^{(譯\ 11\text{-}14)}$ 圖 11.30 中列出了每一個 BJT 電晶體的 I_B 電流。

(譯 11-14)
The BJT current mirror has an important effect that affects its accuracy. This effect is called the I_B current effect.

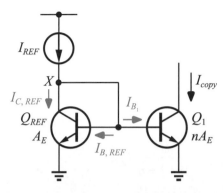

圖 11.30　電流鏡中 I_B 電流會影響精確度

若不考慮 I_B 電流 (包含 I_{B_1} 和 $I_{B,REF}$) 的話，I_{copy} 和 I_{REF} 的關係是

$$I_{copy} = nI_{REF} \tag{11.48}$$

其中 n 可為整數或分數。若考慮 I_B 電流，那 I_{copy} 和 I_{REF} 的關係式就不會如同 (11.48) 式那樣地簡單了。以下的分析可以推導出 I_{copy} 和 I_{REF} 的關係：

$$I_{B_1} = \frac{I_{copy}}{\beta} \tag{11.49}$$

$$I_{B,REF} = \frac{I_{copy}}{\beta} \cdot \frac{1}{n} \tag{11.50}$$

$$I_{C,REF} = \frac{1}{n} I_{copy} \tag{11.51}$$

X 點的 KCL 可得

$$I_{REF} = I_{B_1} + I_{B,REF} + I_{C,REF} \tag{11.52}$$

將 (11.49) 式、(11.50) 式和 (11.51) 式代入 (11.52) 式可得

$$I_{REF} = \frac{I_{copy}}{\beta} + \frac{I_{copy}}{n\beta} + \frac{I_{copy}}{n} \qquad (11.53)$$

$$= I_{copy}[\frac{n+1+\beta}{n\beta}] \qquad (11.54)$$

所以

$$I_{copy} = \frac{n\beta}{\beta+1+n} I_{REF} \qquad (11.55)$$

$$= \frac{n}{1+\frac{n+1}{\beta}} I_{REF} \qquad (11.56)$$

(11.56) 式正是 BJT 電流鏡考慮 I_B 電流時，I_{copy} 和 I_{REF} 的關係式。

影響此式子的 2 個參數是 β ($= \frac{I_C}{I_B}$，是個固定值，典型值爲 100) 和 n。當 $n < 10$ 時，$I_{copy} \approx nI_{REF}$。例如：$n = 5$，代入 (11.56) 式可得 $I_{copy} = 4.72I_{REF}$，誤差爲 5.6%；當 $n > 10$ 時，(11.56) 式將造成很大的誤差。例如：$n = 20$，代入 (10.56) 式可得 $I_{copy} = 16.5I_{REF}$，誤差高達 17.5%。

因此，圖 11.30 所呈現的電流鏡，對於複製較大倍數的電流會造成很大的誤差，改良此電流鏡電路，使其複製電流更精確是有其必要性。[譯 11-15]

(譯 11-15)

Therefore, the current mirror shown in Figure 11.30 will cause a large error when duplicating a larger multiple of the current. It is necessary to improve the current mirror circuit to make it more accurate.

圖 11.31 是將圖 11.30 改良後的 BJT 電流鏡，改良式的電流鏡是將原本電流鏡短路處加入另一個 BJT(Q_F) 而形成 。^(譯 11-16)

(譯 11-16)
Figure 11.31 is the modified BJT current mirror of Figure 11.30. The modified current mirror is formed by adding another BJT (Q_F) to replace the short circuit of the original current mirror.

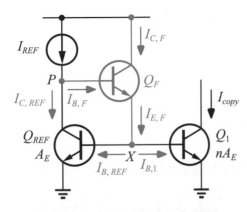

圖 11.31 改良式的 BJT 電流鏡

那此改良式電流鏡 I_{copy} 和 I_{REF} 的關係又是如何呢？

分析如下：

$$I_{B_1} = \frac{I_{copy}}{\beta} \qquad (11.57)$$

$$I_{B,REF} = \frac{I_{copy}}{n\beta} \qquad (11.58)$$

$$I_{C,REF} = \frac{I_{copy}}{n} \qquad (11.59)$$

$$I_{E,F} = I_{C,F} + I_{B,F} \approx I_{C,F} \qquad (11.60)$$

X 點的 KCL：

$$I_{E,F} = I_{C,F} = I_{B_1} + I_{B,REF} \tag{11.61}$$

$$= \frac{I_{copy}}{\beta} + \frac{I_{copy}}{n\beta} \tag{11.62}$$

$$= \frac{I_{copy}}{\beta}(1 + \frac{1}{n}) \tag{11.63}$$

P 點的 KCL：

$$I_{REF} = I_{B,F} + I_{C,REF} \tag{11.64}$$

$$= \frac{I_{C,F}}{\beta} + \frac{I_{copy}}{n} \tag{11.65}$$

$$= \frac{I_{copy}}{\beta^2}(1 + \frac{1}{n}) + \frac{I_{copy}}{n} \tag{11.66}$$

所以

$$I_{copy} = \frac{1}{\frac{1}{n} + \frac{1}{\beta^2}(1 + \frac{1}{n})} I_{REF} \tag{11.67}$$

$$= \frac{n}{1 + \frac{(1+n)}{\beta^2}} I_{REF} \tag{11.68}$$

（譯 11-17）

Comparing (11.68) and (11.56), it can be found that the improved current mirror is $\frac{(1+n)}{\beta^2}$, which is β times more tolerant than the current mirror $\frac{(1+n)}{\beta}$. When the current mirror replication factor is 10 ($n < 10$), the modified current mirror replication factor can be as high as 1000 ($n < 1000$).

　　比較 (11.68) 式和 (11.56) 式可以發現，改良式電流鏡是 $\frac{(1+n)}{\beta^2}$，比電流鏡 $\frac{(1+n)}{\beta}$ 多了 β 倍的容忍度。也就是說當電流鏡複製倍數為 10 時 ($n < 10$)，則改良式電流鏡複製倍數可以高達 1000($n < 1000$)。[譯 11-17]

例題 11.10

如圖 11.29 所示。則：

(1) 考慮 I_B 效應，求 I_{copy_1} 和 I_{copy_2}。

(2) 用改良式電流鏡，考慮 I_B 效應，求 I_{copy_1} 和 I_{copy_2}。

▶ 解答

(1) $\quad I_{copy_1} = \dfrac{\frac{1}{3} \times 0.3\text{m}}{1 + \frac{1}{100}(1 + \frac{1}{3})} = \dfrac{0.1\text{m}}{1.013} = 0.0987\text{mA}$

$\quad I_{copy_2} = \dfrac{2 \times 0.3\text{m}}{1 + \frac{1}{100}(1 + 2)} = \dfrac{0.6\text{m}}{1.03} = 0.583\text{mA}$

(2) $\quad I_{copy_1} = \dfrac{\frac{1}{3} \times 0.3\text{m}}{1 + \frac{1}{100^2}(1 + \frac{1}{3})} = 0.099987\text{mA}$

$\quad I_{copy_2} = \dfrac{2 \times 0.3\text{m}}{1 + \frac{1}{100^2}(1 + 2)} = 0.5998\text{mA}$

立即練習

承例題 11.10，若圖 11.29 的 Q_{REF} 之 $3A_E$ 改成 $4A_E$。則：

(1) 考慮 I_B 效應，求 I_{copy_1} 和 I_{copy_2}。

(2) 用改良式電流鏡，考慮 I_B 效應，求 I_{copy_1} 和 I_{copy_2}。

(譯 11-18)

After learning the *npn* BJT current mirror, what kind of circuit should the *pnp* current mirror be? Figure 11.32 is a *pnp* BJT current mirror. Just turn the *npn* current mirror circuit upside down, V_{CC} is replaced with GND, GND is replaced with V_{CC}, and *npn* BJT is replaced with *pnp* BJT, the circuit shown in Figure 11.32 can be accomplished.

學完 *npn* 型 BJT 電流鏡後，那 *pnp* 型的電流鏡又該是什麼樣的電路呢？圖 11.32 即為一個 *pnp* 型 BJT 電流鏡。只要將 *npn* 型電流鏡電路上下顛倒，V_{CC} 換成 GND、GND 換成 V_{CC}、*npn* 型 BJT 換成 *pnp* 型 BJT，即可完成如圖 11.32 的電路。(譯 11-18)

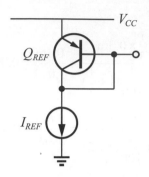

圖 11.32　*pnp* 型 BJT 電流鏡

圖 11.33(a) 是一個具電流源負載的 *CE* 組態，其真實的電路圖如圖 11.33(b) 所示，電流源部份以一個 BJT(Q_2) 偏壓在主動區來替代。

那圖 11.33(b) 中的 V_b 該從何處偏壓呢？當然是由 *pnp* 型電流鏡來提供，如圖 11.33(c) 所示。

此時，$I_2 = nI_{REF}$。

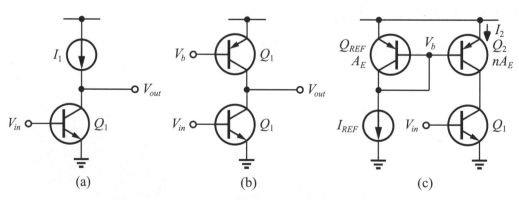

圖 11.33　(a) 具電流源負載的 *CE* 組態，
　　　　　 (b) 電流源的真實電路，
　　　　　 (c) 利用 *pnp* 型電流鏡提供 Q_2 適當的偏壓

最後，在結束 BJT 電流鏡前，在此畫一個較複雜的電路以利更加熟悉電流鏡的運作。

　　圖 11.34 是一個具 *npn* 型和 *pnp* 型的電流鏡電路，它的參考電壓為 I_{REF}(假設其值為 0.1 mA)，經過 Q_{REF_1} 的電流鏡將電流複製到 $I_3(= 2I_{REF} = 0.2$ mA)。此時，I_3 當另一個電流源，透過 Q_{REF_2} 的電流鏡再把 I_3 的電流複製到 $I_2(= 3I_3 = 0.6$ mA)。(譯 11-19)

　　如果對圖 11.34 能夠很快速的理解，那 BJT 電流鏡單元的重點也一定有所掌握了。

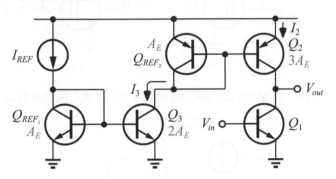

圖 11.34　較複雜的電流鏡

11.2.3 MOS 電流鏡

　　將 BJT 電流鏡所討論的原理套入 MOS 電流鏡中一定全然適用，唯一不一樣的是 **MOS 電流鏡沒有所謂的 "I_G 電流效應"**，因為 MOS 閘極上的電流 I_G 為零 ($I_G = 0$)。(譯 11-20)

(譯 11-19)

Figure 11.34 is a current mirror circuit with *npn* and *pnp* types. Its reference voltage is I_{REF} (assuming its value is 0.1 mA). The current mirror through Q_{REF_1} copies the current to $I_3(= 2I_{REF} = 0.2$ mA). Now, I_3 acts as another current source, and then copies the current of I_3 to $I_2(= 3I_3 = 0.6$ mA) through the current mirror of Q_{REF_2} .

(譯 11-20)

Applying the principles discussed in BJT current mirrors to MOS current mirrors should be fully applicable. The only difference is that MOS current mirrors do not have the so-called "I_G current effect" because the current I_G on the MOS gate is zero ($I_G = 0$).

圖 11.35(a) 是 MOS 電流鏡的概念圖，圖中的問號方塊即為電流鏡，那問號方塊中的電路又是如何呢？沒有意外，它和 BJT 電流鏡的電路一模一樣，只是將 BJT 換成 MOS 而已。圖 11.35(b) 是問號電路的電路，將它們結合在一起就是 MOS 電流鏡，如圖 11.36 所示。

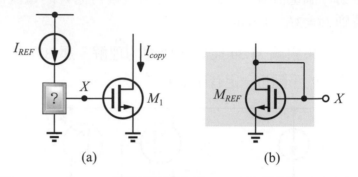

(a)   (b)

圖 11.35 (a)MOS 電流鏡的概念圖，(b) 問號方塊的真實電路

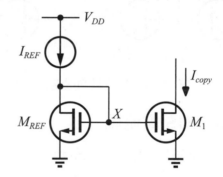

圖 11.36 MOS 電流鏡

那 I_{REF} 是如何複製到 I_{copy} 的呢？分析如下：

$$I_{REF} = \frac{1}{2} \mu_n C_{ox} (\frac{W}{L})_{REF} (V_X - V_{th})^2 \qquad (11.69)$$

由 (11.69) 式得知

$$V_X = V_{th} + \sqrt{\frac{2I_{REF}}{\mu_n C_{ox} (\frac{W}{L})_{REF}}} \qquad (11.70)$$

所以 V_X 電壓使得 M_1 操作在飽和區，因此

$$I_{copy} = \frac{1}{2} \mu_n C_{ox} (\frac{W}{L})_1 (V_X - V_{th})^2 \qquad (11.71)$$

將 (11.71) 式除以 (11.69) 式，可得

$$\frac{I_{copy}}{I_{REF}} = \frac{(\frac{W}{L})_1}{(\frac{W}{L})_{REF}} \tag{11.72}$$

所以

$$I_{copy} = \frac{(\frac{W}{L})_1}{(\frac{W}{L})_{REF}} I_{REF} \tag{11.73}$$

(11.73) 式可以表示 MOS 電流鏡 I_{REF} 是透過 Q_1 的

尺寸 $(\frac{W}{L})_1$ 除以 Q_{REF} 的尺寸 $(\frac{W}{L})_{REF}$ 將電流複製至 I_{copy}。

📶 例題 11.11

如圖 11.37 所示，請說明該電路的行為。

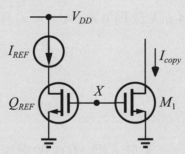

圖 11.37　例題 11.11 的電路圖

▶ 解答

X 點浮接 (Floating)，所以 $V_X = V_{GS_1}$ 未定義，因此 I_{copy} 也未定義。

立即練習●

承例題 11.11，M_{REF} 操作在什麼區域？

例題 11.12

如圖 11.38 所示，求 I_1 和 I_2 之值。

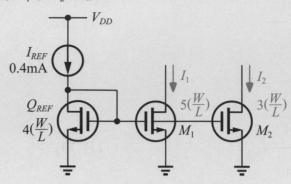

圖 11.38　例題 11.12 的電路圖

▶ 解答

$$I_1 = \frac{5(\frac{W}{L})}{4(\frac{W}{L})} 0.4m = 0.5mA \quad , \quad I_2 = \frac{3(\frac{W}{L})}{4(\frac{W}{L})} 0.4m = 0.3mA$$

立即練習○───────

承例題 11.12，若 I_{REF} 由 0.4 mA 改為 0.8 mA，求 I_1 和 I_2 之值。

(譯 11-21)

As for the current mirror of the p-type MOS is shown in Figure 11.39. Just use the same method as in BJT current mirror, reverse the n-type MOS current mirror upside down, replace V_{DD} with GND, replace GND with V_{DD}, and replace n-type MOS with p-type MOS.

至於 p 型 MOS 的電流鏡如圖 11.39 所示，和 BJT 電流鏡相同的做法，將 n 型 MOS 電流鏡上下顛倒，V_{DD} 換成 GND、GND 換成 V_{DD}、n 型 MOS 換成 p 型 MOS 即完成。(譯 11-21)

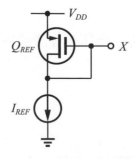

圖 11.39　p 型 MOS 的電流鏡

〽ıı 例題 11.13

如圖 11.40 所示，求 I_1、I_2、I_3 和 I_4。

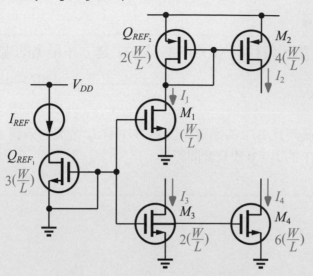

圖 11.40 例題 11.13 的電路圖

▶ 解答

$$I_1 = \frac{(\frac{W}{L})}{3(\frac{W}{L})} I_{REF} = \frac{1}{3} I_{REF} \quad , \quad I_2 = \frac{4(\frac{W}{L})}{2(\frac{W}{L})} I_1 = \frac{2}{3} I_{REF}$$

$$I_3 = \frac{2(\frac{W}{L})}{3(\frac{W}{L})} I_{REF} = \frac{2}{3} I_{REF} \quad , \quad I_4 = \frac{6(\frac{W}{L})}{3(\frac{W}{L})} I_{REF} = 2 I_{REF}$$

立即練習○

承例題 11.13，若 M_{REF} 的 $3(\frac{W}{L})$ 改為 $4(\frac{W}{L})$，求 I_1、I_2、I_3 和 I_4。

11.3　實例挑戰

例題 11.14

關於 MOSFET，請比較利用 MOSFET 與 BJT 建立多輸出的電流鏡的差異。

【107 中山大學 - 光電所碩士】

▶解答

MOSFET 的電流鏡比 BJT 的準確，因為 BJT 有 I_B 電流的效應會影響複製的準確度，而 MOSFET 的 $I_G = 0$ 沒有此問題。

重點回顧

1. 堆疊即是電晶體往縱 (y) 向發展的接法,目的為增加放大器的輸出阻抗 R_{out},BJT 的堆疊如圖 11.4(a) 所示,其輸出阻抗 R_{out} 則如 (11.3) 式所示,比單一電晶體輸出阻抗 r_o 大很多。

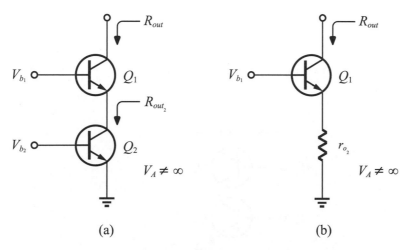

圖 11.4　(a)BJT 的堆疊級,(b) 圖 (a) 的等效電路

$$R_{out} = [1 + g_{m_1}(r_{\pi_1} // r_{o_2})]r_{o_1} + (r_{\pi_1} // r_{o_2}) \tag{11.3}$$

2. MOS 的堆疊如圖 11.9(a) 所示,其輸出阻抗 R_{out} 則如 (11.13) 式所示,比單一電晶體輸出阻抗 r_o 大很多。

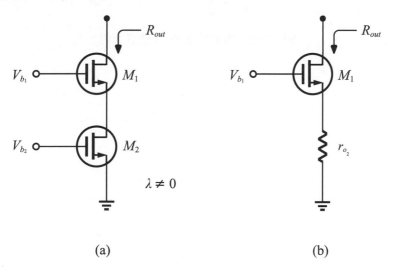

圖 11.9　(a)n 型 MOS 的堆疊級,(b) 圖 (a) 的等效電路

$$R_{out} = [1 + g_{m_1} r_{o_2})] r_{o_1} + r_{o_2} \tag{11.13}$$

3. 一般而言，堆疊數以 2 個為限 (*npn* 或 *n* MOS、*pnp* 或 *p* MOS 皆堆 2 個)。

4. 一個線性電路的電壓增益 A_v 如 (11.20) 式所示，當輸出阻抗 R_{out} 變大，A_v 也會變大。

$$A_v = -G_m R_{out} \tag{11.20}$$

5. BJT 堆疊放大器如圖 11.15 所示，MOS 堆疊放大器如圖 11.17 所示，而其輸出阻抗 R_{out} 和增益 A_v 則分別於 (11.25) 式～ (11.28) 式和 (11.33) 式～ (11.36) 式所述。

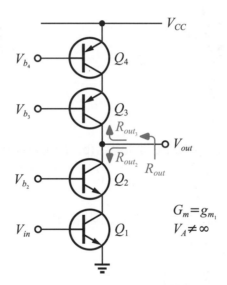

圖 11.15   真實的 BJT 堆疊放大器

$$R_{out} = R_{out_2} \text{ // } R_{out_3} \tag{11.25}$$

$$R_{out_2} = [1 + g_{m_2} (r_{\pi_2} \text{ // } r_{o_1})] r_{o_2} + (r_{\pi_2} \text{ // } r_{o_1}) \tag{11.26}$$

$$R_{out_3} = [1 + g_{m_3} (r_{\pi_3} \text{ // } r_{o_4})] r_{o_3} + (r_{\pi_3} \text{ // } r_{o_4}) \tag{11.27}$$

$$A_v = -g_m R_{out} \tag{11.28}$$

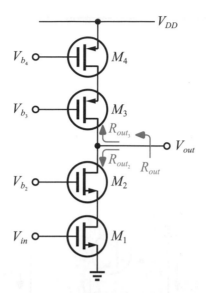

圖 11.17 真實的 MOS 堆疊放大器

$$R_{out} = R_{out_2} \mathbin{/\!/} R_{out_3} \tag{11.33}$$

$$R_{out_2} = [1 + g_{m_2} r_{o_1}] r_{o_2} + r_{o_1} \tag{11.34}$$

$$R_{out_3} = [1 + g_{m_3} r_{o_4})] r_{o_3} + r_{o_4} \tag{11.35}$$

$$A_v = -g_m R_{out} \tag{11.36}$$

6. BJT 電流鏡如圖 11.23 所示，其電流關係式則如 (11.47) 式所示，其中令 $\dfrac{I_{S_1}}{I_S}$ 為 n，為電流放大或縮小的倍數。

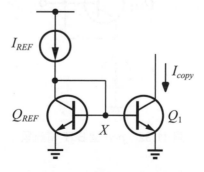

圖 11.23 完整的 BJT 電流鏡

$$I_{copy} = \frac{I_{S_1}}{I_S} I_{REF} \tag{11.47}$$

7. 若考慮 BJT 的 I_B 電流則 (11.47) 式並不準確，應修正為 (11.56) 式方為正確。

$$I_{copy} = \frac{n}{1 + \dfrac{n+1}{\beta}} I_{REF}$$ (11.56)

8. 當 n 值大於 10 時，(11.56) 式則變得不精確，因此圖 11.23 應修正為圖 11.31，其電流關係式亦須修正為 (11.68) 式，此時 n 值可高達 1000(n < 1000)。

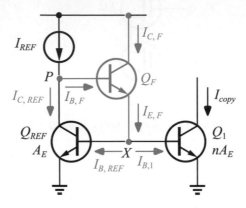

圖 11.31　改良式的 BJT 電流鏡

$$I_{copy} = \frac{n}{1 + \dfrac{(1+n)}{\beta^2}} I_{REF}$$ (11.68)

9. *pnp* 型的電流鏡如圖 11.32 所示，其電流關係式則同 (11.47) 式所示。

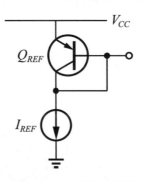

圖 11.32　*pnp* 型 BJT 電流鏡

10. MOS 電流鏡如圖 11.36 所示，其電流關係式則如 (11.73) 式所示。

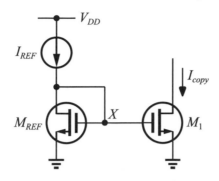

圖 11.36　MOS 電流鏡

$$I_{copy} = \frac{(\frac{W}{L})_1}{(\frac{W}{L})_{REF}} I_{REF} \tag{11.73}$$

11. MOS 電流鏡沒有 I_G 電流效應，因為 $I_G = 0$。

12. p MOS 電流鏡如圖 11.39 所示，其電流關係式則同 (11.73) 式所示。

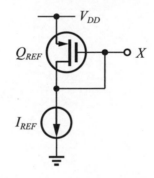

圖 11.39　p 型 MOS 的電流鏡

Chapter **12** 差動放大器

生活電子學

如果將運算放大器喻為現代複合弓，則差動放大器相當於裸弓的部分，在內部結構中屬於第一級之差動輸入級；以常理而論，射箭的最終目的為「準」、放大電路的最終目的則為「大」，弓弦的鬆緊對應輸入阻抗的低高，弦緊則箭強，但由於缺乏輔助元件，難以減輕後座力的影響而造成偏移，因此輸入阻抗與增益不能兼顧。

本章所要探討的放大器稱為差動放大器。所謂的差動其實是"減"的意涵，也就是說這種放大器的輸入和輸出信號皆採取相減的信號來放大和輸出。在此一定會感到疑惑，為什麼要採取相減的信號？在此先賣個關子，待後續揭曉！不過，因差動放大器實用且高效能的特性，是現在類比電路設計中常用的重要元件。在本章中將以小訊號和大訊號的觀點來探討。

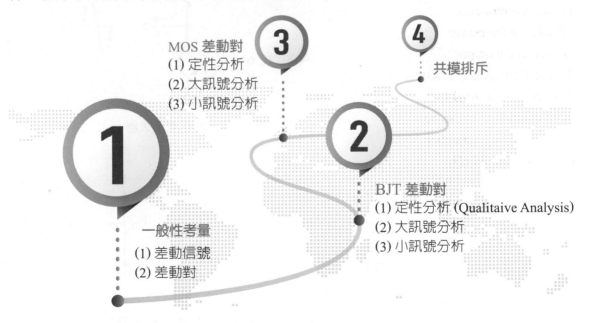

MOS 差動對
3
(1) 定性分析
(2) 大訊號分析
(3) 小訊號分析

4
共模排斥

1
一般性考量
(1) 差動信號
(2) 差動對

2
BJT 差動對
(1) 定性分析 (Qualitaive Analysis)
(2) 大訊號分析
(3) 小訊號分析

📶 12.1　一般性的考量

🔋 12.1.1 初始的想法

　　首先，觀察圖 12.1 的 *CE* 組態。此電路中的電源 V_{CC} 理想上應該是如圖 12.2(a) 所示，但實際上卻是如圖 12.2(b) 所示，除了 V_{CC} 電壓以外，上面會有雜訊加上去。因此它們會經由 R_C 流至輸出。綜上所述，假設輸入端是一個弦波信號，那輸出端除了把輸入端信號放大以外，還會加上雜訊的信號，如圖 12.1 輸出端的信號，此雜訊存在於大自然中無法消除，只能降低。那 *CE* 組態放大器（圖 12.1）又應如何降低電源中的雜訊對輸出的影響呢？圖 12.3 給了最好的答案，可將原本的 *CE* 組態 (Q_1) 再 "並聯" 另一個 *CE* 組態 (Q_2)。[譯 12-1]

（譯 12-1）
Assuming that the input is a sine wave signal, the output will amplify the input signal, and add noise signals, as shown in Figure 12.1. This noise exists in nature and cannot be eliminated. It can only be reduced. How should the *CE* configuration amplifier (Figure 12.1) reduce the influence of noise in the power supply to the output? Figure 12.3 gives the best answer. The original *CE* configuration (Q_1) can be "paralleled" with another *CE* configuration (Q_2).

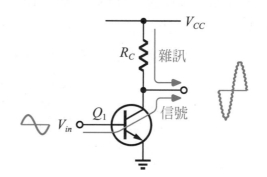

圖 12.1　*CE* 組態放大器

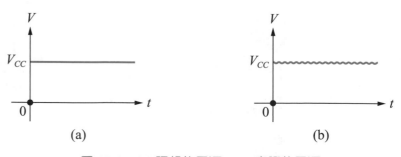

圖 12.2　(a) 理想的電源，(b) 實際的電源

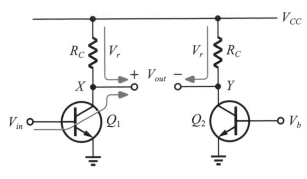

圖 12.3 利用 2 個 CE 組態來降低雜訊

但 Q_2 的輸入不給信號，而是偏壓 V_b。所以

$$V_X = A_v V_{in} + V_r \tag{12.1}$$

$$V_Y = V_r \tag{12.2}$$

$$V_{out} = V_X - V_Y \tag{12.3}$$

$$= A_v V_{in} \tag{12.4}$$

圖 12.3 給出了一個很大的啓示，只要將輸出相減即可降低雜訊。此即所謂差動的原理所在，同時也是差動放大器的基本電路。(譯 12-2)

(譯 12-2)
Figure 12.3 gives a great lesson, if the output is subtracted, the noise can be reduced. This is the so-called principle of differential, and it is also the basic circuit of a differential amplifier.

12.1.2 差動信號

如果將圖 12.3 中的 Q_2 也有輸入信號來放大，如圖 12.4 所示。

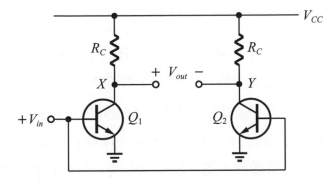

圖 12.4 相同輸入信號於 2 個 CE 組態放大器

相同的信號輸入於 2 個 CE 組態，其輸出結果分析如下：

$$V_X = A_v V_{in} + V_r \qquad (12.5)$$

$$V_Y = A_v V_{in} + V_r \qquad (12.6)$$

$$V_{out} = V_X - V_Y = 0 \qquad (12.7)$$

如此接法不只把雜訊降低，甚至把信號給消除了。顯然圖 12.4 的輸入接法並不正確，倘若修正一下輸入端的信號接法，使其一正一負的信號輸入，如圖 12.5 所示，那輸出的結果就不一樣了。

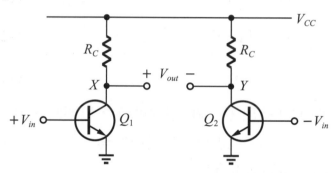

圖 12.5　一正一負的信號於 2 個 CE 組態放大器

$$V_X = A_v V_{in} + V_r \qquad (12.8)$$

$$V_Y = -A_v V_{in} + V_r \qquad (12.9)$$

$$V_{out} = V_X - V_Y = 2 A_v V_{in} \qquad (12.10)$$

上述結果不但降低了雜訊，在不消去輸出信號的情況下，還比原本放大倍率 (A_v) 大了 2 倍。

所以，經過圖 12.4 和圖 12.5 的分析，可以正式定義差動有 2 個意義，第一個是前面所提的"減"的意思，例如"**差動放大器**"指的是取輸入相減信號放大，輸出信號亦取相減；第二個是"**反向**"的意思，例如"**差動信號**"指的是一正一負且數值相同的信號。[譯 12-3]

(譯 12-3)

Therefore, after the analysis in Figure 12.4 and Figure 12.5, we can formally define that differential has two meanings. The first is the meaning of "subtraction" mentioned above. For example, "*differential amplifier*(差動放大器)" refers to the input subtraction and signal amplification. The output signal is also subtracted. The second one means "reverse", for example, "*differential signal*(差動信號)" refers to a positive and a negative signals with the same value.

至於輸入相同的信號，稱之**"共模信號"**；那只有單端的信號輸入，則稱之**"單端信號"**。

| 共模信號 (*common-mode signal*)
| 單端信號 (*single-ended signal*)

◼◼▮ **12.1.3 差動對**

由第 12.1.2 節的分析得知，為了降低來至電源端或接地端的雜訊，希望輸入端可以有"差動信號"的輸入，且輸出端可以做"相減"的差動電路。為了正式命名這樣的"差動電路"，一般稱之**"差動對"**。(譯 12-4)

BJT 差動對如圖 12.6(a) 所示，而 MOS 差動對如圖 12.6(b) 所示。這兩者除了電晶體 $Q_{1,2}$ 和 $M_{1,2}$、電阻 R_C 和 R_D 不同外，最大的相同處是電晶體的 E 極或 S 極是接在一起後，連接一個電流源，而此電流源稱之為**尾電流**。

它的最大目的就是讓兩個電晶體產生交互作用，若沒有尾電流，則 2 個電晶體將各自操作沒有交互作用，那便不足以稱之差動對了。

（譯 12-4）
According to the analysis in Section 12.1.2, in order to reduce the noise from the power terminal or the ground terminal, it is hoped that the input terminal can have a "differential signal" input, and the output terminal can be a "subtraction" differential circuit. In order to formally name such a "differential circuit", it is generally called a *differential pair*(差動對)".

| 尾電流 (*tail current*)

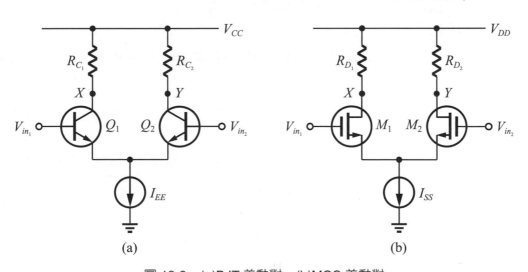

圖 12.6　(a)BJT 差動對，(b)MOS 差動對

📶 12.2 BJT 差動對

🔋 12.2.1 定性分析

　　首先考慮圖 12.7 的電路，輸入端是共模信號 V_{CM}。此輸入電壓 V_{CM} 是否有什麼限制 (範圍) 呢？答案是肯定的，分析如下：

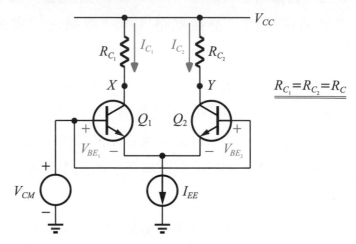

圖 12.7　共模輸入的差動對

$$V_{BE_1} = V_{BE_2} \tag{12.11}$$

$$I_{C_1} = I_{C_2} = \frac{I_{EE}}{2} \tag{12.12}$$

$$V_X = V_{CC} - I_{C_1} R_{C_1} = V_{CC} - \frac{I_{EE}}{2} R_C \tag{12.13}$$

$$V_Y = V_{CC} - I_{C_2} R_{C_2} = V_{CC} - \frac{I_{EE}}{2} R_C \tag{12.14}$$

因為 BJT 要操作在主動區，所以 $V_{BC} \leq 0$，即

$$V_{CM} \leq V_X (V_Y) \tag{12.15}$$

$$V_{CM} \leq V_{CC} - \frac{I_{EE}}{2} R_C \tag{12.16}$$

(12.16) 式即爲 V_{CM} 的範圍，它有個上限

($V_{CC} - \dfrac{I_{EE}}{2} R_C$)，如圖 12.8 所示。

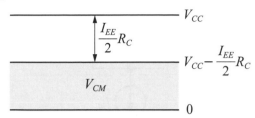

圖 12.8　共模輸入 V_{CM} 的範圍

例題 12.1

如圖 12.7 所示，負載電阻 $R_{C_1} = R_{C_2} = R_C = 1\text{k}\Omega$ ，尾電流 $I_{EE} = 1\text{mA}$，求 V_{CM} 的範圍。

解答

$$V_{CM} \le V_{CC} - \frac{1\text{m}}{2} \cdot (1\text{k}) = V_{CC} - 0.5\text{V} \text{，即} V_{CC} - V_{CM} \ge 0.5\text{V}$$

立即練習

承例題 12.1，若 V_{CC} 和 V_{CM} 至少要大於 0.7 V，則 R_C 之值爲多少？

　　接下來若改變 V_{CM} 且二邊輸入不再是相同的值時，電路會如何的運作呢？是的，以下來分析一下。圖 12.9 是輸入不同值 (分別爲 V_{in_1} 和 V_{in_2}) 之 BJT 差動對。當 V_{in_1} 比 V_{CM} 大一點而 V_{in_2} 比 V_{CM} 小一點時，I_{C_1} 大於 $\dfrac{I_{EE}}{2}$ (因爲 V_{BE_1} 變大了)，I_{C_2} 小於 $\dfrac{I_{EE}}{2}$，而 $V_X = V_{CC} - I_{C_1} R_C$ 變小了，$V_Y = V_{CC} - I_{C_2} R_C$ 變大了；相反，若 V_{in_1} 比 V_{CM} 小一點而 V_{in_2} 比 V_{CM} 大一點時，I_{C_1} 小於 $\dfrac{I_{EE}}{2}$，I_{C_2} 大於 $\dfrac{I_{EE}}{2}$，而 $V_X = V_{CC} - I_{C_1} R_C$ 變大了，$V_Y = V_{CC} - I_{C_2} R_C$ 變小了。

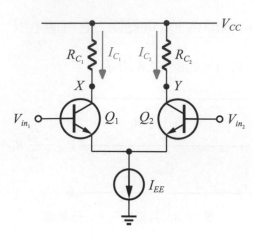

圖 12.9　輸入接不一樣值的 BJT 差動對

所以，綜上所述可以做出以下之結論：

(1) $V_{in_1} > V_{in_2}$ ，則 $I_{C_1} > I_{C_2}$ ，V_X 下降，V_Y 上升。

(2) $V_{in_1} < V_{in_2}$ ，則 $I_{C_1} < I_{C_2}$ ，V_X 上升，V_Y 下降。

(3) V_{in_1} 大於或小於 V_{in_2} 到 "某個值" 時，I_{C_1} 等於 I_{EE} 或 0，I_{C_2} 等於 0 或 I_{EE}，V_X 等於 $V_{CC} - I_{EE}R_C$ 或 V_{CC}，V_Y 等於 V_{CC} 或 $V_{CC} - I_{EE}R_C$。

　　將以上結論作圖，即可得圖 12.10 之 I_{C_1} 與 I_{C_2} 對 $V_{in_1} - V_{in_2}$ 的關係圖，以及圖 12.11 之 V_X 與 V_Y 對 $V_{in_1} - V_{in_2}$ 的關係圖。至於前面提到的 V_{in_1} 和 V_{in_2} 相差到 "某個值"，目前無從知悉，請靜待後面的數學分析再來揭曉。

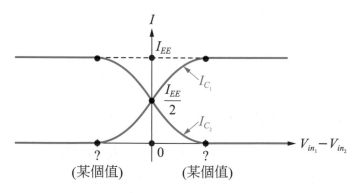

圖 12.10　BJT 差動對中 I_{C_1} 與 I_{C_2} 對 $V_{in_1} - V_{in_2}$ 的關係圖

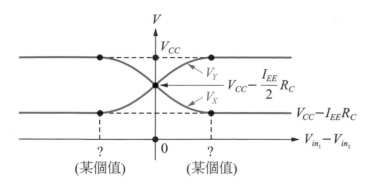

圖 12.11　BJT 差動對中 V_X 與 V_Y 對 $V_{in_1} - V_{in_2}$ 的關係圖

那共模輸入的 BJT 差動對其增益 A_v 又是多少呢？和單端輸入的 CE 組態增益 $A_v(=-g_m R_C)$ 有什麼關係？

圖 12.12 是用以分析計算 BJT 差動對增益 A_v 的電路圖。假使 Q_1 的輸入瞬間由 V_{CM} 變化至 $V_{CM}+\Delta V$，而 Q_2 的輸入由 V_{CM} 變化至 $V_{CM}-\Delta V$。因為 $g_m = \Delta I_C / \Delta V_{GS}$，所以 $\Delta I_C = g_m \Delta V_{GS}$。 (譯 12-5)

(譯 12-5)

Figure 12.12 is the circuit diagram used to analyze and calculate the BJT differential pair gain A_v. The input of Q_1 changes from V_{CM} to $V_{CM}+ \Delta V$ instantaneously, and the input of Q_2 changes from V_{CM} to $V_{CM}- \Delta V$. Because $g_m = \Delta I_C/ \Delta V_{GS}$, therefore, $\Delta I_C = g_m \Delta V_{GS}$.

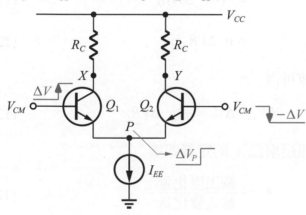

圖 12.12　分析計算增益的電路圖

電壓增益的分析計算如下：

$$\Delta I_{C_1} = g_{m_1}(\Delta V - \Delta V_P) \qquad (12.17)$$

$$\Delta I_{C_2} = g_{m_2}(-\Delta V - \Delta V_P) \qquad (12.18)$$

$$= -g_{m_2}(\Delta V + \Delta V_P) \qquad (12.19)$$

其中，ΔV_P 為 P 點的電壓變化量。假設 $g_{m_1} = g_{m_2} = g_m$，所以 $|\Delta I_{C_1}| = |\Delta I_{C_2}|$，即

$$g_m(\Delta V - \Delta V_P) = g_m(\Delta V + \Delta V_P) \qquad (12.20)$$

所以

$$2\Delta V_P = 0 \qquad (12.21)$$

等同於

$$\Delta V_P = 0 \qquad (12.22)$$

由 (12.22) 式可以得知，不管輸入端如何變化，P 點的電壓維持不變。因此

$$\Delta V_X = -\Delta I_{C_1} R_C \qquad (12.23)$$

$$= -g_m \Delta V R_C \qquad (12.24)$$

同理可證

$$\Delta V_Y = -\Delta I_{C_2} R_C \qquad (12.25)$$

$$= -(-g_m \Delta V) R_C \qquad (12.26)$$

$$= g_m \Delta V R_C \qquad (12.27)$$

故可得

$$\Delta V_X - \Delta V_Y = -2g_m \Delta V R_C \qquad (12.28)$$

電壓增益 A_v 的定義即為

$$A_v = \frac{輸出變化量}{輸入變化量} \qquad (12.29)$$

$$= \frac{\Delta V_X - \Delta V_Y}{2\Delta V} \qquad (12.30)$$

$$= \frac{-2g_m \Delta V R_C}{2\Delta V} \qquad (12.31)$$

$$= -g_m R_C \qquad (12.32)$$

(譯 12-6)
(12.32) shows that the
voltage gain of the
differential pair is the
same as the voltage
gain of the single-ended
amplifier.

(12.32) 式顯示出，差動對的電壓增益和單端的電壓增益是一樣的。(譯 12-6)

12.2.2 大訊號分析

本節將以大訊號的方式 (直接以數學計算出某特定的量) 來分析 BJT 差動對，如圖 12.13 所示。

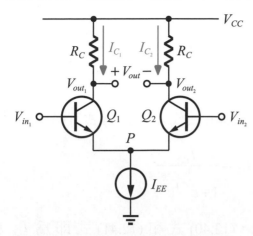

圖 12.13 大訊號分析的 BJT 差動對

進而藉此計算出其電流和電壓的量，更加明白其電流電壓和輸入信號的關係。分析如下：

$$V_{in_1} - V_{BE_1} = V_P = V_{in_2} - V_{BE_2} \tag{12.33}$$

$$V_{in_1} - V_{in_2} = V_{BE_1} - V_{BE_2} \tag{12.34}$$

$$= V_T \ln \frac{I_{C_1}}{I_{S_1}} - V_T \ln \frac{I_{C_2}}{I_{S_2}} \tag{12.35}$$

$$= V_T \ln \frac{I_{C_1}}{I_{C_2}} \tag{12.36}$$

其中，假設 $I_{S_1} = I_{S_2} = I_S$。又

$$I_{C_1} + I_{C_2} = I_{EE} \tag{12.37}$$

由 (12.36) 式得知

$$I_{C_1} = I_{C_2} e^{\frac{V_{in_1} - V_{in_2}}{V_T}} \tag{12.38}$$

將 (12.38) 式代入 (12.37) 式可得

$$I_{C_2} e^{\frac{V_{in_1} - V_{in_2}}{V_T}} + I_{C_2} = I_{EE} \tag{12.39}$$

整理後可得

$$I_{C_2} = \frac{I_{EE}}{1 + e^{\frac{V_{in_1} - V_{in_2}}{V_T}}} \tag{12.40}$$

再將 (12.40) 式代入 (12.37) 式可得

$$I_{C_1} = \frac{I_{EE}}{1 + e^{\frac{V_{in_2} - V_{in_1}}{V_T}}} \tag{12.41}$$

因此，(12.40) 式和 (12.41) 式即為 I_{C_2} 和 I_{C_1} 對 $V_{in_1} - V_{in_2}$ 的關係式。令 $V_{in_1} - V_{in_2} = 0$ (即 $V_{in_1} = V_{in_2}$) 代入 (12.40) 式和 (12.41) 式，可得 $I_{C_1} = I_{C_2} = \dfrac{I_{EE}}{2}$。此結果和第 12.2.1 節之定性分析中的推論一樣，驗證了定性分析的推論是正確的。那當 $V_{in_1} - V_{in_2}$ 不等於 0 且開始變化後，I_{C_1} 和 I_{C_2} 會如何改變呢？以下分析：

① 當 $V_{in_1} - V_{in_2} = V_T(0.026V)$ 時，

$$I_{C_1} = \frac{I_{EE}}{1 + e^{-1}} = 0.73 I_{EE} \ , \ I_{C_2} = \frac{I_{EE}}{1 + e^{1}} = 0.27 I_{EE} \ 。$$

② 當 $V_{in_1} - V_{in_2} = 2V_T$ 時，

$$I_{C_1} = \frac{I_{EE}}{1 + e^{-2}} = 0.88 I_{EE} \ , \ I_{C_2} = \frac{I_{EE}}{1 + e^{2}} = 0.12 I_{EE} \ 。$$

③ 當 $V_{in_1} - V_{in_2} = 3V_T$ 時，

$$I_{C_1} = \frac{I_{EE}}{1 + e^{-3}} = 0.95 I_{EE} \ , \ I_{C_2} = \frac{I_{EE}}{1 + e^{3}} = 0.05 I_{EE} \ 。$$

④ 當 $V_{in_1} - V_{in_2} = 4V_T$ 時，

$$I_{C_1} = \frac{I_{EE}}{1 + e^{-4}} = 0.98 I_{EE} \ , \ I_{C_2} = \frac{I_{EE}}{1 + e^{4}} = 0.02 I_{EE} \ 。$$

根據以上的分析，可以得知當 $\left|V_{in_1} - V_{in_2}\right| = 4V_T$ 時，I_{C_1} 趨近 I_{EE} 且 I_{C_2} 趨近 0，或者 I_{C_1} 趨近 0 且 I_{C_2} 趨近 I_{EE}。如果將上述分析製成圖表說明，則如圖 12.14 所示。I_{C_1} 隨著 $V_{in_1} - V_{in_2}$ 愈大而變大，直到 $V_{in_1} - V_{in_2} = 4V_T$ 時，I_{C_1} 趨近於 I_{EE}；反之，I_{C_2} 隨著 $V_{in_1} - V_{in_2}$ 愈小而變大，直到 $V_{in_1} - V_{in_2} = -4V_T$ 時，I_{C_2} 趨近於 I_{EE}。 (譯 12-7)

(譯 12-7)
According to the above analysis, we can know that when $\left|V_{in_1} - V_{in_2}\right| = 4V_T$, I_{C_1} approaches I_{EE} and I_{C_2} approaches 0, or I_{C_1} approaches 0 and I_{C_2} approaches I_{EE}. If the above analysis is made into a figure, it is shown in Figure 12.14. I_{C_1} becomes larger as $V_{in_1} - V_{in_2}$ becomes larger, until $V_{in_1} - V_{in_2} = 4V_T$, I_{C_1} approaches I_{EE}; conversely, I_{C_2} becomes larger as $V_{in_1} - V_{in_2}$ becomes smaller, until $V_{in_1} - V_{in_2} = -4V_T$, I_{C_2} approaching I_{EE}.

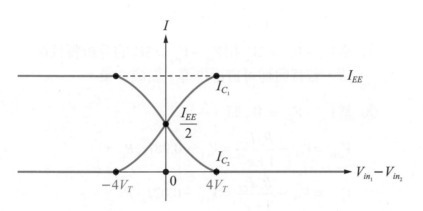

圖 12.14　I_{C_1} 與 I_{C_2} 對 $V_{in_1} - V_{in_2}$ 的關係圖

輸出電壓 V_{out_1} 和 V_{out_2} 與 $V_{in_1} - V_{in_2}$ 的關係可以分析如下：

$$V_{out_1} = V_{CC} - I_{C_1}R_C \tag{12.42}$$

$$= V_{CC} - \frac{R_C I_{EE}}{1 + e^{\frac{V_{in_2} - V_{in_1}}{V_T}}} \tag{12.43}$$

$$V_{out_2} = V_{CC} - I_{C_2}R_C \tag{12.44}$$

$$= V_{CC} - \frac{R_C I_{EE}}{1 + e^{\frac{V_{in_1} - V_{in_2}}{V_T}}} \tag{12.45}$$

當 $V_{in_1} - V_{in_2} = 0$（即 $V_{in_1} = V_{in_2}$）時，

$V_{out_1} = V_{CC} - \dfrac{I_{EE}}{2} R_C = V_{out_2}$。若 $V_{in_1} - V_{in_2}$ 不為 0 且開始變

動時，那 V_{out_1} 和 V_{out_2} 又將如何變化呢？以下分析：

① 當 $V_{in_1} - V_{in_2} = V_T$ 時，

$$V_{out_1} = V_{CC} - \frac{R_C I_{EE}}{1 + e^{-1}} = V_{CC} - 0.73 I_{EE} R_C \text{，}$$

$$V_{out_2} = V_{CC} - \frac{R_C I_{EE}}{1 + e^{1}} = V_{CC} - 0.27 I_{EE} R_C \text{。}$$

② 當 $V_{in_1} - V_{in_2} = 2V_T$ 和 $V_{in_1} - V_{in_2} = 3V_T$ 的分析暫且保留，若有興趣可自行推導，當成作業。

③ 當 $V_{in_1} - V_{in_2} = 4V_T$ 時，

$$V_{out_1} = V_{CC} - \frac{R_C I_{EE}}{1 + e^{-4}} = V_{CC} - 0.98 I_{EE} R_C \text{，}$$

$$V_{out_2} = V_{CC} - \frac{R_C I_{EE}}{1 + e^{4}} = V_{CC} - 0.02 I_{EE} R_C \text{。}$$

（譯 12-8）
According to the above analysis, when $\left| V_{in_1} - V_{in_2} \right| = 4V_T$, V_{out_1} approaches $V_{CC} - I_{EE} R_C$ and V_{out_2} approaches V_{CC}, or V_{out_1} approaches V_{CC} and V_{out_2} approaches $V_{CC} - I_{EE} R_C$. It can be drawn as a graph, as shown in Figure12.15.

由上述分析得知，當 $\left| V_{in_1} - V_{in_2} \right| = 4V_T$ 時，V_{out_1} 趨近 $V_{CC} - I_{EE} R_C$ 且 V_{out_2} 趨近 V_{CC}，或者 V_{out_1} 趨近 V_{CC} 且 V_{out_2} 趨近 $V_{CC} - I_{EE} R_C$，畫成圖形表示之，則如圖 12.15 所示。**（譯 12-8）**

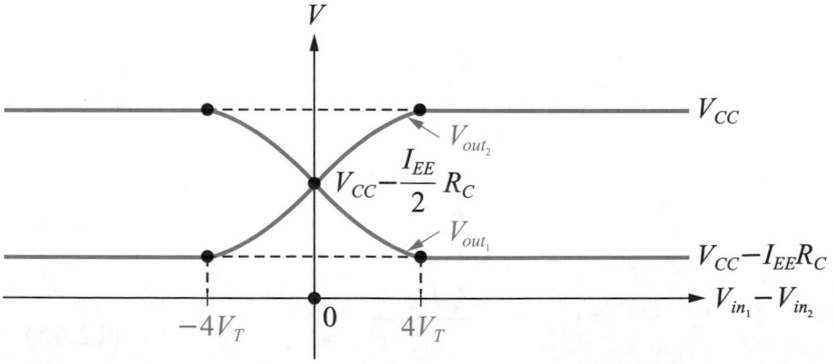

圖 12.15　V_{out_1} 與 V_{out_2} 對 $V_{in_1} - V_{in_2}$ 的關係圖

差動輸出 $V_{out} = V_{out_1} - V_{out_2}$ 對 $V_{in_1} - V_{in_2}$ 又是如何關聯呢？以下分析：

$$V_{out} = V_{out_1} - V_{out_2} \tag{12.46}$$

$$= -R_C(I_{C_1} - I_{C_2}) \tag{12.47}$$

$$= R_C I_{EE} \frac{1 - e^{\frac{V_{in_1} - V_{in_2}}{V_T}}}{1 + e^{\frac{V_{in_1} - V_{in_2}}{V_T}}} \tag{12.48}$$

令 $V_{in_1} - V_{in_2} = 0$（即 $V_{in_1} = V_{in_2}$）時，$V_{out} = 0$。若 $V_{in_1} - V_{in_2}$ 不為 0 且變動，則 V_{out} 又如何變化呢？分析如下：

① 當 $V_{in_1} - V_{in_2} = V_T$ 時，

$$V_{out} = R_C I_{EE} \frac{1 - e^1}{1 + e^1} = -0.462 R_C I_{EE} \text{。}$$

② 同樣當 $V_{in_1} - V_{in_2} = 2V_T$ 和 $3V_T$ 時，留為作業來推論。

③ 當 $V_{in_1} - V_{in_2} = 4V_T$ 時，

$$V_{out} = R_C I_{EE} \frac{1 - e^4}{1 + e^4} = -0.964 I_{EE} R_C \text{。}$$

由上述分析得知，當 $\left| V_{in_1} - V_{in_2} \right| = 4V_T$ 時，V_{out} 趨近於 $-I_{EE}R_C$ 或 $I_{EE}R_C$。畫以圖形表示之，則如圖 12.16 所示。[譯 12-9]

（譯 12-9）
According to the above analysis, when $\left| V_{in_1} - V_{in_2} \right| = 4V_T$, V_{out} approaches $-I_{EE}R_C$ or $I_{EE}R_C$. It can be represented by a graphic, as shown in Figure 12.16.

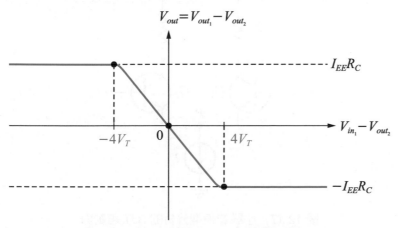

圖 12.16　V_{out} 對 $V_{in_1} - V_{in_2}$ 的關係圖

例題 12.2

如圖 12.13 所示。若 $I_{C_2} = 0.99 I_{EE}$ 時，$V_{in_1} - V_{in_2}$ 為多少？

解答

$$I_{C_2} = 0.99 I_{EE} = \frac{I_{EE}}{1 + e^{\frac{V_{in_1} - V_{in_2}}{V_T}}} \qquad \therefore 0.99 + 0.99 e^{\frac{V_{in_1} - V_{in_2}}{V_T}} = 1$$

$$\therefore V_{in_1} - V_{in_2} = -4.6 V_T$$

立即練習

承例題 12.2，若 $I_{C_1} = 0.9 I_{EE}$，則 $V_{in_1} - V_{in_2}$ 為多少？

12.2.3 小訊號模型分析

在第 12.2.2 節中，利用 BJT 差動對共模輸入的小變動 (ΔV)，計算出 BJT 差動對的電壓增益 A_v 和單端輸入是一樣的（$= -g_m R_C$）。而在本節中，將利用小訊號模型直接分析計算出其電壓增益 A_v。首先，需藉由小訊號模型分析的電路，如圖 12.17 所示，將 BJT 的小訊號模型 $(V_A = \infty)$ 畫出來，如圖 12.18 所示。

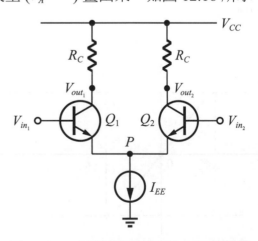

圖 12.17　小訊號模型分析的 BJT 差動對

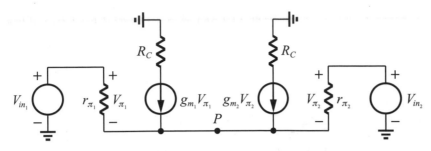

圖 12.18 BJT 差動對的小訊號模型電路

分析如下：

$$V_{in_1} - V_{\pi_1} = V_P = V_{in_2} - V_{\pi_2} \qquad (12.49)$$

KCL(P 點)：

$$\frac{V_{\pi_1}}{r_{\pi_1}} + g_{m_1}V_{\pi_1} + g_{m_2}V_{\pi_2} + \frac{V_{\pi_2}}{r_{\pi_2}} = 0 \qquad (12.50)$$

$$V_{\pi_1}(\frac{1}{r_{\pi_1}} + g_{m_1}) = -V_{\pi_2}(\frac{1}{r_{\pi_2}} + g_{m_2}) \qquad (12.51)$$

假設 $r_{\pi_1} = r_{\pi_2} = r_\pi$ ， $g_{m_1} = g_{m_2} = g_m$ ，所以 (12.51) 式可以化簡成

$$V_{\pi_1} = -V_{\pi_2} \qquad (12.52)$$

將 (12.52) 式代入 (12.49) 式，並且令 $V_{in_1} = -V_{in_2}$ ，可得

$$-V_{in_2} + V_{\pi_2} = V_{in_2} - V_{\pi_2} \qquad (12.53)$$

$$V_{in_2} = V_{\pi_2} \qquad (12.54)$$

同理

$$V_{in_1} = V_{\pi_1} \qquad (12.55)$$

將 (12.54) 式和 (12.55) 式代入 (12.49) 式，得

$$V_P = 0 \qquad (12.56)$$

根據 (12.56) 式，可以重畫圖 12.18 如圖 12.19。

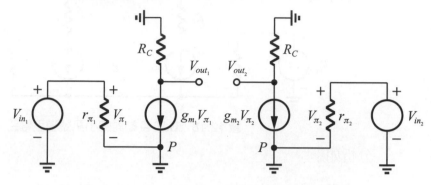

圖 12.19 圖 12.18 的 P 點接地的小訊號模型圖

$$V_{out_1} = -g_{m_1} V_{\pi_1} R_C \qquad (12.57)$$

$$= -g_{m_1} V_{in_1} R_C \qquad (12.58)$$

$$V_{out_2} = -g_{m_2} V_{\pi_2} R_C \qquad (12.59)$$

$$= -g_{m_2} V_{in_2} R_C \qquad (12.60)$$

$$A_v = \frac{V_{out_1} - V_{out_2}}{V_{in_1} - V_{in_2}} \qquad (12.61)$$

$$= \frac{-g_m R_C V_{in_1} + g_m R_C V_{in_2}}{V_{in_1} - V_{in_2}} \qquad (12.62)$$

$$= -g_m R_C \qquad (12.63)$$

(譯 12-10)

It is proved again by (12.63) that the voltage gain A_v of the differential pair is the same as the voltage gain ($= - g_m R_C$) of the single-ended amplifier (*CE* configuration).

由 (12.63) 式再次證明，差動對的電壓增益 A_v 和單端放大器 (*CE* 組態) 的電壓增益是一樣的 ($= -g_m R_C$)。 **(譯 12-10)**

接下來想知道差動對的輸入阻抗 R_{in} 是多少？圖 12.20 是求輸入阻抗的電路圖，畫出其小訊號模型的電路圖，如圖 12.21 所示。

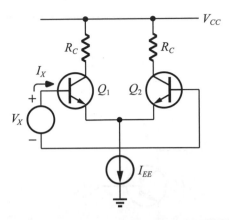

圖 12.20　計算 BJT 差動對輸入阻抗的電路

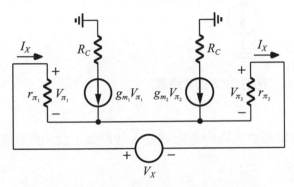

圖 12.21　圖 12.20 的小訊號模型電路

分析如下：

$$I_X = \frac{V_{\pi_1}}{r_{\pi_1}} \tag{12.64}$$

$$= \frac{-V_{\pi_2}}{r_{\pi_2}} \tag{12.65}$$

$$V_X + V_{\pi_2} = V_{\pi_1} \tag{12.66}$$

$$V_X = V_{\pi_1} - V_{\pi_2} \tag{12.67}$$

$$= I_X r_{\pi_1} + I_X r_{\pi_2} \tag{12.68}$$

假設 $r_{\pi_1} = r_{\pi_2} = r_\pi$，所以

$$V_X = 2 I_X r_\pi \tag{12.69}$$

$$R_{in} = \frac{V_X}{I_X} = 2 r_\pi \tag{12.70}$$

例題 **12.3**

如圖 12.22 所示，假設 $Q_1 = Q_2$ 且 $Q_3 = Q_4$，求此差動對的電壓增益。

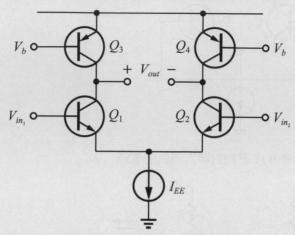

圖 12.22　例題 12.3 的電路圖

解答

因為差動放大器的電壓增益等於單端放大器的電壓增益，故取圖 12.22 的半電路如圖 12.23 所示。可得

$$R_{out} = r_{o_1} \, // \, r_{o_3}$$

$$\therefore A_v = -g_{m_1} R_{out} = -g_{m_1} (r_{o_1} \, // \, r_{o_3})$$

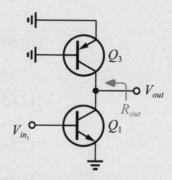

圖 12.23　圖 12.22 的半電路

立即練習

承例題 12.3，若將 Q_3 和 Q_4 的 C、B 極短路 (Diode-Connected 組態)，其餘條件不變，求此差動對的電壓增益。

例題 12.4

如圖 12.24 所示，若 $V_A \neq \infty$，$R_1 = R_2$，求其差動電壓增益 A_v。

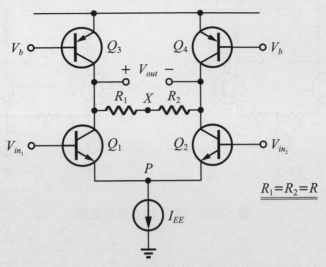

$$R_1 = R_2 = R$$

圖 12.24　例題 12.4 的電路圖

解答

圖 12.25 顯示 R_1 和 R_2 的電路，當 V_{out_1} 變化 ΔV (上升)。

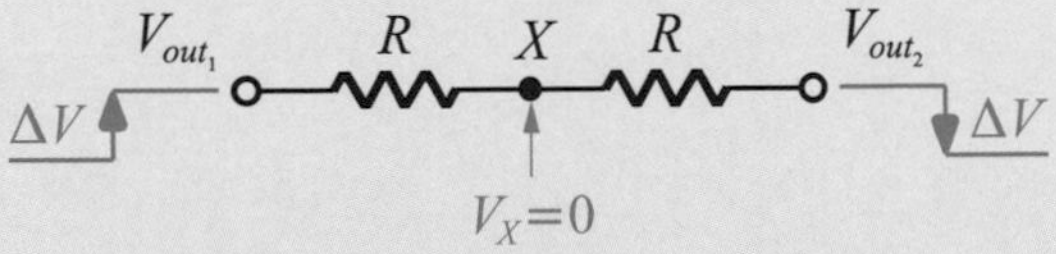

$$V_X = 0$$

圖 12.25　R_1 和 R_2 的電路

V_{out_2} 變化 ΔV (下降)，因對稱以至於 X 點不受干擾 ($V_X = 0$)。所以圖 12.24 取半電路如圖 12.26 所示，其電壓增益 A_v 為

$$A_v = -g_{m_1}(r_{o_1} // r_{o_3} // R)$$

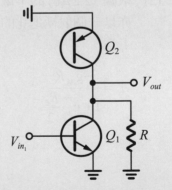

圖 12.26　圖 12.24 的半電路

立即練習

承例題 12.4，若 $R_1 = 2R_2$，其餘條件不變，求其差動電壓增益 A_v。

📶 例題 **12.5**

如圖 12.27(a) 和 (b) 所示，分別求其差動增益 A_v。

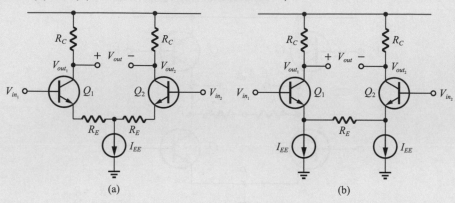

(a)   (b)

圖 12.27   例題 12.5 的電路圖

▶解答

(1) 取圖 12.27(a) 的半電路，如圖 12.28 所示。它
    是射極退化的 CE 組態，故其電壓增益 A_v 爲

$$A_v = \frac{-g_{m_1} R_C}{1 + g_{m_1} R_E}$$

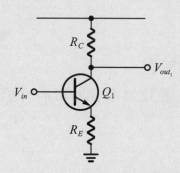

圖 12.28   圖 12.27(a) 的半電路

(2) 取圖 12.27(b) 的半電路，如圖 12.29 所示。它
    亦是一個射極退化的 CE 組態，故其電壓增益
    A_v 爲

$$A_v = \frac{-g_{m_1} R_C}{1 + g_{m_1} \dfrac{R_E}{2}}$$

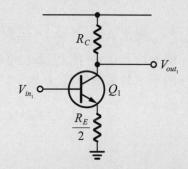

圖 12.29   圖 12.27(b) 的半電路

立即練習○─────────

承例題 12.5，若兩電路電壓增益爲 6，功率消耗爲 2 mW，$V_{CC} = 2$ V，$V_A = \infty$，

$R_E = \dfrac{3}{g_m}$，試設計以上兩電路。

12.3 / MOS 差動對

12.3.1 定性分析

　　圖 12.30 是 MOS 的 差 動 對。 當 $V_{in_1} = V_{in_2} = V_{CM}$ 時，稱之共模輸入。和 BJT 差動對一樣，此電壓 V_{CM} 一樣有其上限值，在此將會把此值求出。首先，當 $V_{in_1} = V_{in_2} = V_{CM}$ 時，稱此 MOS 差動對處於"平衡狀態"。以下的分析將求出平衡時，電流 (I_{D_1} 和 I_{D_2}) 和電壓 (V_X 和 V_Y) 的值，當然包含 V_{CM}。[譯 12-11]

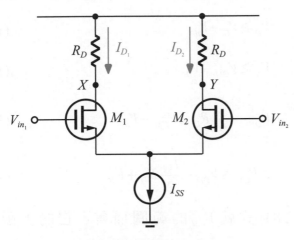

圖 12.30　MOS 差動對

$$I_{D_1} = I_{D_2} = \frac{I_{SS}}{2} \tag{12.71}$$

$$V_X = V_{DD} - I_{D_1} R_D \tag{12.72}$$

$$= V_{DD} - \frac{I_{SS}}{2} R_D \tag{12.73}$$

$$V_Y = V_{DD} - I_{D_2} R_D \tag{12.74}$$

$$= V_{DD} - \frac{I_{SS}}{2} R_D \tag{12.75}$$

　　所以，處於平衡狀態時，I_{D_1} 等於 I_{D_2}，剛好是 I_{SS} 尾電流的一半；而 V_X 電壓則等於 V_Y 電壓。[譯 12-12]

(譯 12-11)

Figure 12.30 is a differential pair of MOS. When $V_{in_1} = V_{in_2} = V_{CM}$, it is called common mode input. Like the BJT differential pair, this voltage V_{CM} has its upper limit value, which will be calculated here. First, when $V_{in_1} = V_{in_2} = V_{CM}$, the MOS differential pair is said to be in a "balanced state". The following analysis will find out the values of current (I_{D_1} and I_{D_2}) and voltage (V_X and V_Y) in equilibrium, including V_{CM} of course.

(譯 12-12)

Therefore, when in a balanced state, I_{D_1} is equal to I_{D_2}, which is exactly half of the tail current I_{SS}; and the voltage V_X is equal to the voltage V_Y.

$$\frac{I_{SS}}{2} = \frac{1}{2}\mu_n C_{ox}\frac{W}{L}(V_{GS}-V_{th})^2 \qquad (12.76)$$

$$(V_{GS}-V_{th})_{\text{平衡}} = \sqrt{\frac{I_{SS}}{\mu_n C_{ox}\dfrac{W}{L}}} \qquad (12.77)$$

(12.77) 式闡述了平衡時，V_{GS} 應有的值。而此時 M_1 和 M_2 操作於飽和區，因此

$$V_{DS} \geq V_{GS} - V_{th} \qquad (12.78)$$

$$V_D - V_S \geq V_G - V_S - V_{th} \qquad (12.79)$$

$$V_D \geq V_G - V_{th} \qquad (12.80)$$

$$V_X \geq V_{CM} - V_{th} \qquad (12.81)$$

$$V_{DD} - \frac{I_{SS}}{2}R_D \geq V_{CM} - V_{th} \qquad (12.82)$$

$$\therefore V_{CM} \leq V_{DD} - \frac{I_{SS}}{2}R_D + V_{th} \qquad (12.83)$$

(12.83) 式就 V_{CM} 的範圍而言，它的上限值為

$$V_{DD} + V_{th} - \frac{I_{SS}}{2}R_D \, \text{。}$$

例題 12.6

如圖 12.30 所示，$V_{in_1} = V_{in_2} = V_{CM} = 1.5\text{V}$，$I_{SS} = 0.4\text{mA}$，$V_{th} = 0.4\text{V}$，$V_{DD} = 1.8\text{V}$。
求 R_D 的最大值。

解答

由 (12.83) 式 $1.5 \leq 1.8 - \dfrac{0.4\text{m}}{2}R_D + 0.4$　$\therefore (0.2\text{m})R_D \leq 0.7$　$\therefore R_D \leq 3.5\text{k}\Omega$

所以 R_D 的最大值為 3.5 kΩ。

立即練習

承例題 12.6，若 $R_D = 4$ kΩ，其餘條件不變，則 I_{SS} 的最大值為多少？

若 V_{in_1} 和 V_{in_2} 開始改變不再是 V_{CM} 時，那 I_{D_1}、I_{D_2} 以及 V_X、V_Y 將如何變化呢？

　　是的，當 $V_{in_1} > V_{in_2}$ 時，M_1 的 V_{GS} 會比 M_2 的 V_{GS} 大，因此 $I_{D_1} > I_{D_2}$，V_X 電壓隨著 I_{D_1} 變大而下降，V_Y 電壓隨著 I_{D_2} 變小而上升，直到 I_{D_1} 趨近 I_{SS}，V_X 下降至 $V_{DD} - I_{SS}R_D$，I_{D_2} 趨近 0，V_Y 上升至 V_{DD} 為止。

　　相反地，當 $V_{in_1} < V_{in_2}$ 時，M_1 的 V_{GS} 會比 M_2 的 V_{GS} 小，因此 $I_{D_1} < I_{D_2}$，此時 V_X 電壓隨著 I_{D_1} 變小而上升，V_Y 電壓隨著 I_{D_2} 變大而下降，直到 I_{D_1} 趨近 0，V_X 上升至 V_{DD}，I_{D_2} 趨近於 I_{SS}，V_Y 下降至 $V_{DD} - I_{SS}R_D$ 為止。

　　將以上平衡狀態及 V_{in_1}、V_{in_2} 變動的討論用圖形表現出來，可以得到圖 12.31 之 I_{D_1}、I_{D_2} 對 $V_{in_1} - V_{in_2}$ 的關係圖，以及圖 12.32 之 V_X、V_Y 對 $V_{in_1} - V_{in_2}$ 的關係圖。其中圖 12.31 和圖 12.32 $\left| V_{in_1} - V_{in_2} \right|$ 到達某個值未知，待後續數學分析時揭曉。

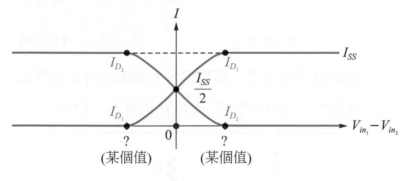

圖 12.31　MOS 差動對中 I_{D_1} 與 I_{D_2} 對 $V_{in_1} - V_{in_2}$ 的關係圖

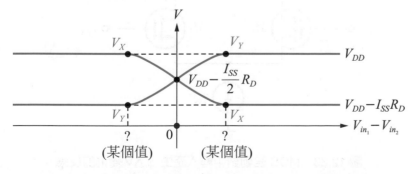

圖 12.32　MOS 差動對中 V_X 與 V_Y 對 $V_{in_1} - V_{in_2}$ 的關係圖

接下來將利用 MOS 差動對的共模輸入產生一個小小的電壓變化，來求取其差動電壓增益 A_v。圖 12.33 中，令 M_1 的輸入值產生 $+\Delta V$ 的變化，而 M_2 的輸入值產生 $-\Delta V$ 的變化，那 $A_v = \dfrac{\Delta V_X - \Delta V_Y}{\Delta V - (-\Delta V)}$ 是多少呢？分析如下：

$$\Delta I_{D_1} = g_{m_1} \Delta V \qquad (12.84)$$

$$\Delta I_{D_2} = -g_{m_2} \Delta V \qquad (12.85)$$

$$\therefore \Delta V_X = -g_{m_1} \Delta V R_D \qquad (12.86)$$

$$\Delta V_Y = +g_{m_2} \Delta V R_D \qquad (12.87)$$

令 $g_{m_1} = g_{m_2} = g_m$，所以

$$\Delta V_X - \Delta V_Y = -2 g_m \Delta V R_D \qquad (12.88)$$

$$\therefore A_v = \frac{V_X - V_Y}{V_{in_1} - V_{in_2}} = \frac{\Delta V_X - \Delta V_Y}{2 \Delta V} \qquad (12.89)$$

$$= -g_m R_D \qquad (12.90)$$

（譯 12-13）

(12.90) illustrates the fact that the voltage gain of differential and single-ended amplifiers are the same, both are $-g_m R_D$ $(-g_m R_{out})$.

(12.90) 式闡述了一個事實，差動電壓增益和單端電壓增益是一樣的，都是 $-g_m R_D (-g_m R_{out})$。 (譯 12-13)

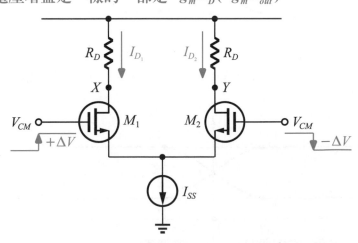

圖 12.33　MOS 差動對中輸入產生 $\pm\Delta V$ 變化的反應

12.3.2 大訊號分析

在本節中將以大訊號的方式 (直接以數學計算出某特定的量) 來分析 MOS 差動對，如圖 12.34 所示。

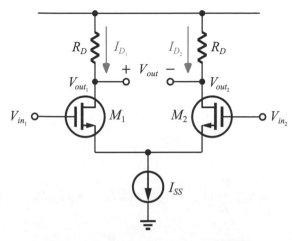

圖 12.34 大訊號分析的 MOS 差動對

進而藉此計算出其電流和電壓的值，更加明白其電流和電壓之間的關係。分析如下：

$$V_{in_1} - V_{GS_1} = V_{in_2} - V_{GS_2} \tag{12.91}$$

$$V_{in_1} - V_{in_2} = V_{GS_1} - V_{GS_2} \tag{12.92}$$

$$= \sqrt{\frac{2I_{D_1}}{\mu_n C_{ox} \frac{L}{W}}} - \sqrt{\frac{2I_{D_2}}{\mu_n C_{ox} \frac{W}{L}}} \tag{12.93}$$

(12.93) 式是假設 $M_1 = M_2$，和

$I_D = \dfrac{1}{2} \mu_n C_{ox} \dfrac{W}{L} (V_{GS} - V_{th})^2$ 所求得。

$$\therefore V_{in_1} - V_{in_2} = \sqrt{\frac{2}{\mu_n C_{ox} \frac{W}{L}}} (\sqrt{I_{D_1}} - \sqrt{I_{D_2}}) \tag{12.94}$$

將 (12.94) 式兩邊平方，則

$$(V_{in_1} - V_{in_2})^2 = \frac{2}{\mu_n C_{ox} \dfrac{W}{L}} (I_{D_1} - 2\sqrt{I_{D_1} I_{D_2}} + I_{D_2})$$

(12.95)

因為 $I_{D_1} + I_{D_2} = I_{SS}$ ，所以

$$(V_{in_1} - V_{in_2})^2 = \frac{2}{\mu_n C_{ox} \dfrac{W}{L}} (I_{SS} - 2\sqrt{I_{D_1} I_{D_2}}) \quad (12.96)$$

$$\mu_n C_{ox} \frac{W}{L} (V_{in_1} - V_{in_2})^2 = 2I_{SS} - 4\sqrt{I_{D_1} I_{D_2}} \quad (12.97)$$

$$4\sqrt{I_{D_1} I_{D_2}} = 2I_{SS} - \mu_n C_{ox} \frac{W}{L} (V_{in_1} - V_{in_2})^2 \quad (12.98)$$

將 (12.98) 式兩邊再平方，可得

$$16 I_{D_1} I_{D_2} = [2I_{SS} - \mu_n C_{ox} \frac{W}{L} (V_{in_1} - V_{in_2})^2]^2 \quad (12.99)$$

$$16 I_{D_1} (I_{SS} - I_{D_1}) = [2I_{SS} - \mu_n C_{ox} \frac{W}{L} (V_{in_1} - V_{in_2})^2]^2$$

(12.100)

$$16 I_{D_1}^2 - 16 I_{SS} I_{D_1} + [2I_{SS} - \mu_n C_{ox} \frac{W}{L} (V_{in_1} - V_{in_2})^2]^2 = 0$$

(12.101)

將 (12.101) 式利用公式求解 (一元二次方程式)，可得

$$I_{D_1} = \frac{I_{SS}}{2} + \frac{V_{in_1} - V_{in_2}}{4} \sqrt{\mu_n C_{ox} \frac{W}{L} [4I_{SS} - \mu_n C_{ox} \frac{W}{L} (V_{in_1} - V_{in_2})^2]}$$

(12.102)

把 (12.102) 代入 $I_{D_1} + I_{D_2} = I_{SS}$ 中可得

$$I_{D_2} = \frac{I_{SS}}{2} + \frac{V_{in_2} - V_{in_1}}{4} \sqrt{\mu_n C_{ox} \frac{W}{L} [4I_{SS} - \mu_n C_{ox} \frac{W}{L} (V_{in_2} - V_{in_1})^2]}$$

$$(12.103)$$

$$V_{out} = V_{out_1} - V_{out_2} \qquad (12.104)$$

$$= (V_{DD} - I_{D_1} R_D) - (V_{DD} - I_{D_2} R_D) \qquad (12.105)$$

$$= -R_D (I_{D_1} - I_{D_2}) \qquad (12.106)$$

$$= -R_D [\frac{1}{2} \mu_n C_{ox} \frac{W}{L} (V_{in_1} - V_{in_2}) \sqrt{\frac{4I_{SS}}{\mu_n C_{ox} \frac{W}{L}} - (V_{in_1} - V_{in_2})^2}]$$

$$(12.107)$$

(12.102) 式 和 (12.103) 式 正是 電 流 I_{D_1}、I_{D_2} 和 $V_{in_1} - V_{in_2}$ 的關係式。現在，對於這些式子做以下的討論：

① 當 $V_{in_1} - V_{in_2} = 0$（即 $V_{in_1} = V_{in_2}$），則 $I_{D_1} = I_{D_2} = \frac{I_{SS}}{2}$，此即驗證了先前的推論（推導過程詳見第 12.2.1 節之定性分析）。

② $I_{D_1} - I_{D_2} = \frac{1}{2} \mu_n C_{ox} \frac{W}{L} (V_{in_1} - V_{in_2}) \sqrt{\frac{4I_{SS}}{\mu_n C_{ox} \frac{W}{L}} - (V_{in_1} - V_{in_2})^2}$，

當 $I_{D_1} - I_{D_2} = 0$ 時，可得

$$(V_{in_1} - V_{in_2})^2 = \frac{4I_{SS}}{\mu_n C_{ox} \frac{W}{L}} \qquad (12.108)$$

③ 當 $I_{D_1} = 0$ 且 $I_{D_2} = I_{SS}$，如圖 12.35 所示。

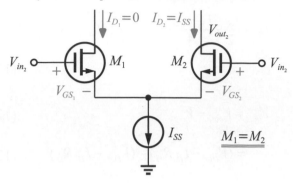

圖 12.35　當 M_1 截止的 MOS 差動對

此時

$$V_{GS_1} = V_{th_1} = V_{th} \tag{12.109}$$

$$V_{GS_2} = V_{th} + \sqrt{\frac{2I_{SS}}{\mu_n C_{ox} \dfrac{W}{L}}} \tag{12.110}$$

$$\therefore \left| V_{in_1} - V_{in_2} \right|_{max} = \left| V_{GS_1} - V_{GS_2} \right| \tag{12.111}$$

$$= \sqrt{\frac{2I_{SS}}{\mu_n C_{ox} \dfrac{W}{L}}} \tag{12.112}$$

(譯 12-14)
(12.112) represents when the current of the MOS differential pair deviates to one side ($I_{D_1} = I_{SS}$ or $I_{D_2} = I_{SS}$) the maximum value of $\left| V_{in_1} - V_{in_2} \right|$. Based on the above analysis and discussion, the relationship between I_{D_1} and I_{D_2} to $V_{in_1} - V_{in_2}$ can be drawn, as shown in Figure 12.36.

(12.112) 式意含著 MOS 差動對的電流偏向某一邊時 ($I_{D_1} = I_{SS}$ 或 $I_{D_2} = I_{SS}$)，$\left| V_{in_1} - V_{in_2} \right|$ 的最大值。根據以上的分析討論，可畫出 I_{D_1} 、 I_{D_2} 對 $V_{in_1} - V_{in_2}$ 的關係圖，如圖 12.36 所示。(譯 12-14)

和圖 12.31 不同之處在於，當 $V_{in_1} - V_{in_2}$ 等於 (12.112) 式時，電流 I_{D_1} 或 I_{D_2} 會偏向 I_{SS} 或 0 的點被標示出來了。

圖 12.37 則是畫出 V_{out_1} 、 V_{out_2} 對 $V_{in_1} - V_{in_2}$ 的關係圖。同樣地，V_{out_1} 或 V_{out_2} 趨近於 V_{DD} 之 $V_{in_1} - V_{in_2}$ 處亦標示出來。最後，$V_{out} (= V_{out_1} - V_{out_2})$ 對 $V_{in_1} - V_{in_2}$ 的關係圖如圖 12.38 所示。用 (12.107) 式或圖 12.37 中 V_{out_1} 減去 V_{out_2}，都可以得到圖 12.38 的關係圖。

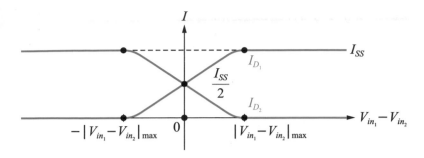

圖 12.36 MOS 差動對中 I_{D_1} 與 I_{D_2} 對 $V_{in_1} - V_{in_2}$ 的關係圖

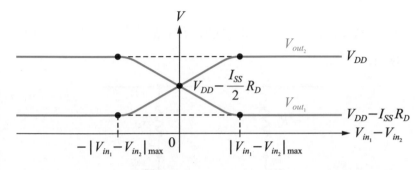

圖 12.37 MOS 差動對中 V_{out_1} 與 V_{out_2} 對 $V_{in_1} - V_{in_2}$ 的關係圖

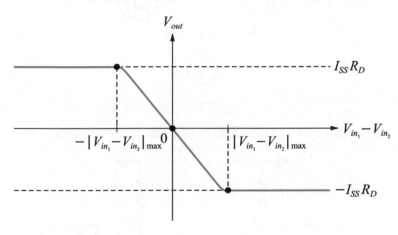

圖 12.38 MOS 差動對中 V_{out} 對 $V_{in_1} - V_{in_2}$ 的關係圖

▮▮▮ 12.3.3 小訊號模型分析

在第 12.3.2 節中，曾經利用 MOS 差動對中共模輸入的小變動 ($\pm\Delta V$)，計算出 MOS 差動對的電壓增益 A_v 和單端輸入 (CS 組態) 的電壓增益是一樣的 ($=-g_m R_D$)。在本小節中，將利用小訊號模型電路的分析來求出其差動電壓增益，並再次證明它和單端輸入的 CS 組態電壓增益相同。圖 12.39 是小訊號模型分析的電路圖，畫出它的小訊號模型電路，如圖 12.40 所示。

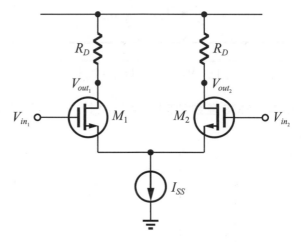

圖 12.39　MOS 差動對做小訊號模型分析的電路圖

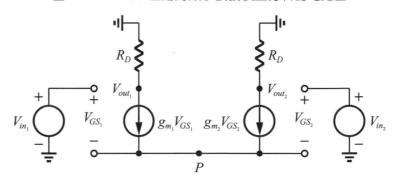

圖 12.40　圖 12.39 的小訊號模型電路

假設 $g_{m_1} = g_{m_2} = g_m$，輸 入 是 差 動 輸 入 (即 $V_{in_1} = -V_{in_2}$)。分析如下：

$$V_{in_1} = V_{GS_1} + V_P \tag{12.113}$$

$$V_{in_2} = V_{GS_2} + V_P \tag{12.114}$$

將 (12.113) 式減去 (12.114) 式，可得

$$V_{in_1} - V_{in_2} = V_{GS_1} - V_{GS_2} \tag{12.115}$$

又 $V_{in_1} = -V_{in_2}$ ，代入 (12.115) 式，則

$$V_{in_1} + V_{in_1} = V_{GS_1} - V_{GS_2} \tag{12.116}$$

$$2V_{in_1} = V_{GS_1} - V_{GS_2} \tag{12.117}$$

P 點的 KCL：

$$g_{m_1} V_{GS_1} + g_{m_2} V_{GS_2} = 0 \tag{12.118}$$

$$g_m (V_{GS_1} + V_{GS_2}) = 0 \tag{12.119}$$

$$\therefore V_{GS_1} = -V_{GS_2} \tag{12.120}$$

將 (12.120) 式代入 (12.117) 式，可得

$$V_{in_1} = V_{GS_1} \tag{12.121}$$

再將 (12.121) 式代入 (12.113) 式，則

$$V_P = V_{in_1} - V_{GS_1} \tag{12.122}$$

$$= 0 \tag{12.123}$$

由 (12.123) 式知，P 點爲接地，所以圖 12.40 可以重畫成圖 12.41。

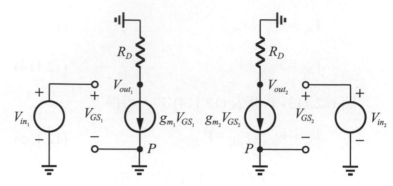

圖 12.41　圖 12.40 的簡化圖

分析如下：

$$V_{out_1} = -g_{m_1} R_D V_{GS_1} \qquad (12.124)$$

$$= -g_{m_1} R_D V_{in_1} \qquad (12.125)$$

$$V_{out_2} = -g_{m_2} R_D V_{GS_2} \qquad (12.126)$$

$$= -g_{m_2} R_D V_{in_2} \qquad (12.127)$$

將 (12.125) 式減去 (12.127) 式，可得

$$V_{out_1} - V_{out_2} = -g_m R_D (V_{in_1} - V_{in_2}) \qquad (12.128)$$

$$\therefore A_v = \frac{V_{out_1} - V_{out_2}}{V_{in_1} - V_{in_2}} = -g_m R_D \qquad (12.129)$$

由 (12.129) 式 得 知，**MOS** 差 動 對 的 差 動 增 益 ($= -g_m R_D$) 和單端輸入 *CS* 組態的電壓增益 ($= -g_m R_D$) 相同。(譯 12-15)

(譯 12-15)
It is known from (12.129) that the differential gain ($= -g_m R_D$) of the MOS differential pair is the same as the voltage gain ($= -g_m R_D$) of the single-ended *CS* configuration.

例題 12.7

如圖 12.42 所示，$\lambda \neq 0$，求其差動增益 A_v。

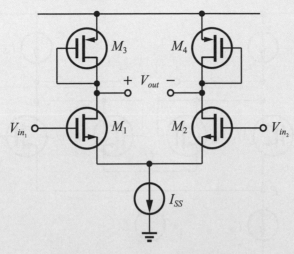

圖 12.42 例題 12.7 的電路圖

▶ **解答**

取其半電路，如圖 12.43 所示。

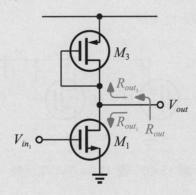

圖 12.43 圖 12.42 的半電路圖

$R_{out_1} = r_{o_1}$, $R_{out_3} = \dfrac{1}{g_{m_3}} // r_{o_3}$ (二極體連接 (Diode-Connected) 的輸出阻抗)

$\therefore R_{out} = R_{out_1} // R_{out_3} = r_{o_1} // r_{o_3} // \dfrac{1}{g_{m_3}}$ 　$\therefore A_v = -g_{m_1} R_{out_3} = -g_{m_1} (r_{o_1} // r_{o_3} // \dfrac{1}{g_{m_3}})$

立即練習

承例題 12.7，若將 R_1 加到 M_3 和 M_4 S 極和 V_{DD} 之間，其餘條件不變，求其差動增益 A_v。

例題 12.8

如圖 12.44 所示，$\lambda = 0$ ，求其差動增益 A_v 。

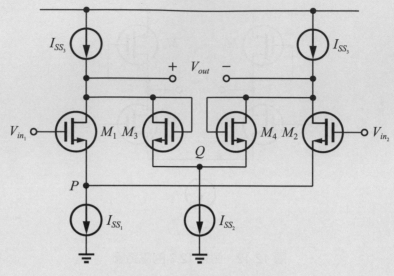

圖 12.44　例題 12.8 的電路圖

▶ 解答

取圖 12.44 的半電路，如圖 12.45。

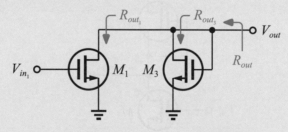

圖 12.45　圖 12.44 的半電路圖

$$R_{out_1} = \infty \text{ , } R_{out_3} = \frac{1}{g_{m_3}} // \infty \text{ (二極體連接的輸出阻抗)} = \frac{1}{g_{m_3}}$$

$$\therefore R_{out} = R_{out_1} // R_{out_3} = \frac{1}{g_{m_3}}$$

$$\therefore A_v = -g_{m_1} R_{out} = -g_{m_1} \cdot \frac{1}{g_{m_3}} = -\frac{g_{m_1}}{g_{m_3}}$$

立即練習○────────

承例題 12.8，$\lambda \neq 0$ ，求其差動增益 A_v 。

12.4 堆疊式差動放大器

如果把第 10 章的堆疊觀念再加上本章的差動概念結合在一起，那**堆疊式差動放大器**自然地被建構出來。此放大器不僅擁有堆疊帶來的好處 (輸出阻抗變大，增益亦變大)，更加降低了雜訊帶來的干擾 (差動放大器的優點)。(譯 12-16)

因此，目前商業化運算放大器的電路設計皆會使用此技術！圖 12.46(a) 是 BJT 堆疊差動對，取其半電路如圖 12.46(b) 所示，其輸出阻抗 R_{out} 為

$$R_{out} = [1 + g_{m_3}(r_{\pi_3}//r_{o_1})]r_{o_3} + (r_{\pi_3}//r_{o_1}) \qquad (12.130)$$

所以，其電壓增益 A_v 為

$$A_v = -g_{m_1}R_{out} \qquad (12.131)$$

$$= -g_{m_1}\{[1 + g_{m_3}(r_{\pi_3}//r_{o_1})]r_{o_3} + (r_{\pi_3}//r_{o_1})\} \qquad (12.132)$$

(譯 12-16)
If the cascode concept of Chapter 10 is combined with the differential concept of this chapter, the *cascoded differential amplifier* (堆疊式差動放大器) is naturally constructed. This amplifier not only has the advantages of cascode (the output impedance becomes higher, and the gain becomes larger), but it also reduces the interference caused by noise (the advantage of the differential amplifier).

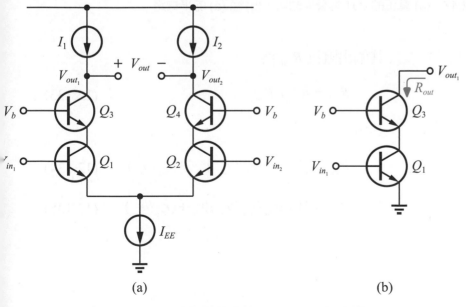

圖 12.46 (a)BJT 堆疊差動對，(b) 圖 (a) 的半電路

然而，圖 12.46(a) 並非真正的 BJT 堆疊差動對 (I_1 和 I_2 非真實的電路)，真正的 BJT 堆疊差動對如圖 12.47(a) 所示，取其半電路如圖 12.47(b) 所示。

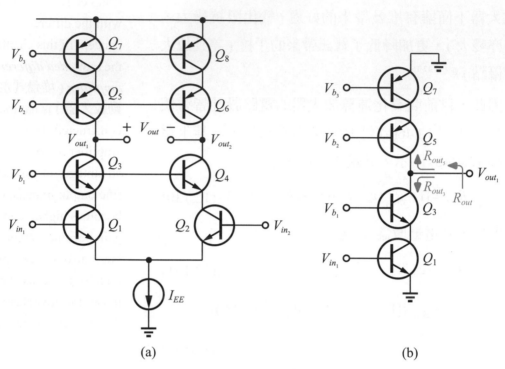

(a)   (b)

圖 12.47　(a) 真正的 BJT 堆疊差動對，(b) 圖 (a) 的半電路

其輸出阻抗 R_{out} 為

$$R_{out} = R_{out_3} // R_{out_5} \qquad (12.133)$$

其中

$$R_{out_3} = [1 + g_{m_3}(r_{\pi_3} // r_{o_1})]r_{o_3} + (r_{\pi_3} // r_{o_1}) \qquad (12.134)$$

$$R_{out_5} = [1 + g_{m_5}(r_{\pi_5} // r_{o_7})]r_{o_5} + (r_{\pi_5} // r_{o_7}) \qquad (12.135)$$

所以，其電壓增益 A_v 為

$$A_v = -g_{m_1} R_{out} \qquad (12.136)$$

$$= -g_{m_1}(R_{out_3} // R_{out_5}) \qquad (12.137)$$

　　至於 MOS 堆疊差動對如圖 12.48(a) 所示，取其半電路如圖 12.48(b) 所示。

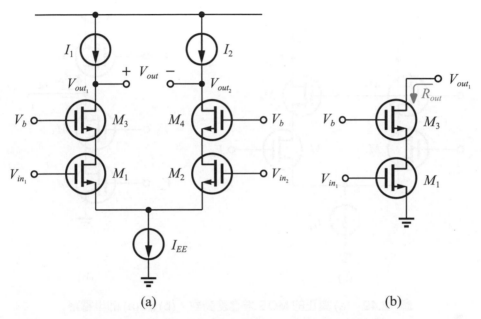

(a)　　　　　　　　　(b)

圖 12.48　(a)MOS 堆疊差動對，(b) 圖 (a) 的半電路

其輸出阻抗 R_{out} 為

$$R_{out} = (1 + g_{m_3} r_{o_1}) r_{o_3} + r_{o_1} \qquad (12.138)$$

所以，其電壓增益 A_v 為

$$A_v = -g_{m_1} R_{out} \qquad (12.139)$$

$$= -g_{m_1}[(1 + g_{m_3} r_{o_1}) r_{o_3} + r_{o_1}] \qquad (12.140)$$

然而圖 12.48(a) 並非真正的 MOS 堆疊差動對 (I_1 和 I_2 非真實的電路)，真正的 MOS 堆疊差動對如圖 12.49(a) 所示，取其半電路如圖 11.49(b) 所示。

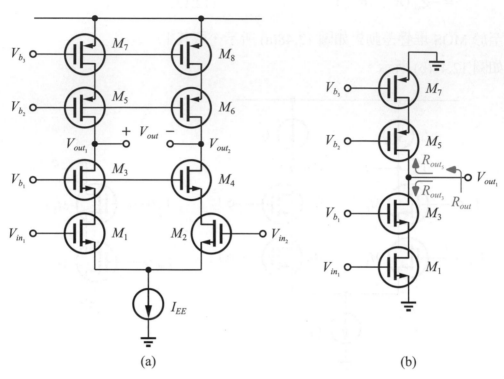

(a)   (b)

圖 12.49   (a) 真正的 MOS 堆疊差動對，(b) 圖 (a) 的半電路

其輸出阻抗 R_{out} 為

$$R_{out} = R_{out_3} // R_{out_5} \tag{12.141}$$

其中

$$R_{out_3} = (1 + g_{m_3} r_{o_1}) r_{o_3} + r_{o_1} \tag{12.142}$$

$$R_{out_5} = (1 + g_{m_5} r_{o_7}) r_{o_5} + r_{o_7} \tag{12.143}$$

所以，其電壓增益 A_v 為

$$A_v = -g_{m_1} R_{out} \tag{12.144}$$

$$= -g_{m_1} (R_{out_3} // R_{out_5}) \tag{12.145}$$

12.5 共模排斥

在差動電路中，因非理想性所造成的**共模排斥**是電路設計者所要面對的。造成此特性的原因有 2 項，第 1 是尾電流的非理想性，即尾電流會有一個內阻和其並聯存在；第 2 則是 BJT 差動對和 MOS 差動對中電阻 R_C 和 R_D 不平衡，即兩邊的 R_C 或 R_D 不一樣所造成的。(譯 12-17)

因此，本節將探討此 2 項非理性所造成的效應—共模排斥。

首先，先探討尾電流內阻所造成的效應。圖 12.50 是包含尾電流 I_{EE} 和內阻 R_{EE} 的共模輸入 BJT 差動對。因為，有內阻 R_{EE} 的存在，圖 12.50 失去了"對稱性"，半電路的方式將無法用來求得電壓增益值了。不過，依舊可以使用其他化簡的方式來簡化此電路，如圖 12.51 即為圖 12.50 化簡後的電路。

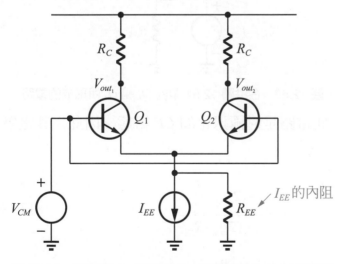

圖 12.50　尾電流 I_{EE} 有內阻 R_{EE} 的共模輸入 BJT 差動對

（譯 12-17)

In a differential circuit, the ***common-mode rejection***(共模排斥) caused by non-ideality is what the circuit designer must face. There are two reasons for this effect. The first is the non-ideality of the tail current, that is, the tail current will have an internal resistance coexist in parallel; the second is imbalance of resistances R_C and R_D of the BJT differential pair and MOS differential pair. That is, caused by the difference of R_C or R_D on both sides.

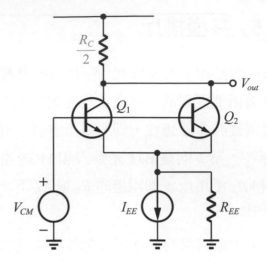

圖 12.51　圖 12.50 的化簡圖

　　假設 $Q_1 = Q_2$，所以圖 12.51 可以將 Q_1 和 Q_2 合併成如圖 12.52 所示。

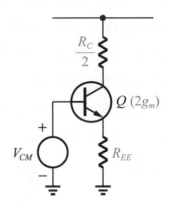

圖 12.52　合併圖 12.51 中的 Q_1 和 Q_2 所形成的電路

　　此電路是射極退化的 CE 組態。因此，其電壓增益 A_v 為

$$A_v = \frac{-(2g_m)\dfrac{R_C}{2}}{1+(2g_m)R_{EE}} \tag{12.146}$$

$$= \frac{-\dfrac{R_C}{2}}{R_{EE}+\dfrac{1}{2g_m}} \tag{12.147}$$

(12.144) 式證明了射極退化 CE 組態的電壓增益 A_v 是電晶體 Q 上方的阻抗 ($\dfrac{R_C}{2}$) 除以電晶體 Q 下方的阻抗 ($R_{EE} + \dfrac{1}{2g_m}$)。

圖 12.53 是 BJT 差動對加入眞實信號 (含交流信號 V_{in_1}、V_{in_2} 和直流信號 V_{CM}) 的電路，通常接地和直流信號 V_{CM} 是雜訊的來源處，那有無尾電流內阻 R_{EE} 時，對輸出端點 V_{out_1}、V_{out_2} 和 V_{out} 處的信號又會造成什麼影響呢？其中 V_{in_1} 和 V_{in_2} 是差動訊號 (即 $V_{in_1} = -V_{in_2}$)。

若尾電流是理想的 (即 $R_{EE} = \infty$) 時，則各個端點的信號如圖 12.54(a) 所示，由於沒有 R_{EE} 的電阻，所以信號過了電晶體後，雜訊即被降低了 (V_{out_1} 和 V_{out_2} 處)，更不用說 $V_{out} = V_{out_1} - V_{out_2}$；若尾電流不是理想的 (即 $R_{EE} \neq \infty$，存在) 時，則各個端點的信號如圖 12.54(b) 所示，由於 R_{EE} 的存在，所以 V_{out_1} 和 V_{out_2} 處的信號還會受到雜訊的干擾，一直至 $V_{out} (= V_{out_1} - V_{out_2})$ 處才會將雜訊降低。(譯 12-18)

(譯 12-18)
If the tail current is ideal (i.e., $R_{EE} = \infty$), the signal at each end point is shown in Figure 12.54(a). Since there is no R_{EE} resistance, the noise will be reduced after the signal passes through the transistor (V_{out_1} and V_{out_2}); if the tail current is not ideal (i.e., $R_{EE} \neq \infty$, exists), the signals at each end point are shown in Figure 12.54(b). Due to the existence of R_{EE}, The signals at V_{out_1} and V_{out_2} will also be interfered by noise, and the noise will not be reduced until $V_{out} (= V_{out_1} - V_{out_2})$.

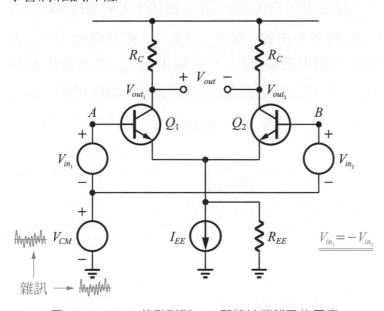

圖 12.53　BJT 差動對對 V_{CM} 和接地端雜訊的反應

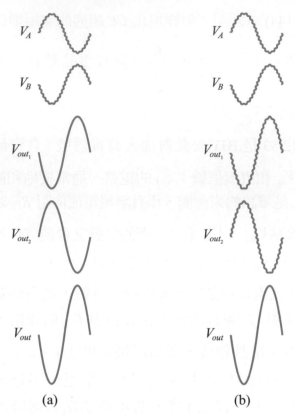

(a)　　　　　　　　　　　　　　(b)

圖 12.54　　(a) $R_{EE} = \infty$ 時，BJT 差動對各個端點受 V_{CM} 雜訊干擾的信號，

(b) $R_{EE} \neq \infty$ 時，BJT 差動對各個端點受 V_{CM} 雜訊干擾的信號

（譯 12-19）

After discussing the internal resistance effect of the tail current, if the imbalance of R_D (R_D and $R_D + \Delta R_D$) in Figure 12.55 is added, if the common mode input V_{CM} produces a small change ΔV_{CM}, the output V_{out} will also change ΔV_{out}. The ratio of these two variations is defined as a physical quantity, called A_{CM-DM}, which is the conversion of common mode (CM) to differential mode (DM).

　　討論完尾電流的內阻效應後，若再加上圖 12.55 中 R_D 的不平衡 (R_D 與 $R_D + \Delta R_D$)，那共模輸入 V_{CM} 若產生一個小變動 ΔV_{CM}，在輸出端 V_{out} 亦會產生變動 ΔV_{out}。將這 2 個變動量的比值定成一個物理量，稱之共模 (CM) 對差模 (DM) 的轉換 A_{CM-DM} ^(譯 12-19)。則

$$A_{CM-DM} = \left| \frac{\Delta V_{out}}{\Delta V_{CM}} \right| \tag{12.148}$$

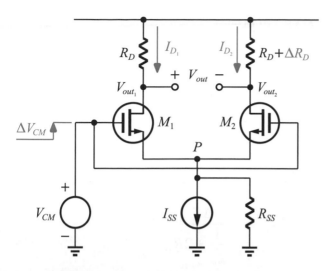

圖 12.55 具尾電流內阻 R_{SS} 和負載不平衡 R_D 和 $R_D + \Delta R_D$ 的
　　　　MOS 差動對

　　現在就來探討此物理量 A_{CM-DM} 為多少。當 V_{CM} 變化 ΔV_{CM}，則 $\Delta V_{GS_1} = \Delta V_{GS_2} = \Delta V_{GS}$，$\Delta I_{D_1} = \Delta I_{D_2} = \Delta I_D$，假設 $M_1 = M_2$。所以

$$\Delta V_{CM} = \Delta V_{GS} + 2\Delta I_D R_{SS} \tag{12.149}$$

因為 $g_m = \dfrac{\Delta I_D}{\Delta V_{GS}}$，故

$$\Delta V_{GS} = \dfrac{\Delta I_D}{g_m} \tag{12.150}$$

將 (12.150) 式代入 (12.149) 式中，可得

$$\Delta V_{CM} = \Delta I_D \left(\dfrac{1}{g_m} + 2R_{SS} \right) \tag{12.151}$$

$$\therefore \Delta I_D = \dfrac{\Delta V_{CM}}{\dfrac{1}{g_m} + 2R_{SS}} \tag{12.152}$$

又 ΔV_{out} 可寫成

$$\Delta V_{out} = \Delta V_{out_1} - \Delta V_{out_2} \qquad (12.153)$$

$$= \Delta I_D R_D - \Delta I_D (R_D + \Delta R_D) \qquad (12.154)$$

$$= -\Delta I_D \Delta R_D \qquad (12.155)$$

再將 (12.152) 代入 (12.155) 中，可得

$$\Delta V_{out} = -\frac{\Delta V_{CM}}{\dfrac{1}{g_m} + 2R_{SS}} \Delta R_D \qquad (12.156)$$

所以

$$A_{CM-DM} = \left| \frac{\Delta V_{out}}{\Delta V_{CM}} \right| = \frac{\Delta R_D}{\dfrac{1}{g_m} + 2R_{SS}} \qquad (12.157)$$

(譯 12-20)
From (12.157), the following discussion can be made: when $\Delta R_D = 0$ (load is balanced), then $A_{CM-DM} = 0$; when $R_{SS} = \infty$ (that is, the tail current is ideal), then $A_{CM-DM} = 0$. Therefore, (12.157) proves that when the load R_D is unbalanced and the tail current is not ideal, the quantity A_{CM-DM} exists.

由 (12.157) 式可以做以下的討論：當 $\Delta R_D = 0$ (即負載是平衡的)，則 $A_{CM-DM} = 0$；當 $R_{SS} = \infty$ (即尾電流是理想的)，則 $A_{CM-DM} = 0$。因此，(12.157) 式證明了負載 R_D 不平衡且尾電流不理想時， A_{CM-DM} 此量就存在。 (譯 12-20)

現實中，R_D 不平衡且尾電流不理想，可反映出 A_{CM-DM} 真實地存在。而有了 A_{CM-DM} 這個量的存在，另一個物理也必須要被定義，稱之**共模排斥比**：

共模排斥比 (common-mode rejection ratio, CMRR)

$$CMRR = \left| \frac{A_{DM}}{A_{CM-DM}} \right| \qquad (12.158)$$

其中 A_{DM} 為差動對的差動電壓增益。一般而言，CMRR 愈大代表此差動對的效能愈好。

📶 **例題 12.9**

如圖 12.56 所示，若 Q_1 和 Q_2 的 $V_A = \infty$，求 A_{CM-DM}。

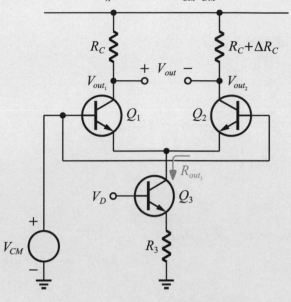

圖 12.56 例題 12.9 的電路圖

▶**解答**

$$A_{CM-DM} = \frac{\Delta R_C}{\dfrac{1}{g_{m_1}} + 2R_{out_3}}$$

其中 $R_{out_3} = [1 + g_{m_3}(r_{\pi_3} /\!/ R_3)]r_{o_3} + (r_{\pi_3} /\!/ R_3)$

立即練習

承例題 12.9，若 $R_3 \to \infty$，其餘條件不變，求 A_{CM-DM}。

例題 12.10

求圖 12.56 的 *CMRR*。

▶解答

$A_{DM} = -g_{m_1} R_C$ (和單端輸入的 A_v 一樣)

$$\therefore CMRR = \left| \frac{\dfrac{-g_{m_1} R_C}{\Delta R_C}}{\dfrac{1}{g_{m_1}} + 2R_{out_3}} \right| = \frac{g_{m_1} R_C}{\Delta R_C} \left(\frac{1}{g_{m_1}} + 2R_{out_3} \right)$$

立即練習⊙

承例題 12.10，若 $R_3 \to \infty$，求 *CMRR*。

重點回顧

1. 利用差動信號 (反相信號) 和差動對來降低雜訊對電路的影響，BJT 差動對如圖 12.6(a) 所示，MOS 差動對則如圖 12.6(b) 所示。

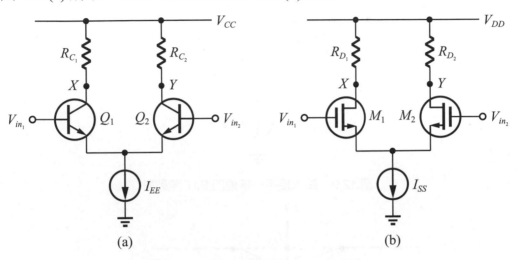

圖 12.6　(a)BJT 差動對，(b)MOS 差動對

2. BJT 共模信號 V_{CM}(同相信號) 差動對如圖 12.7 所示，其 V_{CM} 的範圍如 (12.16) 式所示。

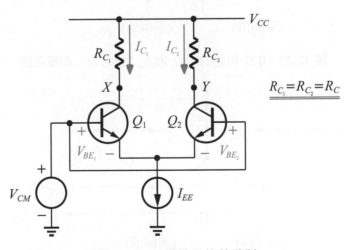

$$R_{C_1} = R_{C_2} = R_C$$

圖 12.7　共模輸入的差動對

$$V_{CM} \leq V_{CC} - \frac{I_{EE}}{2} R_C \tag{12.16}$$

3. BJT 差動對 (圖 12.9) 以定性分析，其 I_{C_1} 與 I_{C_2} 對 $V_{in_1}-V_{in_2}$ 的關係如圖 12.10 所示，V_X 和 V_Y 對 $V_{in_1}-V_{in_2}$ 的關係則如圖 12.11 所示。

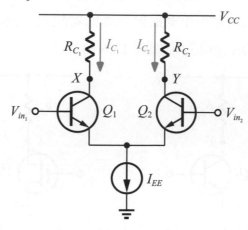

圖 12.9 輸入接不一樣值的 BJT 差動對

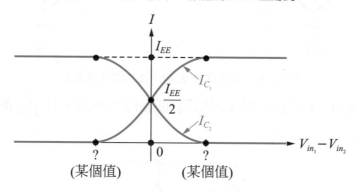

圖 12.10 BJT 差動對中 I_{C_1} 與 I_{C_2} 對 $V_{in_1}-V_{in_2}$ 的關係圖

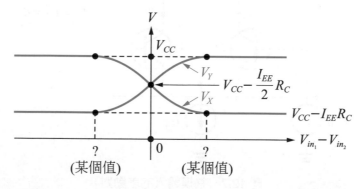

圖 12.11 BJT 差動對中 V_X 與 V_Y 對 $V_{in_1}-V_{in_2}$ 的關係圖

4. BJT 差動對 (圖 12.13) 以大訊號分析，其電流 I_{C_1} 和 I_{C_2} 分別如 (12.41) 式和 (12.40) 式所示，根據此 2 式可畫出 I_{C_1} 與 I_{C_2} 對 $V_{in_1} - V_{in_2}$ 的關係如圖 12.14 所示，V_{out_1} 和 V_{out_2} 對 $V_{in_1} - V_{in_2}$ 的關係如圖 12.15 所示，$V_{out} (= V_{out_1} - V_{out_2})$ 對 $V_{in_1} - V_{in_2}$ 的關係則如圖 12.16 所示，其中當 $\left| V_{in_1} - V_{in_2} \right| = 4V_T$ 時，電壓與電流會偏向某一邊。

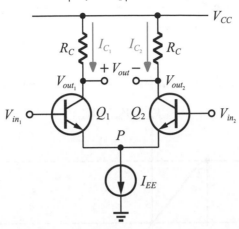

圖 12.13 大訊號分析的 BJT 差動對

$$I_{C_2} = \frac{I_{EE}}{1 + e^{\frac{V_{in_1} - V_{in_2}}{V_T}}} \tag{12.40}$$

$$I_{C_1} = \frac{I_{EE}}{1 + e^{\frac{V_{in_2} - V_{in_1}}{V_T}}} \tag{12.41}$$

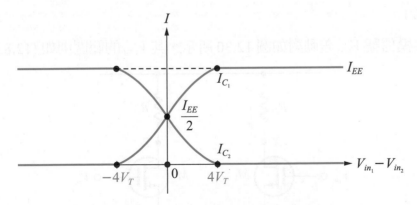

圖 12.14 與 I_{C_2} 對 $V_{in_1} - V_{in_2}$ 的關係圖

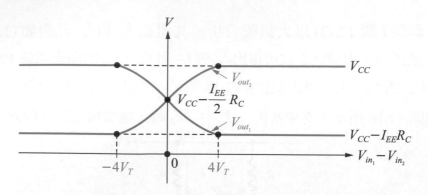

圖 12.15 V_{out_1} 與 V_{out_2} 對 $V_{in_1} - V_{in_2}$ 的關係圖

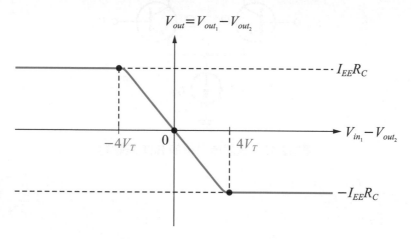

圖 12.16 V_{out} 對 $V_{in_1} - V_{in_2}$ 的關係圖

5. BJT 差動對經小訊號模型分析，其電壓增益和單端放大器 (CE 組態) 相同 $(= -g_m R_C)$。

6. MOS 共模信號 V_{CM} 差動對如圖 12.30 所示，其 V_{CM} 的範圍則如 (12.83) 式所示。

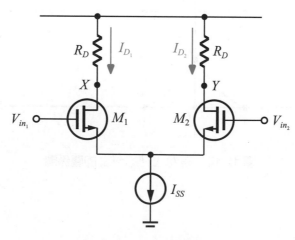

圖 12.30   MOS 差動對

$$V_{CM} \le V_{DD} - \frac{I_{SS}}{2} R_D + V_{th} \tag{12.83}$$

7.　MOS 差動對 (圖 12.30) 以定性分析,其 I_{C_1} 與 I_{C_2} 對 $V_{in_1} - V_{in_2}$ 的關係如圖 12.31 所示,V_{out_1} 和 V_{out_2} 對 $V_{in_1} - V_{in_2}$ 的關係則如圖 12.32 所示。

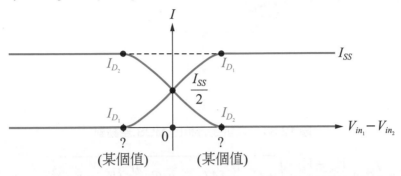

圖 12.31　MOS 差動對中 I_{D_1} 與 I_{D_2} 對 $V_{in_1} - V_{in_2}$ 的關係圖

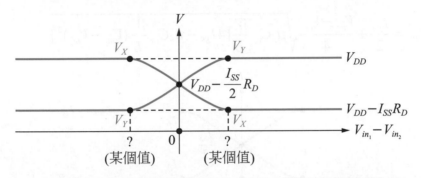

圖 12.32　MOS 差動對中 V_X 與 V_Y 對 $V_{in_1} - V_{in_2}$ 的關係圖

8.　MOS 差動對 (圖 12.34) 以大訊號分析,其電流 I_{D_1} 和 I_{D_2} 分別如 (12.102) 式 和 (12.103) 式所示,根據此 2 式可畫出 I_{D_1} 和 I_{D_2} 對 $V_{in_1} - V_{in_2}$ 的關係如圖 12.36 所示,V_{out_1} 和 V_{out_2} 對 $V_{in_1} - V_{in_2}$ 的關係如圖 12.37 所示,$V_{out} (= V_{out_1} - V_{out_2})$ 對 $V_{in_1} - V_{in_2}$ 的關係則如圖 12.38 所示,其中 $\left| V_{in_1} - V_{in_2} \right|_{\max}$ 如 (12.112) 式所示,代表 $V_{in_1} - V_{in_2} = \left| V_{in_1} - V_{in_2} \right|_{\max}$ 時,電流和電壓會偏向某一邊。

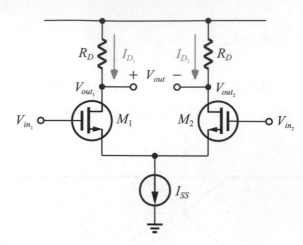

圖 12.34　大訊號分析的 MOS 差動對

$$I_{D_1} = \frac{I_{SS}}{2} + \frac{V_{in_1} - V_{in_2}}{4}\sqrt{\mu_n C_{ox}\frac{W}{L}\left[4I_{SS} - \mu_n C_{ox}\frac{W}{L}(V_{in_1} - V_{in_2})^2\right]} \tag{12.102}$$

$$I_{D_2} = \frac{I_{SS}}{2} + \frac{V_{in_2} - V_{in_1}}{4}\sqrt{\mu_n C_{ox}\frac{W}{L}\left[4I_{SS} - \mu_n C_{ox}\frac{W}{L}(V_{in_2} - V_{in_1})^2\right]} \tag{12.103}$$

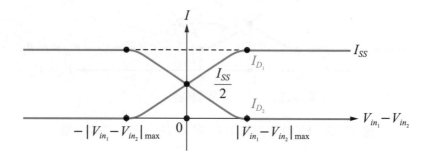

圖 12.36　MOS 差動對中 I_{D_1} 與 I_{D_2} 對 $V_{in_1} - V_{in_2}$ 的關係圖

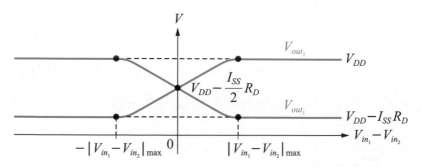

圖 12.37　MOS 差動對中 V_{out_1} 與 V_{out_2} 對 $V_{in_1} - V_{in_2}$ 的關係圖

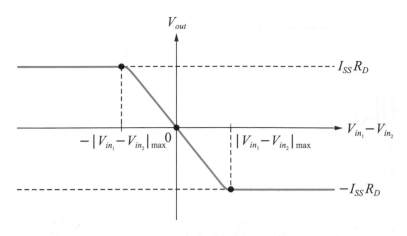

圖 12.38 MOS 差動對中 V_{out} 對 $V_{in_1} - V_{in_2}$ 的關係圖

$$\left| V_{in_1} - V_{in_2} \right|_{\max} = \sqrt{\frac{2I_{SS}}{\mu_n C_{ox} \dfrac{W}{L}}} \qquad (12.112)$$

9. MOS 差動對經小訊號模型分析,其電壓增益和單端放大器 (CS 組態) 相同 $(= -g_m R_D)$。

10. 將堆疊和差動兩者觀念結合在一起,即形成 "堆疊式差動放大器",BJT 堆疊差動放大器如圖 12.47(a) 所示,MOS 堆疊差動放大器則如圖 12.49(a) 所示。其電壓增益和單端放大器的增益相同。

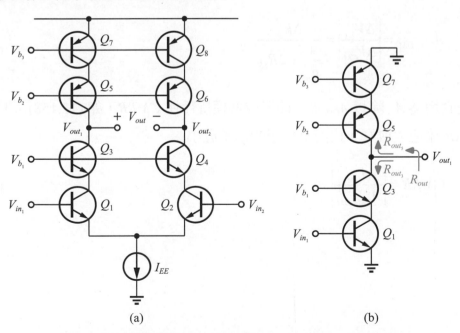

(a)   (b)

圖 12.47 (a) 真正的 BJT 堆疊差動對,(b) 圖 (a) 的半電路

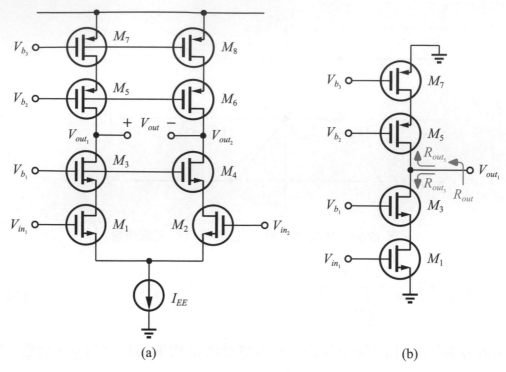

(a)   (b)

圖 12.49 (a) 真正的 MOS 堆疊差動對，(b) 圖 (a) 的半電路

11. 當差動對的尾電流 (I_{EE} 或 I_{SS}) 非理想 (有內阻)，且負載電阻 (R_C 或 R_D) 不平衡時，此差動對會產生一個共模對差模的電壓增益 A_{CM-DM}，其值如 (12.157) 式所示 (MOS 差動對，若是 BJT 則將 ΔR_D 換成 ΔR_C，R_{SS} 換成 R_{EE} 即可)。

$$A_{CM-DM} = \left| \frac{\Delta V_{out}}{\Delta V_{CM}} \right| = \frac{\Delta R_D}{\dfrac{1}{g_m} + 2R_{SS}} \tag{12.157}$$

12. 將差動增益 A_D 除以 A_{CM-DM}，即形成共模排斥比 $CMRR$，如 (12.158) 式所定義，$CMRR$ 值愈大愈好，代表不理想的因子愈小。

$$CMRR = \left| \frac{A_{DM}}{A_{CM-DM}} \right| \tag{12.158}$$

Chapter **13** 輸出級與功率放大器

生活電子學

如果將運算放大器喻為現代複合弓，則功率放大器相當於輔助元件中的瞄準器，在內部結構中屬於第二級之增益級；而輸出級相當於輔助元件中的安定器，在內部結構中屬於第三級之輸出級，承襲前章所述之「準」及「大」的目的，訊號經過第二級之瞄準器變得更準、更大，再藉由第三級之安定器穩定輸出、減少失真。

　　本章將探討運算放大器如何將放大的信號傳遞至負載的電路，此電路稱之輸出級或功率放大器。因此，本章將依以下的重點來逐一探討分析：

3 大訊號的探討
(1) *pnp* 型的替代方案
(2) 高傳真(High-Fidelity)的設計

5 功率的效能和輸出級的分類
(1) 功率的效能
(2) 輸出級的分類

4 熱的消散(Heat Dissipation)
(1) 功率的額定
(2) 熱量的散逸 (Runaway)

1 基本考量
(1) 線性度(Linearity)的定義
(2) 功率效率(Power Efficiency) 的定義
(3) 電壓額定(Voltage Rating)的定義

2 基本輸出級
(1) 射極隨耦器(Emitter Followers)
(2) 推拉級(Push-Pull Stage)和其改良電路

📶 13.1 基本考量

在講解本章的重點前，有幾個重要的"名詞"需闡明，以利後續的探討與分析。

首先是線性度，也就是所謂的**失眞**要低，通常大訊號造成的非線性稱之失眞，因此線性度好的意思就是要低的失眞，以達到高傳眞的需求；第二是功率的效率，以"η"表示之。^(譯 13-1)

它定義爲負載的功率除以電能提供的功率，即

$$\eta = \frac{\text{負載的功率}}{\text{電能提供的功率}} \tag{13.1}$$

當然 η 值愈大代表負載的效率愈好；而第三則是電壓額定也就是輸出的**擺幅**大小，當然也是輸出擺幅愈大、愈接近電源值愈好。^(譯 13-2)

📶 13.2 射極隨耦器當成一個功率放大器

圖 13.1 是一個射極隨耦器的電路。此電路在第 6 章中曾經討論過，那時它有個另外的名稱，稱爲**共集極**。^(譯 13-3)

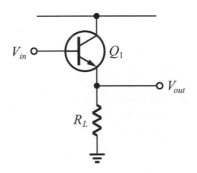

圖 13.1　共集極或稱之射極隨耦器

(譯 13-1)
The first is linearity, that is, the so-called *distortion*(失眞) is low. The nonlinearity caused by large signals is usually called distortion. So, high linearity means low distortion to meet the requirements of high-fidelity. The second is power efficiency, which is represented by " η ".

(譯 13-2)
Of course, the larger the value of η, the better the efficiency of the load. The third is the voltage rating, which is the output swing. Of course, the larger the output *swing*(擺幅), the closer it is to the power supply value.

(譯 13-3)
Figure 13.1 is an emitter follower circuit. This circuit was discussed in Chapter 6, when it had another name, called common collector(*共集極*).

其電壓增益 A_v 利用小訊號模型電路 (在第 6 章曾經深入討論過) 可得

$$A_v = \frac{V_{out}}{V_{in}} = \frac{R_L}{R_L + \dfrac{1}{g_m}} \tag{13.2}$$

由 (13.2) 式得知，其 $A_v < 1$ 但非常接近 1。因此，此電路非常適合當成運算放大器的輸出級，眞實地反應訊號而沒有放大的效果。[譯 13-4]

接下來將以 "大訊號" 的角度來探討此射極隨耦器的電路行爲，圖 13.2 是大訊號分析時的射極隨耦器，其中 $I_1 = 32.5 \text{ mA}$，$R_L = 8\Omega$，$\dfrac{1}{g_m} = 0.8\Omega$ 。

(譯 13-4)
According to (13.2), its A_v is smaller than 1 but very close to 1. Therefore, this circuit is very suitable as the output stage of an operational amplifier, which reproduces the signal without the amplification.

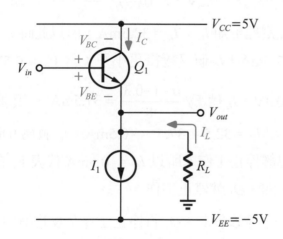

圖 13.2　大訊號分析的射極隨耦器

假設一開始 $V_{out} = 0$，由於 Q_1 要操作在主動區，即 $V_{BE} > 0$ 且 $V_{BC} < 0$，所以 V_{in} 至少要 0.8V(除 $V_{BE} > 0$ 外，操作在主動區時 V_{BE} 要 0.7V ～ 0.8V)，最大值為 4.8V(因為 $V_{BC} = -0.2V < 0$)，此時 $V_{out} = 4V$，圖 13.3 說明了 V_{in} 和 V_{out} 的關係，由於 $V_{out} = 0$，R_L 上不會流有電流，因此 $I_C = I_1 = 32.5$ mA。

那 V_{in} 如果小於 0.8V 時，整個電路是否會停止運作呢？答案是要看 V_{in} 小到何種值以下。

當 $V_{in} = 0.7V$ 時，$V_{out} = -0.1V$，此時 I_L 產生，其值為 $\dfrac{0-(-0.1)}{8} = 12.5\text{mA}$，根據 KCL 定理可知 $I_C + I_L$ = 32.5mA，所以此時 $I_C = 32.5 - 12.5 = 20\text{mA}$，注意 I_C 值比 $V_{in} = 0.8V$ 時的 I_C 值 (32.5mA) 來得小；當 $V_{in} = 0.6V$ 時，$V_{out} = -0.2V$，I_L 值為 $\dfrac{0-(-0.2)}{8} = 25\text{mA}$，根據 KCL 定理可知 $I_C + I_L = 32.5\text{mA}$，所以此時 $I_C = 32.5 - 25 = 7.5\text{mA}$，$I_C$ 值又變得更小了；當 $V_{in} = 0.5V$ 時，$V_{out} = -0.3V$，I_L 值為 $\dfrac{0-(-0.3)}{8} = 37.5\text{mA}$，根據 KCL 定理可知 $I_C = 32.5 - 37.5 = -0.5\text{mA}$，$I_C$ 值為 0 時，代表 Q_1 已經停止工作，所以 $I_C = -0.5\text{mA}$ 代表 V_{in} 在 0.5V 至 0.6V 間，Q_1 就停止工作。

那 V_{in} 等於多少，Q_1 將停止工作？反推導回去 (保留此段推導，留做作業)，可得 $V_{in} = 0.54V$ 時，I_C 為 0，Q_1 停止工作。

根據以上的分析，可以畫出其輸入／輸出的波形圖，如圖 13.4 所示，以及其輸入／輸出特性曲線，如圖 13.5 所示。由這 2 張圖可以看出在輸入 V_{in} 為負值時，失真 (即非線性) 非常地嚴重。

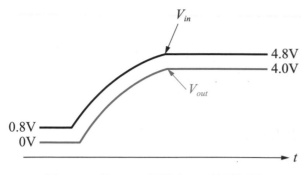

圖 13.3　輸入 V_{in} 和輸出 V_{out} 的關係圖

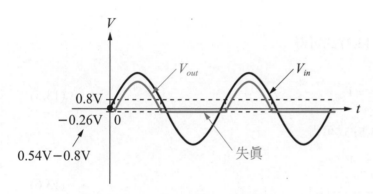

圖 13.4　圖 13.2 的輸入和輸出波形

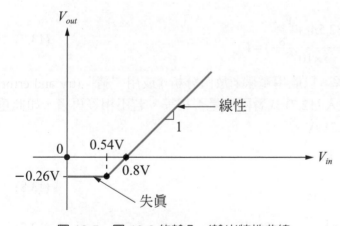

圖 13.5　圖 13.2 的輸入／輸出特性曲線

例題 13.1

如圖 13.2 所示，若 $I_S = 5 \times 10^{-15}\,\text{A}$ ，V_{BE} 未知而非 0.8V。(1) 若 $V_{in} = 0.5\text{V}$，求 V_{out} 之值，(2) 若 Q_1 只有 I_1 的 1% 電流時，求 V_{in} 之值。

▶ 解答

(1) 由於 $V_{BE} \neq 0.8\text{V}$，所以，用 KVL 和 KCL 定理可以寫出以下兩式：

$$V_{in} - V_{BE} = V_{out} \tag{13.3}$$

$$\frac{V_{out}}{R_L} + I_1 = I_C \tag{13.4}$$

將 $V_{BE} = V_T \ln \dfrac{I_C}{I_S}$ 代入 (13.3) 式可得

$$V_{in} - V_T \ln \frac{I_C}{I_S} = V_{out} \tag{13.5}$$

再將 (13.4) 式代入 (13.5) 式可得

$$V_{in} - V_T \ln(\frac{I_1 + \dfrac{V_{out}}{R_L}}{I_S}) = V_{out} \tag{13.6}$$

將數值代入 (13.6) 式，可得

$$0.5 - 0.026\ln(\frac{32.5\text{m} + \dfrac{V_{out}}{8}}{5 \times 10^{-15}}) = V_{out} \tag{13.7}$$

(13.7) 式無法用 "手" 解，只能用電腦 (數值分析) 或用 "猜" (try and error) 來解。猜 $V_{out} = -0.2\text{V}$ 代入 (12.7) 式看兩邊是否相等，若不相等再猜，如此重覆多次後，可得 $V_{out} = -0.219\text{V}$。

(2) 由 (13.3) 式和 (13.4) 式可知

$$V_{in} = V_{BE} + V_{out} \tag{13.8}$$

$$= V_T \ln(\frac{I_C}{I_S}) + V_{out} \tag{13.9}$$

$$= V_T \ln(\frac{I_C}{I_S}) + R_L(I_C - I_1) \tag{13.10}$$

將 $I_C = 0.01 I_1$ 代入 (13.10) 式得

$$V_{in} = 0.026\ln(\frac{0.325\text{m}}{5 \times 10^{-15}}) + 8(0.325\text{m} - 32.5\text{m}) = 0.39\text{V}$$

立即練習〇

承例題 13.1，若 $R_L = 10\Omega$，$I_1 = 20mA$，其餘條件不變。(1) 若 $V_{in} = 0.5V$，求 V_{out} 之值，(2) 若 Q_1 只有 I_1 的 1% 電流時，求 V_{in} 之值。

🛜 13.3 推拉級

第 13.2 節所討論的射極隨耦器在訊號為負時幾乎無法處理，進而造成很大的失真，因此必須要將射極隨耦器加以修改至可以處理正、負信號。圖 13.6 的**推拉級**就是在射極隨耦器上加一個 *pnp* 型 BJT 來處理負的信號，而原本的 *npn* 型 BJT 依舊處理正的信號。^(譯 13-5)

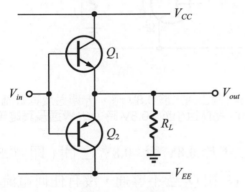

圖 13.6　推拉級

其電路行為分析如下：

當 V_{in} 為正且 $V_{in} \geq 0.8V$ 時，Q_1 導通，而 Q_2 不通，此時 Q_1 的 I_C 電流會流入 R_L，如圖 13.7(a) 所示。

輸出 V_{out} 和輸入 V_{in} 的關係為

$$V_{out} = V_{in} - 0.8 \text{，} V_{in} \geq 0.8V \tag{13.11}$$

當 V_{in} 為負且 $V_{in} \leq -0.8V$ 時，Q_2 導通且 Q_1 不通，此時 Q_2 的電流 I_C 由 R_L 流入 Q_2，如圖 13.7(b) 所示。

輸出 V_{out} 和輸入 V_{in} 的關係為

$$V_{out} = V_{in} + 0.8 \text{，} V_{in} \leq -0.8V \tag{13.12}$$

(譯 13-5)
The emitter follower discussed in Section 13.2 can hardly operate when the signal is negative, which causes distortion. Therefore, the emitter follower must be modified to operate both positive and negative signals. The ***push-pull stage*(推拉級)** in Figure 13.6 adds a *pnp*-type BJT to the emitter follower to process negative signals, while the original *npn*-type BJT still processes positive signals.

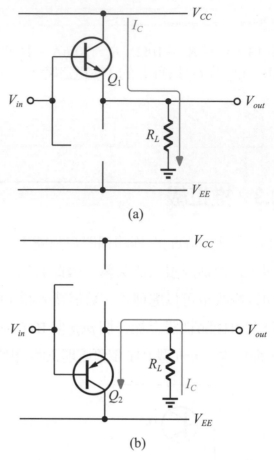

圖 13.7 (a)V_{in} 為正且大於 0.8V 時，Q_1 導通及其電流 I_C 的流向，(b)V_{in} 為負且小於 –0.8V 時，Q_2 導通及其電流 I_C 的流向

(譯 13-6)

Among them, when V_{in} is between –0.8V and +0.8V, V_{out} is 0, which is called a ***dead zone(死區)***. This means that the input signal V_{in} cannot be operated in this area, otherwise it will be severely distorted.

當 V_{in} 介於 0.8V 與 –0.8V 之間 (即 –0.8V < V_{in} < 0.8V) 時，Q_1 和 Q_2 皆不導通，沒有任何電流流動，整個電路截止。將以上的討論和 (13.11) 式、(13.12) 式整理可以畫出其輸入／輸出的特性曲線，如圖 13.8 所示。

其中，在 V_{in} 介於 –0.8V 至 +0.8V 間，V_{out} 為 0，稱為***死區***，代表輸入信號 V_{in} 不可以操作在此區域，否則將嚴重地失眞。(譯 13-6)

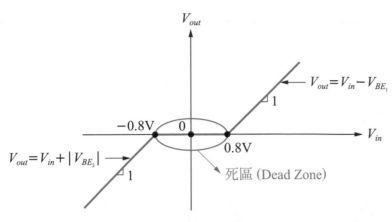

圖 13.8　輸入／輸出特性曲線

例題 13.2

如圖 13.6 所示，請畫出其增益（$\frac{V_{out}}{V_{in}}$）對 V_{in} 的關係圖。

▶ 解答

圖 13.6 的電路導通時，其增益為 1（如圖 13.8 中的斜率 = 1)。因此，可畫出其關係圖，如圖 13.9 所示。

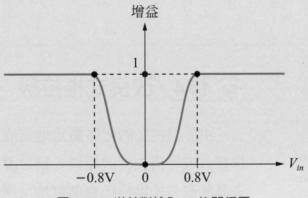

圖 13.9　增益對輸入 V_{in} 的關係圖

立即練習

承例題 13.2，若 Q_1 和 Q_2 的 I_S 比為 1：2，請畫出其增益（$\frac{V_{out}}{V_{in}}$）對 V_{in} 的關係圖。

例題 13.3

如圖 13.6 所示，假設輸入為正弦波，請畫出其輸出波形。

▶ 解答

如 (13.12) 式、(13.13) 式和死區所揭示，輸出波形如圖 13.10 所示。

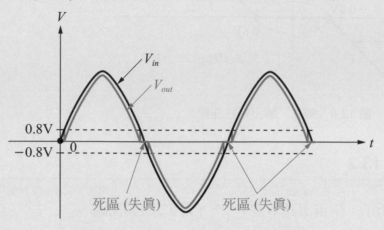

圖 13.10　輸入 V_{in} 和輸出 V_{out} 的波形圖

立即練習●

承例題 13.3，若將圖 13.6 的 BJT 換成 MOS，且 $V_{tn} = 0.4V$，$V_{tp} = -0.4V$，請畫出其輸出波形。

📶 13.4 改良式推拉級

(譯 13-7)

Because the dead zone of the push-pull stage causes serious distortion, it needs to be modified into a circuit that is no longer distorted, called an *improved push-pull stage.* (改良式推拉級) This undistorted improved push-pull stage will truly reflect the input signal and does not have the effect of amplification.

由於推拉級的死區嚴重地造成失真，因此需要加以修改成不再失真的電路，稱之**改良式推拉級**，此不失真的改良式推拉級會真實地反應輸入訊號，不具有放大的效果。 **(譯 13-7)**

因此本節的第二個重點，即為再改良此不失真的推拉級為 "具放大" 效果的改良式推拉級。

13.4.1 降低失真

為了降低推拉級死區造成的失真，只要將圖 13.6 的推拉級修改成如圖 13.11 的電路即可消除掉死區，而不會有失真，其中 $V_B = V_{BE_1} + \left| V_{BE_2} \right|$。

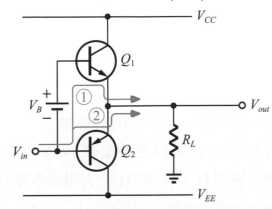

圖 13.11　加上一個電壓 V_B 避掉死區的改良式推拉級

此電路行為分析如下：

① $V_{out} = V_{in} + V_B - V_{BE_1}$，所以 $V_{out} = V_{in} + \left| V_{BE_2} \right|$。

② $V_{out} = V_{in} + \left| V_{BE_2} \right|$。

根據以上分析，輸出 V_{out} 和輸入 V_{in} 的關係為一致，因此

$$V_{out} = V_{in} + \left| V_{BE2} \right| \tag{13.13}$$

由 (13.13) 式可以畫出其輸入／輸出特性曲線，如圖 13.12(a) 所示，以及輸入／輸出波形圖，如圖 13.12(b) 所示。

很淺而易見地，完全沒有任何失真且輸出真實反應出輸入的信號 (斜率 = 1)，唯一小小缺點即是有一個直流值 ($\left| V_{BE_2} \right|$) 之差。[譯 13-8]

另將圖 13.11 的輸入放到 Q_1 的基極，則可形成另一型式的電路，在此保留此電路，留待後續的作業以利自我練習之。

(譯 13-8)

It is easy to see, there is no distortion at all, and the output truly reflects the input signal (slope = 1). The only minor drawback is that there is a difference in DC value ($\left| V_{BE_2} \right|$).

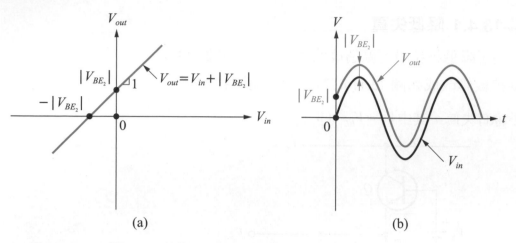

(a) (b)

圖 13.12 (a) 圖 13.11 的輸入／輸出特性曲線，(b) 圖 13.11 的波形圖

　　眞實的圖 13.11 電路應該如圖 13.13 所示。電壓 V_B 由 2 個二極體 D_1、D_2 來取代，I_1 電流強迫 D_1 和 D_2 導通且操作在順向偏壓。假設 $V_B = V_{D_1,on} + V_{D_2,on}$，其中 $V_{D_1,on}$ 和 $V_{D_2,on}$ 分別爲 D_1 和 D_2 導通的電壓，再假設 $V_{D,on} = V_{BE}$，即二極體導通的電壓等於 BJT 的 V_{BE} 電壓。

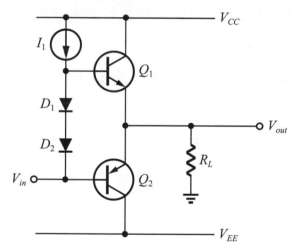

圖 13.13 圖 13.11 的真實電路圖，
V_B 以 D_1 和 D_2 取代再加上 I_1 電流

例題 13.4

如圖 13.13 所示，請畫出其電流的方向，並求出 V_{in} 的電流大小。

▶ 解答

電流的方向如圖 13.14 所示。I_{in} 的大小為

$$I_{in} = I_1 - I_{B_1} + I_{B_2}$$

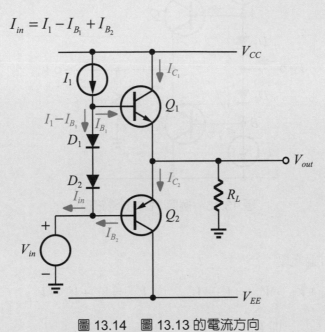

圖 13.14　圖 13.13 的電流方向

立即練習○

承例題 13.4，當 V_{in} 由 –3V 變化至 +3V，$\beta_1 = 30$，$\beta_2 = 15$，$R_L = 8\Omega$，請畫出 V_{in} 對 I_1 的關係圖。

例題 13.5

如圖 13.15 所示，請討論該電路的行為。

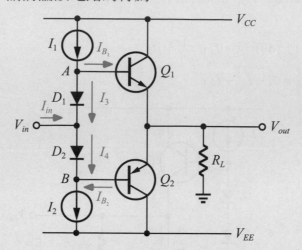

圖 13.15　例題 13.5 的電路圖

解答

(1) 首先，先討論電壓：

　① $V_A = V_{in} + V_{D_1}$ ， $V_{out} = V_A - V_{BE_1}$ 　 $\therefore V_{out} = V_{in} + V_{D_1} - V_{BE_1}$

　　若 $V_{D_1} = V_{BE_1}$ ，則 $V_{out} = V_{in}$

　② $V_B = V_{in} - V_{D_2}$ ， $V_{out} = V_B + \left| V_{BE_2} \right|$ 　 $\therefore V_{out} = V_{in} - V_{D_2} + \left| V_{BE_2} \right|$

　　若 $V_{D_2} = \left| V_{BE_2} \right|$ ，則 $V_{out} = V_{in}$

(2) 再討論電流的大小和方向：

　① $I_3 = I_1 - I_{B_1}$ ， $I_4 = I_3 + I_{in}$ 　 $\therefore I_4 = I_1 - I_{B_1} + I_{in}$

　② $I_2 = I_4 + I_{B_2} = I_1 - I_{B_1} + I_{in} + I_{B_2}$

　　若 $I_1 = I_2$ ， $I_{B_1} = I_{B_2}$ ，則 $I_{in} = 0 \Rightarrow V_{in} = 0 \Rightarrow V_{out} = 0$

立即練習

承例題 13.5，當 V_{in} 由 –3V 變化至 +3V， $\beta_1 = 30$ ， $\beta_2 = 15$ ， $R_L = 8\Omega$ ，請畫出 I_{in} 對 V_{in} 的關係圖。

13.4.2　具放大效果的改良式推拉級

　　圖 13.15 並非眞實的電路圖 (I_1 和 I_2 未眞實以電路元件表現出來)，因此其眞實的電路如圖 13.16 所示。它是一個不具放大效果的改良式推拉級，其電路行爲已經於例題 13.5 詳述過了，那可否將圖 13.16 的電路加以小小修改成爲 "具放大效果" 的輸出級呢？答案是肯定的，只要將圖 13.16 的輸入 V_{in} 移至 Q_4 的基極上就完成此任務。$^{(譯\ 13\text{-}9)}$

(譯 13-9)
Figure 13.15 is not a real circuit diagram (I_1 and I_2 are not really represented by circuit components), so the real circuit is shown in Figure 13.16. It is an improved push-pull stage with no amplification effect. Its circuit behavior has been detailed in Example 13.5. Can the circuit in Figure 13.16 be slightly modified to become an output stage with "amplification effect"? The answer is yes, just moving the input V_{in} of Figure 13.16 to the base of Q_4 to complete this task.

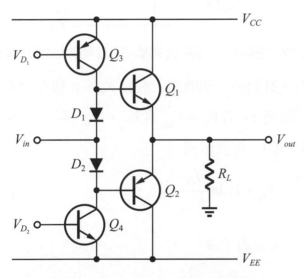

圖 13.16　圖 13.15 的真實電路圖

　　圖 13.17 即爲具放大效果的改良式輸出級。很明顯地是 Q_4(V_{in} 至 N 點) 形成一個具放大的 CE 級，而 N 點至 V_{out} 則形成一個不具放大的輸出級 (待後續證明之)，而此具放大的輸出級 (圖 13.17) 將有 **2** 個問題待解決，第一是給定 Q_3 和 Q_4 的偏壓電流，那 Q_1 和 Q_2 的偏壓電流會是多少？第二則是若包含負載電阻 R_L，整體的電壓增益是多少？

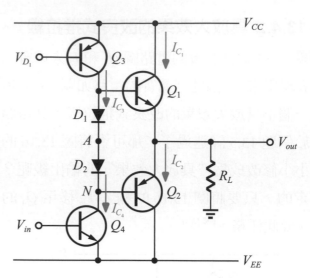

圖 13.17　把輸入 V_{in} 移至 Q_4 基極而形成具放大效果的輸出級

首先針對第一個問題，假設 $V_{out} = 0$ 和 $I_{C_3} = I_{C_4}$（忽略基極電流），若 $V_{D_1} = V_{BE_1}$ 且 $V_{D_2} = \left| V_{BE_2} \right|$ 則 $V_A = 0$(為什麼？)。那 V_{D_1} 可表示成

$$V_{D_1} = V_T \ln \frac{I_{C_3}}{I_{S,D_1}} \tag{13.14}$$

V_{BE_1} 可以表示成

$$V_{BE_1} = V_T \ln \frac{I_{C_1}}{I_{S,Q_1}} \tag{13.15}$$

因為 $V_{D_1} = V_{BE_1}$ ，所以

$$V_T \ln \frac{I_{C_3}}{I_{S,D_1}} = V_T \ln \frac{I_{C_1}}{I_{S,Q_1}} \tag{13.16}$$

(13.16) 式兩邊消去 V_T，取指數函數後可得

$$\frac{I_{C_3}}{I_{S,D_1}} = \frac{I_{C_1}}{I_{S,Q_1}} \tag{13.17}$$

因此

$$I_{C_1} = \frac{I_{S,Q_1}}{I_{S,D_1}} I_{C_3} \qquad (13.18)$$

同理

$$I_{C_2} = \frac{I_{S,Q_2}}{I_{S,D_2}} I_{C_4} \qquad (13.19)$$

適當地控制 $\frac{I_{S,Q_1}}{I_{S,D_1}}$ 和 $\frac{I_{S,Q_2}}{I_{S,D_2}}$，可以輕易地解決 I_{C_1} 和 I_{C_2} 之值，假設 I_{C_3} 和 I_{C_4} 已知。

接下來第二個問題是求其電壓增益 A_v，可以表示成

$$A_v = \frac{V_{out}}{V_{in}} = \frac{V_N}{V_{in}} \frac{V_{out}}{V_N} \qquad (13.20)$$

其中 $\frac{V_N}{V_{in}}$ 是 CE 組態 (Q_4) 的增益，而 $\frac{V_{out}}{V_N}$ 是 N 點至 V_{out} 的增益。求增益當然要用小訊號模型來求解，先不急著將 BJT 代入小訊號模型，而是先將 V_{CC} 及 V_{EE} 代入接地於圖 13.17，則可得圖 13.18(a) 之圖。其中二極體之小訊號模型為一個電阻 r_D，串聯後為 $2r_D$，Q_3 可以忽略不計 (為什麼？)，又因 r_D 之值很小，$2r_D$ 上的電壓值可以忽略 (以短路取代之)，最後畫出小訊號模型之前的電路，如圖 13.18(b) 所示。根據 (13.20) 式，分別求出 $\frac{V_N}{V_{in}}$ 和 $\frac{V_{out}}{V_N}$ 後相乘，即可得知電壓增益 A_v。

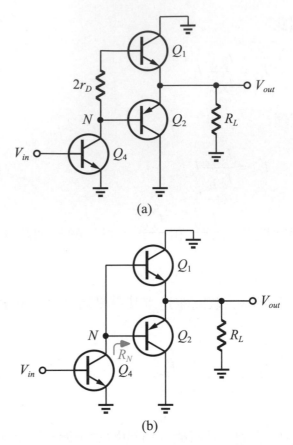

(a)

(b)

圖 13.18　(a) 電源 (V_{CC} 及 V_{EE}) 及接地以接地代入後之圖，
　　　　　 (b) 忽略二極體的小訊號電阻後之圖

首先，先計算 $\dfrac{V_{out}}{V_N}$。將 BJT 的小訊號模型代入圖
13.18(b) 中可得圖 13.19。假設 $V_A = \infty$。

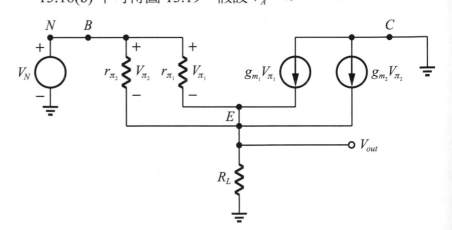

圖 13.19　圖 13.18(b) 的小訊號模型圖，$V_A = \infty$。

KVL：

$$V_{\pi_1} = V_{\pi_2} = V_N - V_{out} \tag{13.21}$$

$$\therefore g_{m_1} V_{\pi_1} + g_{m_2} V_{\pi_2} = (g_{m_1} + g_{m_2})(V_N - V_{out}) \tag{13.22}$$

KCL(E點)：

$$\frac{V_{out}}{R_L} = (g_{m_1} + g_{m_2})(V_N - V_{out}) + \frac{V_N - V_{out}}{r_{\pi_1} // r_{\pi_2}} \tag{13.23}$$

$$\therefore V_{out}[\frac{1}{R_L} + (g_{m_1} + g_{m_2}) + \frac{1}{r_{\pi_1} // r_{\pi_2}}]$$

$$= V_N[(g_{m_1} + g_{m_2}) + \frac{1}{r_{\pi_1} // r_{\pi_2}}] \tag{13.24}$$

$$\therefore \frac{V_{out}}{V_N} = \frac{(g_{m_1} + g_{m_2}) + \dfrac{1}{r_{\pi_1} // r_{\pi_2}}}{\dfrac{1}{R_L} + (g_{m_1} + g_{m_2}) + \dfrac{1}{r_{\pi_1} // r_{\pi_2}}} \tag{13.25}$$

(13.25) 式即是 N 點到輸出 V_{out} 的增益。整理一下 (13.25) 式，上下乘以 $(r_{\pi_1} // r_{\pi_2})$，得

$$\frac{V_{out}}{V_N} = \frac{1 + (g_{m_1} + g_{m_2})(r_{\pi_1} // r_{\pi_2})}{\dfrac{(r_{\pi_1} // r_{\pi_2})}{R_L} + 1 + (g_{m_1} + g_{m_2})(r_{\pi_1} // r_{\pi_2})}$$

$$\tag{13.26}$$

再將 (13.26) 式上下乘 R_L，得

$$\frac{V_{out}}{V_N} = \frac{R_L[1 + (g_{m_1} + g_{m_2})(r_{\pi_1} // r_{\pi_2})]}{R_L + (r_{\pi_1} // r_{\pi_2}) + R_L(g_{m_1} + g_{m_2})(r_{\pi_1} // r_{\pi_2})}$$

$$\tag{13.27}$$

再將 (13.27) 式上下除以 $1 + (g_{m_1} + g_{m_2})(r_{\pi_1} \mathbin{/\mkern-5mu/} r_{\pi_2})$，得

$$\frac{V_{out}}{V_N} = \frac{R_L}{R_L + \dfrac{r_{\pi_1} \mathbin{/\mkern-5mu/} r_{\pi_2}}{1 + (g_{m_1} + g_{m_2})(r_{\pi_1} \mathbin{/\mkern-5mu/} r_{\pi_2})}} \qquad (13.28)$$

因為 $(g_{m_1} + g_{m_2})(r_{\pi_1} \mathbin{/\mkern-5mu/} r_{\pi_2}) \gg 1$，所以 (13.28) 可近似成

$$\frac{V_{out}}{V_N} = \frac{R_L}{R_L + \dfrac{1}{g_{m_1} + g_{m_2}}} \qquad (13.29)$$

（譯 13-10)

(13.29) is the same as (13.2) (only difference is $\dfrac{1}{g_m}$ and $\dfrac{1}{g_{m_1} + g_{m_2}}$), which is the gain of the emitter follower. It is close to unity without amplification. Therefore, in summary, the output stage characteristics of no distortion and no amplification are maintained from point N to the output V_{out}.

(13.29) 式和 (13.2) 式一樣（只差在 $\dfrac{1}{g_m}$ 和 $\dfrac{1}{g_{m_1} + g_{m_2}}$ ）是射極隨耦器的增益，不具放大但趨近 1。因此，總結而論，N 點至輸出 V_{out} 維持不失真，且不放大的輸出級特性。**（譯 13-10)**

接下來要求輸入 V_{in} 至 N 點的增益。它是 CE 組態的增益，所以其大小為

$$\frac{V_N}{V_{in}} = -g_{m_1} R_N \qquad (13.30)$$

R_N 就是由 N 點往 Q_1 和 Q_2 看入的輸入阻抗。因此，畫出其求輸入阻抗的小訊號模型電路，如圖 13.20 所示。

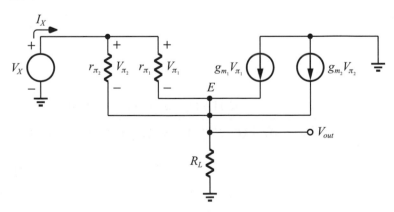

圖 13.20　求輸入阻抗 R_N 的小訊號模型電路

其輸入阻抗 R_N(在此保留計算，留至後續當成作業) 為

$$R_N = \frac{V_X}{I_X} = (g_{m_1} + g_{m_2})(r_{\pi_1} /\!/ r_{\pi_2})R_L + (r_{\pi_1} /\!/ r_{\pi_2})$$

$$(13.31)$$

所以，整個電路 (圖 13.17) 的增益 A_v 為

$$A_v = \frac{V_{out}}{V_{in}} = -g_{m_4}[(g_{m_1} + g_{m_2})(r_{\pi_1} /\!/ r_{\pi_2})R_L$$

$$+ (r_{\pi_1} /\!/ r_{\pi_2})] \cdot \frac{R_L}{R_L + \dfrac{1}{g_{m_1} + g_{m_2}}} \qquad (13.32)$$

其 中 $(g_{m_1} + g_{m_2})(r_{\pi_1} /\!/ r_{\pi_2})R_L \gg (r_{\pi_1} /\!/ r_{\pi_2})$， 忽 略

$(r_{\pi_1} /\!/ r_{\pi_2})$， $\dfrac{R_L}{R_L + \dfrac{1}{g_{m_1} + g_{m_2}}}$ 趨近於 1。因此，(13.32) 式

又可近似成

$$A_v = \frac{V_{out}}{V_{in}} = -g_{m_4}(g_{m_1} + g_{m_2})(r_{\pi_1} /\!/ r_{\pi_2})R_L$$

$$(13.33)$$

▼ıll 例題 13.6

如圖 13.21 所示，假設 $2r_D = 0$，求其輸出阻抗 R_{out}。

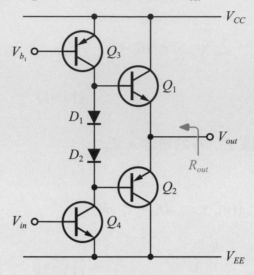

圖 13.21　例題 13.6 的電路圖

▶ 解答

求輸出阻抗 R_{out} 需用小訊號模型計算，先代入小訊號模型於圖 13.21(BJT 模型慢一點代入) 可得圖 13.22(a)。

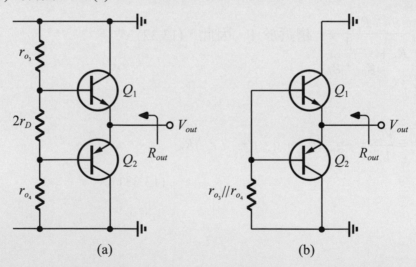

(a)　　　　　　　　　　　(b)

圖 13.22　(a) 代小訊號模型於圖 13.21 後的電路，(b) 圖 (a) 化簡後的電路

令 $2r_D = 0$，r_{o_3} 和 r_{o_4} 合併後可得圖 13.22(b)，再將 Q_1 和 Q_2 的小訊號模型代入後，可得圖 13.23。

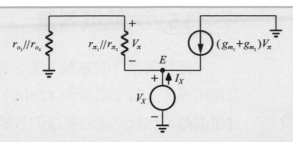

圖 13.23 計算圖 13.21 輸出阻抗的小訊號模型電路

分壓：

$$V_\pi = -V_X \frac{r_{\pi_1}//r_{\pi_2}}{(r_{\pi_1}//r_{\pi_2})+(r_{o_3}//r_{o_4})} \tag{13.34}$$

KCL(E 點)：

$$I_X + \frac{V_\pi}{r_{\pi_1}//r_{\pi_2}} + (g_{m_1}+g_{m_2})V_\pi = 0 \tag{13.35}$$

$$\therefore V_\pi[(g_{m_1}+g_{m_2})+\frac{1}{r_{\pi_1}//r_{\pi_2}}] = -I_X \tag{13.36}$$

將 (13.34) 式代入 (13.36) 式可得

$$V_X \frac{r_{\pi_1}//r_{\pi_2}}{(r_{\pi_1}//r_{\pi_2})+(r_{o_3}//r_{o_4})}[(g_{m_1}+g_{m_2})+\frac{1}{r_{\pi_1}//r_{\pi_2}}] = I_X \tag{13.37}$$

$$V_X \frac{1+(g_{m_1}+g_{m_2})(r_{\pi_1}//r_{\pi_2})}{(r_{\pi_1}//r_{\pi_2})+(r_{o_3}//r_{o_4})} = I_X \tag{13.38}$$

$$\therefore R_{out} = \frac{V_X}{I_X} = \frac{(r_{\pi_1}//r_{\pi_2})+(r_{o_3}//r_{o_4})}{1+(g_{m_1}+g_{m_2})(r_{\pi_1}//r_{\pi_2})} \tag{13.39}$$

$$= \frac{r_{\pi_1}//r_{\pi_2}}{1+(g_{m_1}+g_{m_2})(r_{\pi_1}//r_{\pi_2})} + \frac{r_{o_3}//r_{o_4}}{1+(g_{m_1}+g_{m_2})(r_{\pi_1}//r_{\pi_2})} \tag{13.40}$$

因為 $(g_{m_1}+g_{m_2})(r_{\pi_1}//r_{\pi_2}) \gg 1$，所以 (13.40) 式又可近似成

$$R_{out} = \frac{V_X}{I_X} = \frac{1}{g_{m_1}+g_{m_2}} + \frac{r_{o_3}//r_{o_4}}{(g_{m_1}+g_{m_2})(r_{\pi_1}//r_{\pi_2})} \tag{13.41}$$

立即練習◯

若 $r_{o_3}=r_{o_4}$，$r_{\pi_1}=r_{\pi_2}$，$g_{m_1}=g_{m_2}$，則 (12.41) 式中的第一項等於第二項時，β 為多少？

📶 13.5 ／ 大訊號考量

| 組合式電晶體
(*composite transistor*)

| 高傳真 (*high-fidelity*)

本節將討論 3 個重點。第一為計算圖 13.17 中的偏壓電流 I_C；第二為圖 13.17 中的 Q_2，將以一個**組合式電晶體**取代以期達到更佳的效能；第三則將導入**高傳真**設計的概念於輸出級中。

🔋 13.5.1 偏壓電流的考量

本節將以一個例題來計算偏壓電流。

𝖸ııı 例題 13.7

如圖 13.17 所示，$\dfrac{V_N}{V_{in}} = 6$ ，$\dfrac{V_{out}}{V_N} = 0.9$ ，$R_L = 9\Omega$ ，$\beta_{npn} = 100 = 2\beta_{pnp}$ ，$V_A = \infty$ ，若 $I_{C_1} = I_{C_2}$ ，請計算其他的偏壓電流。

▶ 解答

由 (13.29) 式可知 $0.9 = \dfrac{9}{9 + \dfrac{1}{g_{m_1} + g_{m_2}}}$ ，$g_{m1} + g_{m2} = \dfrac{1}{1\Omega}$

且因 $I_{C_1} = I_{C_2}$ ，所以 $g_{m_1} = g_{m_2} = \dfrac{1}{2\Omega}$ ，因此 $I_{C_1} = I_{C_2} = g_{m_1} \cdot V_T = \dfrac{1}{2} \times (0.026) = 13\text{mA}$

$r_{\pi_1} = \dfrac{\beta_{npn}}{g_{m_1}} = \dfrac{100}{\dfrac{1}{2}} = 200\Omega$ ，$r_{\pi_2} = \dfrac{\beta_{pnp}}{g_{m_2}} = \dfrac{50}{\dfrac{1}{2}} = 100\Omega$ ，故可得 $r_{\pi_1} // r_{\pi_2} = \dfrac{200 \times 100}{200 + 100} = 66.7\Omega$

又由 (13.33) 式可知 $A_v = \dfrac{V_{out}}{V_{in}} = -6 \times 0.9 = -g_{m_4}(g_{m_1} + g_{m_2})(r_{\pi_1} // r_{\pi_2})R_L$

$\therefore -5.4 = -g_{m_4}(1) \times 66.7 \times 9$　$\therefore g_{m_4} = \dfrac{1}{111.2\Omega}$

最後可得 $I_{C_4} = \dfrac{1}{111.2} \times (26\text{m}) = 233.8\mu\text{A}$ ，$I_{C_3} = I_{C_4} = 233.8\mu\text{A}$

立即練習●

承例題 13.7，若 $\dfrac{V_N}{V_{in}} = 10$ ，其餘條件不變，請計算其偏壓電流。

13.5.2 輸出端 pnp 電晶體的考量

pnp 型的 BJT 在效能上是比 npn 型來得差。因此在圖 13.17 輸出端 Q_2，如圖 13.24(a) 所示，是否可以一個組合式電晶體來取代，如圖 13.24(b) 所示？答案是肯定的，接下來將以小訊號模型證明之。

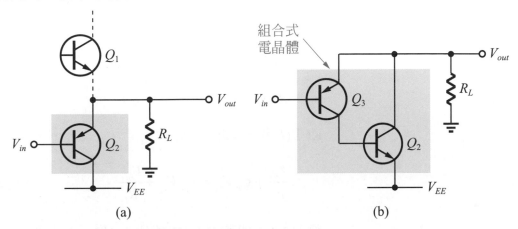

(a)   (b)

圖 13.24 (a) 輸出端的 Q_2 電晶體，(b) 以組合式電晶體取代 Q_2 電晶體

圖 13.25 是圖 13.24(b) 的小訊號模型電路。

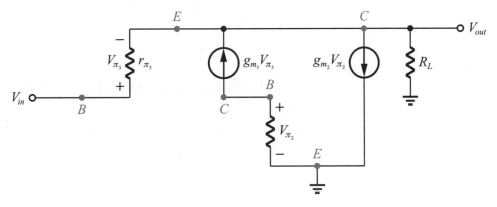

圖 13.25 圖 13.24(b) 的小訊號模型電路

分析計算如下：

KVL：

$$V_{in} = V_{\pi_3} + V_{out} \tag{13.42}$$

$$\therefore V_{\pi_3} = V_{in} - V_{out} \tag{13.43}$$

$$g_{m_2} V_{\pi_2} = -\beta_2 g_{m_3} V_{\pi_3} \tag{13.44}$$

將 (13.43) 式代入 (13.44) 式可得

$$g_{m_2} V_{\pi_2} = -\beta_2 g_{m_3} (V_{in} - V_{out}) \tag{13.45}$$

KCL(E 和 C 點同一點)：

$$\frac{V_{\pi_3}}{r_{\pi_3}} + g_{m_3} V_{\pi_3} = g_{m_2} V_{\pi_2} + \frac{V_{out}}{R_L} \tag{13.46}$$

將 (13.43) 式和 (13.45) 式代入 (13.46) 式可得

$$\frac{V_{in} - V_{out}}{r_{\pi_3}} + g_{m_3}(V_{in} - V_{out}) + \beta_2 g_{m_3}(V_{in} - V_{out}) = \frac{V_{out}}{R_L} \tag{13.47}$$

$$\therefore V_{in}(\frac{1}{r_{\pi_3}} + g_{m_3} + \beta_2 g_{m_3}) = V_{out}(\frac{1}{R_L} + \frac{1}{r_{\pi_3}} + g_{m_3} + \beta_2 g_{m_3}) \tag{13.48}$$

$$\therefore \frac{V_{out}}{V_{in}} = \frac{\frac{1}{r_{\pi_3}} + (1+\beta_2)g_{m_3}}{\frac{1}{R_L} + \frac{1}{r_{\pi_3}} + (1+\beta_2)g_{m_3}} \tag{13.49}$$

將 (13.49) 式上下乘 R_L 得

$$\frac{V_{out}}{V_{in}} = \frac{R_L[\frac{1}{r_{\pi_3}}+(1+\beta_2)g_{m_3}]}{1+R_L[\frac{1}{r_{\pi_3}}+(1+\beta_2)g_{m_3}]} \qquad (13.50)$$

再將 (13.50) 式上下除以 $\frac{1}{r_{\pi_3}}+(1+\beta_2)g_{m_3}$，可得

$$\frac{V_{out}}{V_{in}} = \frac{R_L}{R_L+\dfrac{1}{\dfrac{1}{r_{\pi_3}}+(1+\beta_2)g_{m_3}}} \qquad (13.51)$$

根據 (13.51) 式可知，輸入 V_{in} 和輸出 V_{out} 的關係像一個分壓，如圖 13.26 所示。

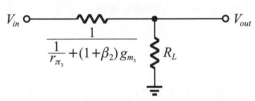

圖 13.26 輸入 V_{in} 和輸出 V_{out} 的等效電路

因此，其輸出阻抗 R_{out} 為

$$R_{out} = \frac{1}{\dfrac{1}{r_{\pi_3}}+(1+\beta_2)g_{m_3}} \qquad (13.52)$$

$$\approx \frac{1}{(1+\beta_2)g_{m_3}} \qquad (13.53)$$

由 (13.51) 式、(13.52) 式和 (13.53) 式知，增益更加趨近 1(如 (13.51) 式) 且完全可取代 Q_2 電晶體，輸出阻抗 R_{out} 也變得更小，符合理想運算放大器的要求。 **(譯 13-11)**

(譯 13-11)
From (13.51), (13.52) and (13.53), the gain is closer to 1 (as in (13.51)). It can completely replace the Q_2 transistor, and the output impedance R_{out} becomes smaller, which is in line with the ideal operational amplifier requirements.

例題 13.8

如圖 13.25 所示，求輸入阻抗 R_{in}。

▶ 解答

要求輸入阻抗，所以在輸入端加上一個電源 V_X，使其流入 I_X 電流，找出 $\dfrac{V_X}{I_X}$ 之值即為輸入阻抗 R_{in}。圖 13.27 為其小訊號模型電路，分析如下：

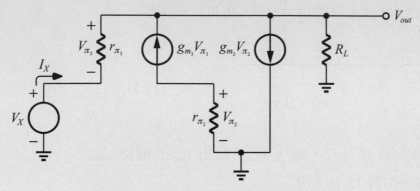

圖 13.27 求輸入阻抗 R_{in} 的小訊號模型電路

$$I_X = \frac{V_{\pi_3}}{r_{\pi_3}} = \frac{V_{in} - V_{out}}{r_{\pi_3}} \tag{13.54}$$

將 (13.51) 式代入 (13.54) 式中取代 V_{out}，並且 V_{in} 換成 V_X，可得

$$I_X = \frac{1}{r_{\pi_3}}\left[V_X - V_X \frac{R_L}{R_L + \dfrac{1}{\dfrac{1}{r_{\pi_3}} + (\beta_2 + 1)g_{m_3}}}\right] = \frac{V_X}{r_{\pi_3}} \frac{\dfrac{1}{\dfrac{1}{r_{\pi_3}} + (1+\beta_2)g_{m_3}}}{R_L + \dfrac{1}{\dfrac{1}{r_{\pi_3}} + (1+\beta_2)g_{m_3}}} \tag{13.55}$$

將 (13.55) 式中的 $\dfrac{1}{r_{\pi_3}} \ll (\beta_2 + 1)g_{m_3}$，所以 $\dfrac{1}{r_{\pi_3}}$ 被忽略掉，可得 $R_{in} = \dfrac{V_X}{I_X} = r_{\pi_3} + (\beta_2 + 1)\beta_3 R_L$

立即練習◯

承例題 13.8，若 $r_{o_3} \neq 0$，求輸出阻抗 R_{out}。

圖 13.24(b) 的組合式電晶體 Q_2 之基極 (B 極) 似乎是**浮接**的,因此必須加上一個偏壓電流 I_1 於 Q_2 的基極上,以確保電路順利運作,如圖 13.28 所示。[譯 13-12]

(譯 13-12)
The base (B) of the composite transistor Q_2 in Figure 13.24(b) seems to be *floating* (浮接), so a bias current I_1 must be added to the base of Q_2 to ensure the smooth operation of the circuit, as shown in Figure 13.28.

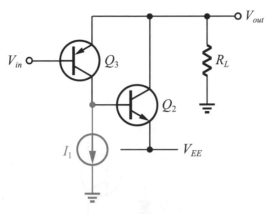

圖 13.28 加上偏壓電流 I_1 於 Q_2 的 B 極上

📶 例題 13.9

如圖 13.29 所示,假設所有電晶體都操作在主動區,請比較此 2 個電路的最小輸入電壓和最小輸出電壓。

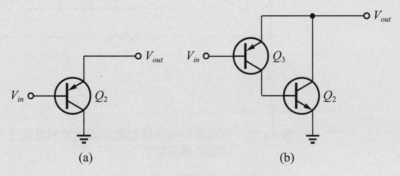

(a)　　　　　　　　(b)

圖 13.29 例題 13.9 的電路圖

▶ 解答

(1) Q_2 操作在主動區,所以 V_{in} 最小值為 0,而 $V_{EB_2} = 0.8\text{V}$,V_{out} 最小值為 0.8V。

(2) Q_2 和 Q_3 皆操作在主動區,$V_{BE_2} = 0.8\text{V}$,$V_{CB} \approx 0$,$V_{EB_3} = 0.8\text{V}$。所以 V_{in} 最小值為 $0.8 + 0 = 0.8\text{V}$,V_{out} 的最小值為 $V_{in} + V_{EB_3} = 0.8 + 0.8 = 1.6\text{V}$。

立即練習 ⊶

承例題 13.9,請解釋為何 Q_2 不可以操作在飽和區。

13.5.3 高傳真設計

(譯 13-13)
In order to achieve a
high-fidelity design, the
output stage of Figure
13.17 is usually added
with an operational
amplifier and two
resistors in a negative
feedback manner to input
port to complete the
operation of the circuit
to avoid the influence of
some non-linear factors
(think about the possible
factors?), as shown in
Figure 13.30.

為了達到高傳眞設計，通常會把圖 13.17 的輸出級加上一個運算放大器和二個電阻，以負回授的方式到輸入端完成電路的運作，以避免一些非線性因子的影響 (可思考可能有哪些因子？)，如圖 13.30 所示。
(譯 13-13)

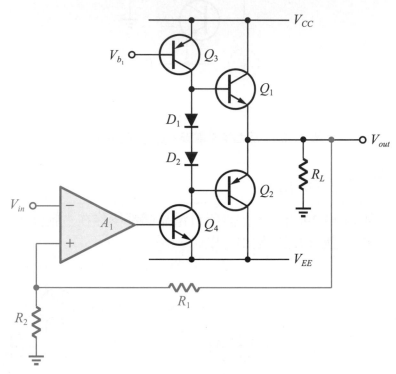

圖 13.30　利用負回授來降低輸出級的非線性因子，達到高傳眞設計

電路分析如下：

虛接地：

$$V_{in} = V_{out} \frac{R_2}{R_1 + R_2} \tag{12.56}$$

$$\therefore V_{out} = V_{in} \left(\frac{R_1 + R_2}{R_2} \right) \tag{12.57}$$

$$= V_{in} \left(1 + \frac{R_1}{R_2} \right) \tag{12.58}$$

(13.58) 式意含著輸入 V_{in} 與輸出 V_{out} 只與電阻的比值有關，和輸出級沒有關係，自然非線性的因子就被大幅地降低了。(譯 13-14)

13.6 短路的保護

對輸出級而言，短路保護是一件很重大的工程。由於現代的電路已經積體化了，積體電路的腳位一定會和外界有所接觸，一旦外界的靜電 (例如人類的手) 碰觸到積體電路的腳位，很可能就在一瞬間導致整個積體電路毀掉。因此，不做短路保護於輸出級等於電路設計未完成一樣，將會造成重大的損失，不可不謹慎，圖 13.31 即為圖 13.17 的保護電路 (加上 Q_s 和 r)。(譯 13-15)

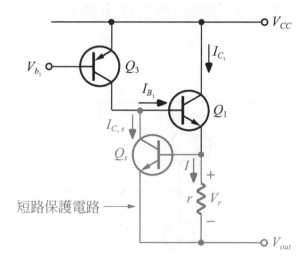

圖 13.31 圖 13.17 的輸出短路保護電路

其中，$r = 0.25\Omega$。 當 $V_r = 0.7V$ 時，Q_s 的 $V_{BE} = 0.7V$，此時 Q_s 導通有集極電流 $I_{C,s}$ 流動，因此會使得 I_{B_1} 變大，I_{C_1} 也會變大。那 I_{C_1} 可以承受多少的電流？由 I 可知

$$I = \frac{V_r}{r} = \frac{0.7}{0.25} = 2.8A \qquad (13.59)$$

(譯 13-16)
First, the resistance r will make the output impedance R_{out} larger. Second, the resistance r will make the output swing smaller ($V_{out}=V_{CC}-V_{BE_1}-V_r=V_{CC}-1.4V$).

I 可流過 2.8A，此數值對積體電路而言是天文數字，但對 Q_1 而言代表承受比較大的電流而不至於燒毀。那加上此保護電路會有以下兩個缺點，實在也無法避免：

第一，電阻 r 會使得輸出阻抗 R_{out} 變大；第二，電阻 r 會使得輸出擺幅變小（ $V_{out}=V_{CC}-V_{BE_1}-V_r=V_{CC}-1.4V$ ）。(譯 13-16)

📶 13.7 熱的消散

(譯 13-17)
The so-called *heat dissipation* (熱的消散)is the dissipation or consumption of power. Therefore, this section will not only calculate the power of the emitter follower and the improved push-pull stage, but also discuss how the latter removes heat.

所謂**熱的消散**其實就是功率的消散或消耗。因此，本節將針對射極隨耦器和改良式推拉級來計算其功率外，也將對後者是如何來排除熱量做一個討論。(譯 13-17)

🔋 13.7.1 射極隨耦器的功率額定

本節要計算圖 13.32 中 Q_1 的功率消耗，其中 $V_{in}=V_p\sin\omega t$ 。

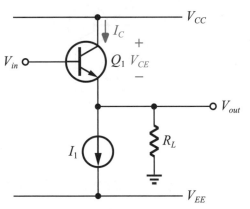

圖 13.32　計算射極隨耦器中 Q_1 功率的電路

Q_1 的功率**額定**以 "P_{av}" 表示之，其值爲

$$P_{av} = \frac{1}{T} \int_0^T I_C \cdot V_{CE}\, dt \qquad\qquad (13.60)$$

其中 $I_C = I_1 + \dfrac{V_{out}}{R_L} = I_1 + \dfrac{V_p \sin \omega t}{R_L}\,(V_{out} \approx V_{in})$ ，

$V_{CE} = V_{CC} - V_{out} = V_{CC} - V_p \sin \omega t$ 。

因此

$$P_{av} = \frac{1}{T} \int_0^T (I_1 + \frac{V_p \sin \omega t}{R_L})(V_{CC} - V_p \sin \omega t)\, dt$$

$$(13.61)$$

(13.63) 式展開後會有 4 積分項。第 1 項是 $I_1 V_{CC}$

的積分；第 2 和第 3 項分別爲 $I_1 V_p \sin \omega t$ 和 $\dfrac{V_p V_{CC}}{R_L} \sin \omega t$

的積分，因爲 $\sin \omega t$ 積分一週期其值爲 0，所以第 2 和

第 3 項積分結果爲 0；第 4 項則爲 $\dfrac{V_p^2}{R_L} \sin^2 \omega t$ 的積分。

利用倍角公式，$\sin^2 \omega t = \dfrac{1 - \cos 2\omega t}{2}$ ，第 4 項可再

分爲 $\dfrac{V_p^2}{2R_L}$ 的積分和 $\dfrac{V_p^2}{2R_L} \cos 2\omega t$ 的積分，因爲 $\cos 2\omega t$ 積

分一週期爲 0，所以 $\dfrac{V_p^2}{2R_L} \cos 2\omega t$ 積分爲 0。

所以將以上積分不為 0 的項整合，可得 P_{av} 為

$$P_{av} = \frac{1}{T}\int_0^T I_1 V_{CC}\, dt - \frac{1}{T}\int_0^T \frac{V_p^2}{2R_L}\, dt \qquad (13.62)$$

$$= I_1 V_{CC} - \frac{V_p^2}{2R_L} \qquad (13.63)$$

將 $I_1 = \dfrac{V_p}{R_L}$ 代入 (13.63) 式可得

$$P_{av} = I_1\left(V_{CC} - \frac{V_p}{2}\right) \qquad (13.64)$$

(13.64) 式就是 Q_1 的功率額定。當 $V_p = 0$ 時，$P_{av} = I_1 V_{CC}$ 為最大值。看似合理，但 $V_p = 0$ 代表輸入 V_{in} 和輸出 V_{out} 皆為 0，那何來 Q_1 的功率最大值為 $I_1 V_{CC}$？所以 $V_p = 0$ 造成的結果是不合理的；當 $V_p = V_{CC}$ 時，$P_{av} = \dfrac{I_1 V_p}{2}$ 才是合理的結果。[譯 13-18]

（譯 13-18）
(13.64) is the power rating of Q_1. When $V_p = 0$, $P_{av} = I_1 V_{CC}$ is the maximum value. It seems reasonable, but when $V_p = 0$ means that the input V_{in} and output V_{out} are both 0, so how can the maximum power of Q_1 be $I_1 V_{CC}$? Therefore, the result caused by $V_p = 0$ is unreasonable; when $V_p = V_{CC}$, $P_{av} = \dfrac{I_1 V_p}{2}$ is a reasonable result.

例題 13.10

如圖 13.32 所示，求 I_1 消耗的功率。

▶ **解答**

KVL $\Rightarrow V_{EE} + V_{I_1} = V_{out}$（$V_{I_1}$ 就是 I_1 的電壓）

$\therefore V_{I_1} = V_{out} - V_{EE}$

$\therefore P_{I_1} = \dfrac{1}{T}\int_0^T I_1 (V_{out} - V_{EE})\, dt = \dfrac{1}{T}\int_0^T I_1 (V_p \sin\omega t - V_{EE})\, dt$

$\therefore P_{I_1} = -I_1 V_{EE}$

立即練習

試解釋為何 $P_{V_{EE}} = I_1 V_{EE}$ 和 P_{I_1} 一樣。

13.7.2 改良式推拉級的功率額定

改良式推拉級於輸入 $V_{in}(=V_p\sin\omega t)$ 正半週時，由 Q_1 導通電流由 V_{CC} 經 Q_1 流入 R_L 中，如圖 13.33(a) 所示；當輸入 V_{in} 為負半週時，由 Q_2 導通電流由接地經 R_L，Q_2 流入 V_{EE}，如圖 13.33(b) 所示。[譯13-19] 因此，要算 Q_1 和 Q_2 的功率消耗，只需計算其中一個的功率，再乘以 2 即可，若 $V_{CC}=-V_{EE}$。

(譯 13-19)
In the improved push-pull stage, when the input $V_{in}(= V_p\sin\omega t)$ is in the positive half cycle, the conduction current flows from V_{CC} to R_L through Q_1, as shown in Figure 13.33(a). When the input V_{in} is negative half cycle, the current is conducted by Q_2 from the ground through R_L, Q_2 into V_{EE}, as shown in Figure 13.33(b).

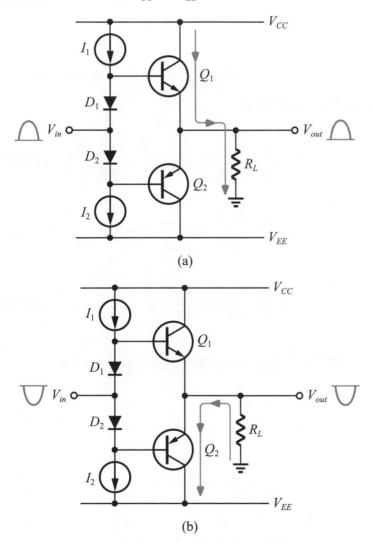

圖 13.33 (a) 輸入 V_{in} 正半週時的波形與電流方向，
(b) 輸入 V_{in} 負半週時的波形與電流方向

所以，Q_1 的功率 P_{av} 為

$$P_{av} = \frac{1}{T}\int_0^{\frac{T}{2}} V_{CE} \cdot I_C \, dt \tag{13.65}$$

$$= \frac{1}{T}\int_0^{\frac{T}{2}} (V_{CC} - V_p \sin\omega t)\cdot \frac{V_p \sin\omega t}{R_L} \tag{13.66}$$

$$= \frac{1}{T}[\frac{V_{CC}V_p}{R_L}\int_0^{\frac{T}{2}}\sin\omega t \, dt - \frac{V_p^2}{R_L}\int_0^{\frac{T}{2}}\frac{1-\cos 2\omega t}{2}\, dt] \tag{13.67}$$

(13.67) 式中的第 3 項，$\int_0^{\frac{T}{2}}\cos 2\omega t \, dt = 0$。因此，(13.67) 式可化簡成

$$P_{av} = \frac{1}{T}[-\frac{V_{CC}V_p}{\omega R_L}\cos\omega t \, dt \Big|_0^{\frac{T}{2}} - \frac{V_p^2}{2R_L} t \Big|_0^{\frac{T}{2}}] \tag{13.68}$$

$$= \frac{1}{T}[-\frac{V_{CC}V_p}{\omega R_L}(\underset{-1}{\cos\frac{\omega t}{2}} - \underset{1}{\cos 0}) - \frac{V_p^2}{4R_L}T] \tag{13.69}$$

$$= \frac{1}{T}[\frac{2V_{CC}V_p}{\omega R_L} - \frac{V_p^2}{4R_L}T] \tag{13.70}$$

將 $T = \frac{1}{f}$ 和 $\omega = 2\pi f$ 帶入 (13.70) 式，可得

$$P_{av} = \frac{V_{CC}V_p^2}{\pi R_L} - \frac{V_p^2}{4R_L} \tag{13.71}$$

$$= \frac{V_p}{R_L}(\frac{V_{CC}}{\pi} - \frac{V_p}{4}) \tag{13.72}$$

(13.72) 式即為 Q_1 所消耗的功率，乘於 2 則得到 Q_1 和 Q_2 所消耗的功率 (當然，前提是 $V_{CC} = -V_{EE}$)。針對 (13.72) 做以下的討論：

① 當 $V_p = 4V$，$R_L = 8\Omega$，$V_{CC} = 6V$，則
$P_{av} = 455mW$。

② 當 $V_{CC} = -V_{EE}$，則 Q_1 之 P_{av} 等於 Q_2 之 P_{av}。

③ 當 $V_p = 0$ 時，Q_1 之 $P_{av} = 0$。

④ 當 $V_p = \dfrac{4V_{CC}}{\pi}$ 時，Q_1 之 $P_{av} = 0$。這是不合理的，

因為 $V_p = \dfrac{4}{\pi}V_{CC}$，電路中最大電壓值是 V_{CC}，而

$V_p > V_{CC}$ 是不合理的。

⑤ 當 $\dfrac{dP_{av}}{dV_p} = 0$ 時可以求出 P_{av} 的最大值。即

$$\frac{dP_{av}}{dV_p} = \frac{V_{CC}}{\pi R_L} - \frac{V_p}{2R_L} = 0 \qquad (13.73)$$

即 $V_p = \dfrac{2V_{CC}}{\pi}$ 時，將 V_p 代入 (13.72) 式可得 P_{av} 的最大值為

$$P_{av,\,max} = \frac{V_{CC}^2}{\pi^2 R_L} \qquad (13.74)$$

▇▇ 13.7.3 熱量的散逸

| *熱量的散逸* (*thermal runaway*)

*熱量的散逸*對功率放大器而言是很重要的。爲了明瞭此點，本節將詳細的闡述，以期全面理解。

(譯 13-20)
First, look at the circuit in Figure 13.34, where $V_B = 2V_{BE} = V_{BE_1} + \left| V_{BE_2} \right|$, then $V_{out} = 0$. Although this circuit works, when the junction temperature of Q_1 and Q_2 rises, the heat cannot be runaway, so this circuit will burn out.

首先，先看圖 13.34 的電路，其中 $V_B = 2V_{BE} = V_{BE_1} + \left| V_{BE_2} \right|$，則 $V_{out} = 0$。雖然此電路可以運作，但當 Q_1 和 Q_2 的接面溫度上升時，因無法將熱量散逸，所以此電路會因此燒毀。[(譯 13-20)]

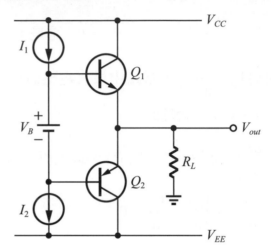

圖 13.34　定電壓 V_B 的改良式推拉級

(譯 13-21)
If Figure 13.34 is changed to Figure 13.35, D_1 and D_2 can be used to offset the heat rise of Q_1 and Q_2 due to temperature rise.

若將圖 13.34 改成圖 13.35，則可以利用 D_1 和 D_2 來抵消 Q_1 和 Q_2 因溫度上升而上升的熱量。[(譯 13-21)]

分析如下：

$$V_{D_1} + V_{D_2} = V_T \ln \frac{I_{D_1}}{I_{S,D_1}} + V_T \ln \frac{I_{D_2}}{I_{S,D_2}} \tag{13.75}$$

$$= V_T \ln \frac{I_{D_1} I_{D_2}}{I_{S,D_1} I_{S,D_2}} \tag{13.76}$$

$$V_{BE_1} + \left| V_{BE_2} \right| = V_T \ln \frac{I_{C_1}}{I_{S,Q_1}} + V_T \ln \frac{I_{C_2}}{I_{S,Q_2}} \qquad (13.77)$$

$$= V_T \ln \frac{I_{C_1} I_{C_2}}{I_{S,Q_1} I_{S,Q_2}} \qquad (13.78)$$

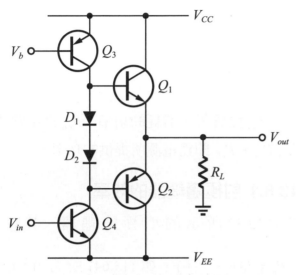

圖 13.35　以二極體取代定電壓，避免電路燒毀

由圖 13.35 可知，$V_{D_1} + V_{D_2} = V_{BE_1} + \left| V_{BE_2} \right|$。所以，將 (13.76) 式等號右邊等於 (13.78) 式等號的右邊，可得

$$\frac{I_{D_1} I_{D_2}}{I_{S,D_1} I_{S,D_2}} = \frac{I_{C_1} I_{C_2}}{I_{S,Q_1} I_{S,Q_2}} \qquad (13.79)$$

(13.79) 式中假設所有的 I_S 都相同，因為 $I_{D_1} = I_{D_2} = I_1$，則 $I_{C_1} = I_{C_2}$，意味著二極體的電流 I_1 是 "追蹤" 著 BJT 的電流 I_{C_1} 成 I_{C_2}。

總而言之，當二極體和 BJT 的 I_S 相同，若溫度上升時，BJT 的 I_C 會上升，而二極體的 I_D 也會上升。這種現象稱之電流互相追蹤，二極體具有降低 BJT 溫度的效果，避免過熱而燒毀。^(譯 13-22)

(譯 13-22)

All in all, when the I_S of the diode and the BJT are the same, if the temperature rises, the I_C of the BJT will rise, and the I_D of the diode will also rise. This phenomenon is called current tracking each other, and the diode has the effect of lowering the temperature of the BJT, avoiding overheating and burning.

🛜 13.8 效率

(譯 13-23)
This section will calculate the power conversion efficiency, abbreviated as *efficiency*(效率), denoted as "η" (read "ita"), of the two circuits mentioned in Section 13.7 — the emitter follower and the improved push-pull stage.

本節將計算第 13.7 節所提及的 2 種電路——射極隨耦器和改良式推拉級的功率轉換效率，簡稱**效率**，以 "η" (唸 "ita") 表示之。$^{(譯 13-23)}$

它的定義為

$$\eta = \frac{P_{out}}{P_{out} + P_{ckt}} \tag{13.80}$$

其中 P_{out} 為負載所消耗的功率，P_{ckt} 為電路所消耗的功率。$P_{out} + P_{ckt}$ 即為電源所提供的功率。

🔋 13.8.1 射極隨耦器的效率

如圖 13.32 所示的射極隨耦器，其 Q_1 的功率為 $P_{av} = I_1(V_{CC} - \frac{V_p}{2})$ (如 (13.64) 所示)，I_1 的功率為 $P_{I_1} = -I_1 V_{EE}$ (如例題 13.10 所計算)。所以，$P_{ckt} = P_{av} + P_{I_1}$ 為

$$P_{ckt} = I_1(V_{CC} - \frac{V_p}{2}) - I_1 V_{EE} \tag{13.81}$$

若 $V_{CC} = -V_{EE}$，則

$$P_{ckt} = I_1(2V_{CC} - \frac{V_p}{2}) \tag{13.82}$$

而 P_{out} 是負載 R_L 的功率，則

$$P_{out} = I_C \cdot V_{out} \tag{13.83}$$

$$= \frac{V_p}{2R_L} \cdot V_p \tag{13.84}$$

$$= \frac{V_p^2}{2R_L} \tag{13.85}$$

所以，功率 η 爲

$$\eta = \frac{\dfrac{V_p^2}{2R_L}}{\dfrac{V_p^2}{2R_L} + I_1\left(2V_{CC} - \dfrac{V_p}{2}\right)} \qquad (13.86)$$

將 $I_1 = \dfrac{V_p}{R_L}$ 代入 (13.87) 式中可得

$$\eta = \frac{\dfrac{V_p^2}{2R_L}}{\dfrac{V_p^2}{2R_L} + \dfrac{V_p}{R_L}\left(2V_{CC} - \dfrac{V_p}{2}\right)} \qquad (13.87)$$

$$= \frac{\dfrac{V_p^2}{2R_L}}{\dfrac{V_p^2}{2R_L} + \dfrac{2V_pV_{CC}}{R_L} - \dfrac{V_P^2}{2R_L}} \qquad (13.88)$$

將 (13.88) 式上下乘 $2R_L$ 後再化簡之，可得

$$\eta = \frac{V_p}{4V_{CC}} \qquad (13.89)$$

(13.89) 式即是射極隨耦器的效率。當 $V_p = V_{CC}$ 時，$\eta = \dfrac{1}{4} = 25\%$ ；當 $V_p < V_{CC}$，則 $\eta < 25\%$。所以，射極隨耦器的效率非常地低 ($\eta \leq 25\%$)。 [譯 13-24]

(譯 **13-24**)

(13.89) is the efficiency of the emitter follower.

When $V_p = V_{CC}$, $\eta = \dfrac{1}{4}$ = 25%; when $V_p < V_{CC}$, $\eta < 25\%$. Therefore, the efficiency of the emitter follower is very low ($\eta \leq$ 25%).

例題 13.11

如圖 13.32 所示，若輸出振幅 V_p 只有 $\dfrac{V_p}{2}$，則 η 為多少？

▶ 解答

(13.86) 中的 V_{CC} 值不變，以 $I_1 = \dfrac{V_p}{R_L} = \dfrac{V_{CC}}{R_L}$ 代入，

其他的 V_p 則以 $\dfrac{V_p}{2} = \dfrac{V_{CC}}{2}$ 代入後，可得 $\eta = \dfrac{1}{15}$。

立即練習●

承例題 13.11，若 $\eta = 15\%$ 時，那 V_p 值應為多少 V_{CC}？

13.8.2 改良式推拉級的效率

如圖 13.33 所示的改良式推拉級，其 Q_1 的功率為

$P_{av} = \dfrac{V_p}{R_L}(\dfrac{V_{CC}}{\pi} - \dfrac{V_p}{4})$ (如 (13.72) 所示)，若 $V_{CC} = -V_{EE}$，則 Q_2 的功率和 Q_1 一樣。假設忽略 I_1、I_2、D_1 和 D_2 的功率，其效率 η 為

$$\eta = \frac{\dfrac{V_p^2}{2R_L}}{\dfrac{V_p^2}{2R_L} + \dfrac{2V_p}{R_L}(\dfrac{V_{CC}}{\pi} - \dfrac{V_p}{4})} \tag{13.90}$$

將 (13.90) 上下乘 $2R_L$，化簡整理後可得

$$\eta = \frac{\pi V_p}{4V_{CC}} \tag{13.91}$$

(13.91) 式即是改良式推拉級的效率。當 $V_p = V_{CC}$ 時，$\eta = \dfrac{\pi}{4} = 78.5\%$，由此可知，改良式推拉級的效率很高 ($\eta \le 78.5\%$)。 (譯 13-25)

(譯 13-25)
(13.91) is the efficiency of the improved push-pull stage. When $V_p = V_{CC}$, $\eta = \dfrac{\pi}{4} = 78.5\%$, the efficiency of the improved push-pull stage is very high ($\eta \le 78.5\%$).

例題 13.12

如圖 13.33 所示，若考慮所有電路的功率，$I_1 = I_2$，$V_{CC} = -V_{EE}$，輸出振幅為 V_p，求其效率 η。

▶ 解答

I_1 至少要 $\dfrac{\frac{V_p}{R_L}}{\beta}$。

所以 I_1、I_2、D_1 和 D_2 的功率為 $\dfrac{V_p}{\beta R_L} 2V_{CC}$。

因此，效率 η 為

$$\eta = \frac{\dfrac{V_p^2}{2R_L}}{\dfrac{V_p^2}{2R_L} + \dfrac{2V_{CC}V_p}{\beta R_L} + \dfrac{2V_p}{R_L}\left(\dfrac{V_{CC}}{\pi} - \dfrac{V_p}{4}\right)} \tag{13.92}$$

將 (13.92) 式上下乘 R_L 並且化簡整理後可得

$$\eta = \frac{1}{4}\frac{V_p}{\dfrac{V_{CC}}{\pi} + \dfrac{V_{CC}}{\beta}} \tag{13.93}$$

(13.93) 式即為答案。

若 $V_p = V_{CC}$，$\beta = 100$ 代入 (13.93) 式可得 $\eta = 76.1\%$。

立即練習○

承例題 13.12，若 $V_p \leq V_{CC}$ 且 $\beta \gg \pi$，其餘條件不變，則效率 η 為多少？

📶 13.9 功率放大器的分類

一般而言，功率放大器可以分為 3 大類——A 類、B 類和 AB 類。

所謂的 A 類是每一個電晶體在整個週期皆會導通，但以 I_C 的方向而言，只有正值而沒有負值，如圖 13.36 所示。(譯 13-26)

(譯 13-26)
The so-called Class A means that each transistor will be turned on during the entire cycle, but in terms of the direction of the I_C, there are only positive values and no negative values, as shown in Figure 13.36.

因此，此類功率放大器的效率 η 低 (只有單方向的集極電流)，但線性度高 (沒有失真)，射極隨耦器就屬於此類。

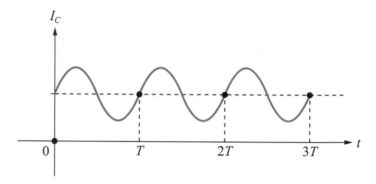

圖 13.36　A 類功率放大器的集極電流 I_C 波形圖

至於 B 類和 A 類剛好完全相反，每一個電晶體只有導通半週期，某一類電晶體導通正半週期，而另一類則導通負半週期。圖 13.37 即是導通正半週期時的集極電流 I_C 波形圖。(譯 13-27)

(譯 13-27)
Class B are exactly the opposite of Class A. Each transistor is only in conduction for half a cycle. One type of transistor conducts for a positive half cycle, while the other type conducts for a negative half cycle. Figure 13.37 is the waveform diagram of the collector current I_C.

因此，此類功率放大器的效率 η 很高 (雙向的集極電流)，但線性度就很低了 (如圖 13.37 所示，失眞很大)，推拉級就屬於此類。

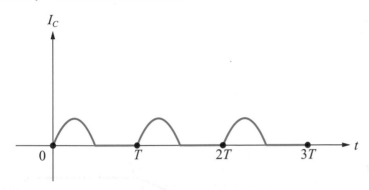

圖 13.37　B 類功率放大器的集極電流 I_C 波形圖

第 3 類稱之 AB 類，顧名思義就是把 A 類和 B 類 "中和" 一下所形成的。每一個電晶體導通比半週期多但不到一週期，如圖 13.38 所示。$^{(譯\ 13\text{-}28)}$

因此，此類的效率 η 和線性都屬 "中等"，改良式推拉級屬於此類。

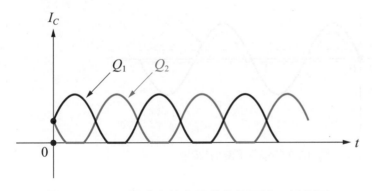

圖 13.38　AB 類功率放大器的集極電流 I_C 波形圖

(譯 13-28)
The third class is called Class AB, as the name suggests, is formed by "balancing out" Class A and Class B. Each transistor conducts more than half a cycle but less than one cycle, as shown in Figure 13.38.

重點回顧

1. 射極隨耦器 (圖 13.2) 是一個最基本且簡單的輸出級，其輸入／輸出波形圖如圖 13.3 和圖 13.4 所示，輸入／輸出特性曲線則如圖 13.5 所示，此電路在輸入為負值時，失真非常嚴重。

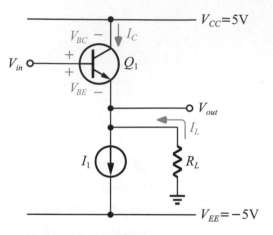

圖 13.2　大訊號分析的射極隨耦器

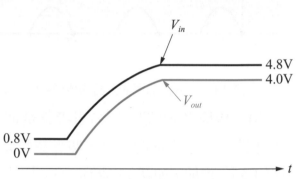

圖 13.3　輸入 V_{in} 和輸出 V_{out} 的關係圖

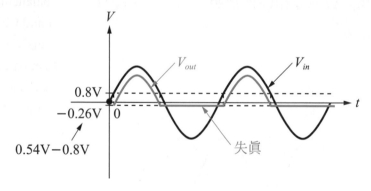

圖 13.4　圖 13.2 的輸入和輸出波形

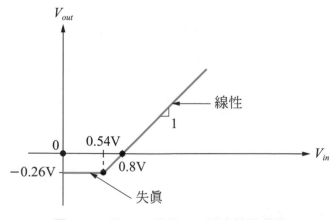

圖 13.5　圖 13.2 的輸入／輸出特性曲線

2. 推拉級 (圖 13.6) 是射極隨耦器的改良電路,其輸入/輸出特性曲線如圖 13.8
所示,輸入/輸出波形圖則如圖 13.10 所示,其中有一段輸入信號 (稱之死區)
依舊會造成失真。

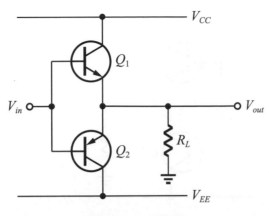

圖 13.6 推拉級

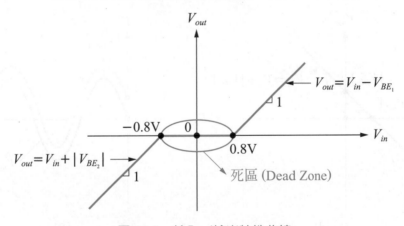

圖 13.8 輸入/輸出特性曲線

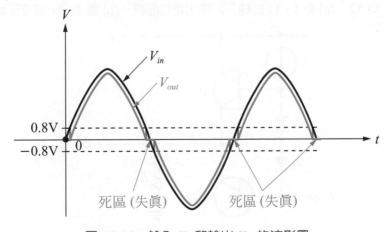

圖 13.10 輸入 V_{in} 和輸出 V_{out} 的波形圖

3. 改良式推拉級如圖 13.11 或圖 13.13(真實電路) 所示,其輸入/輸出特性曲線和波形圖分別如圖 13.12(a) 和 (b) 所示,此電路完全沒有失真,亦無放大的效果。

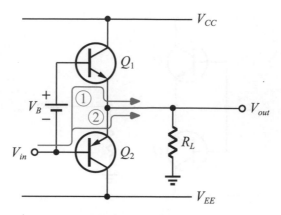

圖 13.11   加上一個電壓 V_B 避掉死區的改良式推拉級

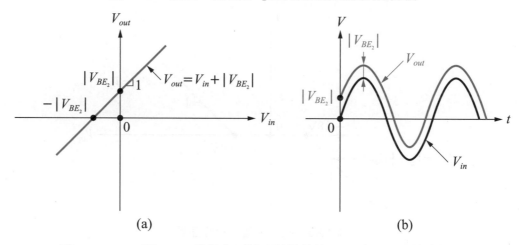

(a)   (b)

圖 13.12   (a) 圖 13.11 的輸入/輸出特性曲線,(b) 圖 13.11 的波形圖

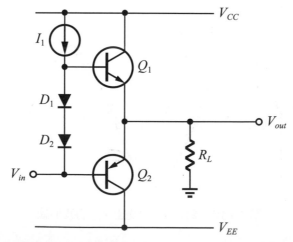

圖 13.13   圖 13.11 的真實電路圖,V_B 以 D_1 和 D_2 取代再加上 I_1 電流

4. 將改良式推拉級加以修改，即可成為具“放大”效果的改良式推拉級，如圖 13.17 所示。

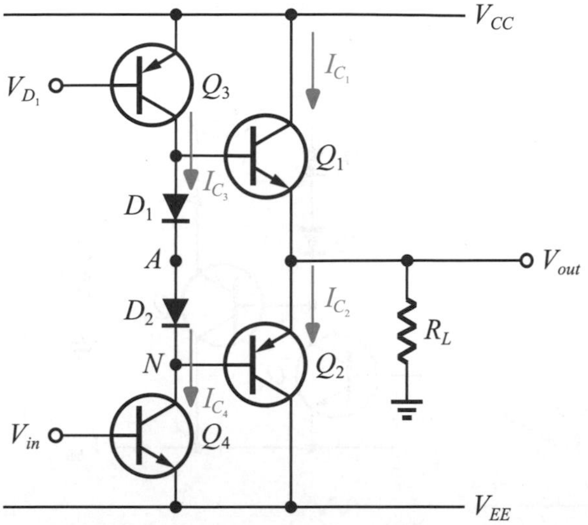

圖 13.17 把輸入 V_{in} 移至 Q_4 基極而形成具放大效果的輸出級

5. 改良式推拉級中的 Q_2 電晶體 (圖 13.24(a)) 可以“組合式電晶體” (圖 13.24(b)) 完全取代，其增益比原本的更趨近於 1。

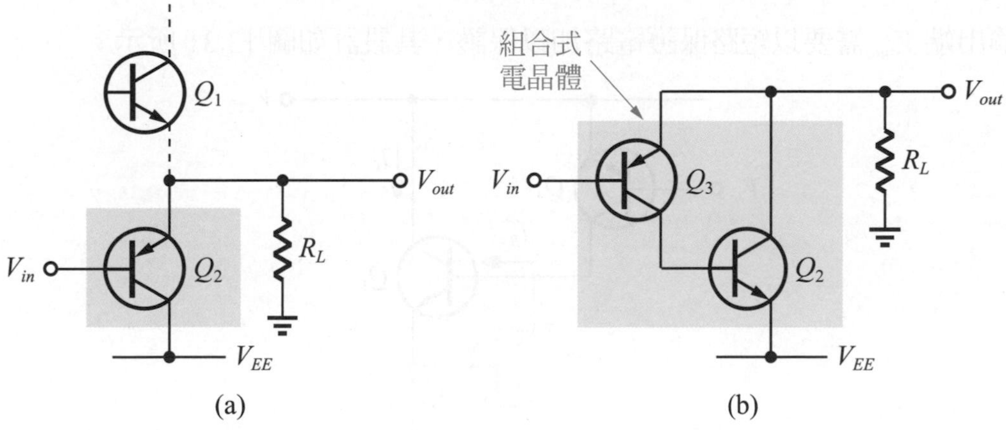

圖 13.24 (a) 輸出端的 Q_2 電晶體，(b) 以組合式電晶體取代 Q_2 電晶體

6. 具放大效果的改良式推拉級，可以高傳眞設計加以表現，如圖 13.30 所示。

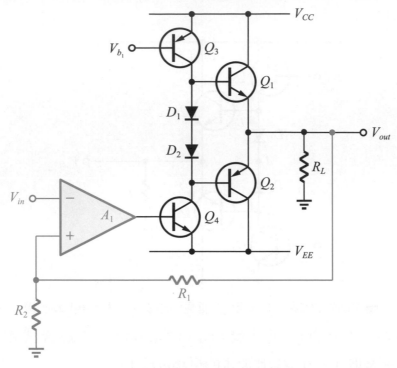

圖 13.30　利用負回授來降低輸出級的非線性因子，達到高傳眞設計

7. 輸出端 V_{out} 需要以短路保護電路加以保護，其設計如圖 13.31 所示。

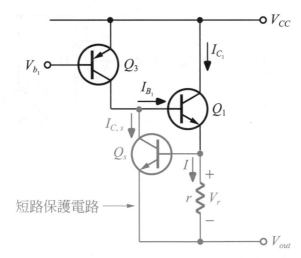

圖 13.31　圖 13.17 的輸出短路保護電路

8. 射極隨耦器 (圖 13.32) 中 Q_1 的功率如 (13.64) 式所示，I_1 的功率則為 $-I_1 V_{EE}$(例 題 13.10 詳述)，其效率 η 如 (13.89) 式所示。

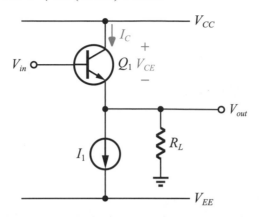

圖 13.32　計算射極隨耦器中 Q_1 功率的電路

$$P_{av} = I_1(V_{CC} - \frac{V_p}{2}) \tag{13.64}$$

$$\eta = \frac{V_p}{4V_{CC}} \tag{13.89}$$

9. 改良式推拉級 (圖 13.33)，其 Q_1 的功率 ($= Q_2$，若 $V_{CC} = -V_{EE}$)，如 (13.72) 式所 示，I_1、I_2、D_1 和 D_2 的功率為 $\frac{V_P}{\beta R_L} 2V_{CC}$ (例題 13.12 詳述)，效率 η 則如 (13.91) 式所示。

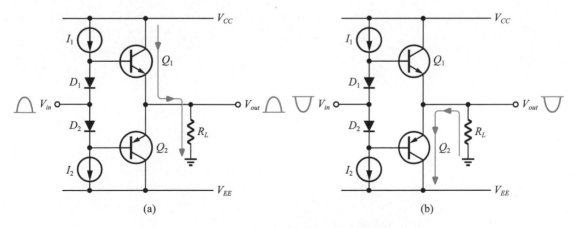

圖 13.33　(a) 輸入 V_{in} 正半週時的波形與電流方向，
(b) 輸入 V_{in} 負半週時的波形與電流方向

$$P_{av} = \frac{V_p}{R_L}\left(\frac{V_{CC}}{\pi} - \frac{V_p}{4}\right) \tag{13.72}$$

$$\eta = \frac{\pi V_p}{4 V_{CC}} \tag{13.91}$$

10. 一般而言，功率放大器 (輸出級) 可分為 A、B 和 AB 三大類。

Chapter **14** 數位互補式金氧半場效電晶體的電路

生活電子學

龍頭一開，熱水即來──熱水循環系統，是居家對舒適生活的嚮往。想像一下，假設電路中某部份功能為熱水器，水龍頭比作 n MOS，單獨使用時經常浪費許多冷水，才能享用熱水；而 p MOS 的原理與 n 型相反，並用時比作回水器，可在水龍頭關閉時循環熱流，開啓時即得熱水，以節省多餘的消耗，此概念即類似於 CMOS 元件。

　　本章將介紹以互補式金氧半場效電晶體來設計數位電路。這些數位電路包含反相器、或閘、反或閘、及閘、反及閘和任意的布林函數。首先由最初的反相器 (由 MOS 和電阻所組成) 介紹起，到由 CMOS 設計的反相器，接下來則介紹反或和反及閘的設計，然後將反或和反及閘後面串聯一個反相器，即成爲或和及閘了。任意的布林函數將以 CMOS 被設計出來，最後探討 CMOS 反相器的動態特性與功率的消耗，重點歸納如下：

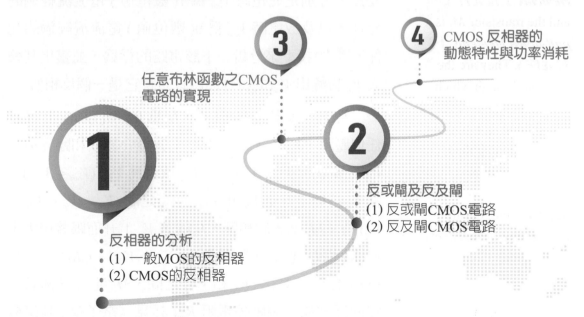

3 任意布林函數之CMOS 電路的實現

4 CMOS 反相器的動態特性與功率消耗

1 反相器的分析
(1) 一般MOS的反相器
(2) CMOS的反相器

2 反或閘及反及閘
(1) 反或閘CMOS電路
(2) 反及閘CMOS電路

🛜 14.1 反相器

🔋 14.1.1 MOS 反相器

圖 14.1 是一個 MOS **反相器**。至此想必對此圖一定不陌生，它不是《電子學 (基礎概念)》第 7 章中的 CS 組態放大器嗎？是的，以類比的觀點來看，它確實是 CS 組態放大器沒有錯，但現在將以 "數位" 的觀點來分析此電路。 ^(譯 14-1)

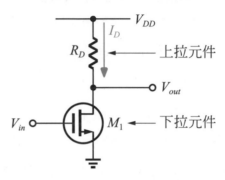

圖 14.1　MOS 反相器

首先，稱電阻 R_D 為**上拉元件**，電晶體 M_1 為**下拉元件**，分別是充電時 V_{out} 為 1(數位值) 電流流經過的元件，以及放電時 V_{out} 為 0(數位值) 電流流經過的元件。 ^(譯 14-2) 接下來分析一下該電路的行為，並畫出其輸入 V_{in} 對輸出 V_{out} 的特性曲線以證實它是一個反相器。

當 $V_{in} = 0$ 時，M_1 截止，I_D 為 0，所以 R_D 上沒有任何壓降，$V_{out} = V_{DD}$；當 V_{in} 上升至介於 0 和臨界電壓 V_{th} 之間 $(0 < V_{in} < V_{th})$ 時，V_{out} 依舊為 V_{DD} $(V_{out} = V_{DD})$；當 V_{in} 持續上升至 V_{th} 和 $V_{DD} - V_{th}$ 之間 $(V_{th} < V_{in} < V_{DD} - V_{th})$ 時，M_1 進入飽和區，I_D 隨著 V_{in} 上升而跟著變大，V_{out} 隨著 I_D 變大而愈來愈小 $(V_{out} = V_{DD} - I_D R_D)$；當 V_{in} 持續上升至 $V_{DD} - V_{th}$ 和 V_{DD} 之間，M_1 進入三極管，它的行為像一個壓控電阻 R_{on}(詳見《電子學 (基礎概念)》第 5 章討論)，其值很小。

此時輸出 V_{out} 的值由電阻分壓決定，如圖 14.2
所示。

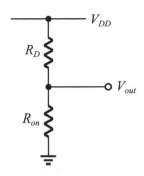

圖 14.2　電阻分壓電路

V_{out} 值為

$$V_{out} = V_{DD} \frac{R_{on}}{R_D + R_{on}} \approx 0 \qquad (14.1)$$

所以根據以上的討論，可以畫出輸入／輸出特性
曲線圖，如圖 14.3 所示。在此圖中很明顯地看出當
V_{in} 值在 0 附近時 (邏輯值為 0 時)，V_{out} 為 V_{DD}(邏輯值
為 1)；當 V_{in} 在 V_{DD} 附近時 (邏輯值為 1 時)，V_{out} 值為
0(邏輯值為 0)。

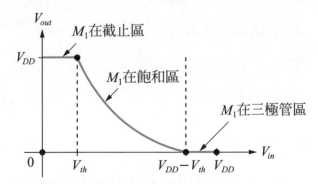

圖 14.3　MOS 反相器的輸入／輸出特性曲線

14.1.2 CMOS 反相器

(譯 14-3)
Figure 14.4 is a CMOS inverter. It is composed of a n MOS and a p MOS stacked together, their G terminals are shorted together as the input terminal V_{in}, D terminals are also connected as the output terminal V_{out}, S terminal of the p MOS is connected to the power supply V_{DD}, S terminal of the n MOS is grounded. The pull-up element refers to p MOS, and the pull-down element is n MOS.

圖 14.4 是一個 CMOS 反相器。它是由一個 n MOS 和一個 p MOS 疊接起來，它們的 G 極短路在一起為輸入端 V_{in}，D 極亦接在一起，為輸出端 V_{out}；而 p MOS 的 S 極接電源 V_{DD}，n MOS 的 S 極則接地。上拉元件指的是 p MOS，而下拉元件是 n MOS。[譯 14-3]

接下來的一連串分析將說明它為何可以當成一個反相器，並且畫出其輸入／輸出特性曲線。

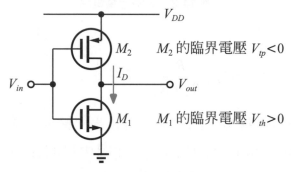

圖 14.4　CMOS 反相器

此次的分析將分成 5 個區域來討論之，分述如下：

① $0 \leq V_{in} < V_{th}(V_{in} = 邏輯\ 0)$

此時 M_1 截止，M_2 在三極管區，$I_D = 0$。[譯 14-4]

所以

(譯 14-4)
At this time, M_1 is off, M_2 is in the triode region, $I_D = 0$.

$$V_{out} = V_{DD} \tag{14.2}$$

② $V_{th} \leq V_{in} < \dfrac{V_{DD}}{2}$

此時 M_1 進入飽和區，M_2 依舊在三極管區，此時電流由第①區的零逐漸增加 ($I_D \uparrow$)，那輸出則逐漸下降 ($V_{out} \downarrow$)，因為 $V_{out} = V_{DD} - I_D R_{on_2}$ (M_2 的行為像一個壓控電阻 R_{on_2})。[譯 14-5]

(譯 14-5)
At this time, M_1 enters the saturation region, and M_2 is still in the triode region. The current gradually increases from zero in the ① region ($I_D \uparrow$), and the output gradually decreases ($V_{out} \downarrow$), because $V_{out} = V_{DD} - I_D R_{on_2}$ (M_2 behaves like a voltage-controlled resistor R_{on_2}).

③ V_{in} 在 $\dfrac{V_{DD}}{2}$ 附近

此時 M_1 和 M_2 皆操作在飽和區，電流 I_D 存在且達到最大值，因此此時功率消耗最大。(譯 14-6)

④ $\dfrac{V_{DD}}{2} < V_{in} < V_{DD} - \left| V_{tp} \right|$

此時 M_1 進入三極管區，M_2 維持在飽和區。M_1 的行為像一個壓控電阻 R_{on_1}，其值很小所以壓降也小，V_{out} 值也很小（ $V_{out} = I_D R_{on_1}$ ）。(譯 14-7)

⑤ $V_{DD} - \left| V_{tp} \right| < V_{in} < V_{DD}$ （V_{in} = 邏輯 1）

此時 M_1 在三極管區，M_2 截止。所以 $I_D = 0$，M_1 上沒有壓降，$V_{out} = 0$。(譯 14-8)

根據以上 5 點分析，即可畫出輸入／輸出特性曲線，如圖 14.5 所示。在圖中的 5 大區域中，數位電路中的反相器使用的是①和⑤兩區域，當輸入 V_{in} 為邏輯 0 時（①區域），輸出 V_{out} 為邏輯 1；當輸入 V_{in} 為邏輯 1 時（⑤區域），輸出 V_{out} 為邏輯 0。

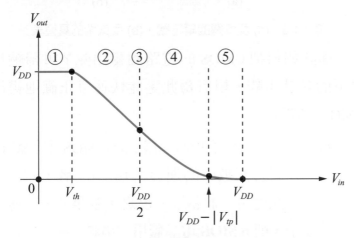

圖 14.5　CMOS 反相器的輸入／輸出特性曲線

（譯 14-6）
At this time, both M_1 and M_2 are operating in the saturation region, and the current I_D exists and reaches the maximum value, so the power consumption is the largest.

（譯 14-7）
At this time, M_1 enters the triode region, and M_2 remains in the saturation region. M_1 behaves like a voltage-controlled resistor R_{on_1}, its value is small, so the voltage drop is small, and the value of V_{out} is also small ($V_{out} = I_D R_{on_1}$).

（譯 14-8）
At this time, M_1 is in the triode region, and M_2 is cut off. So, $I_D = 0$, there is no voltage drop on M_1, and $V_{out} = 0$.

14.2 反或閘和反及閘

14.2.1 反或閘

回想一下，在之前的數位邏輯設計課程中應該都學習過反或閘，但先前的課程只講解到如何設計出 "閘" 而非設計出 "電路"。因此，在本章中將針對相關先備知識做一個整合、複習後，再將如何用 CMOS 電晶體設計出反或閘和反及閘電路的方法做一個詳細的介紹。

反或閘的布林函數為 $Y = \overline{A+B}$，其中 A 和 B 為輸入，Y 為輸出，A 和 B 上方的橫線代表 "反" 的意思，也可以寫成 $Y = (A+B)'$，其邏輯閘的符號和**真值表**如圖 14.6 所示。(譯 14-9)

(譯 14-9)

The Boolean function of the **NOR gate(反或閘)** is $Y = \overline{A+B}$, where A and B are inputs, Y is output, and the horizontal line above A and B represents the meaning of "not", which can also be written as $Y = (A + B)'$, The symbol and **truth table(真值表)** of the logic gate is shown in Figure 14.6.

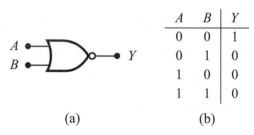

A	B	Y
0	0	1
0	1	0
1	0	0
1	1	0

(a)　　　　　(b)

圖 14.6　(a) 反或閘的閘符號，(b) 反或閘的真值表

那該如何把 CMOS 的電路圖畫出呢？可歸納為以下的設計步驟，相信藉此定能快速且正確地畫出 CMOS 電路圖。

(1) 首先，畫出下拉電晶體 (即 n MOS 電晶體)。在布林函數中的運算子為 "+" 者，n MOS 電晶體用 "並聯"。反之，若是 "·" 運算子，則 n MOS 電晶體用 "串聯"。

(2) 再畫出上拉電晶體 (即 p MOS 電晶體)。在 n MOS 中 "並聯" 的電晶體現在換成 "串聯" 的 p MOS 電晶體；在 n MOS 中 "串聯" 的電晶體則換成 "並聯" 的 p MOS 電晶體。

(3) 最後將上拉電晶體和下拉電晶體的 D 極連接
   在一起並拉出即為輸出。

　根據以上三個步驟，反或閘的 CMOS 電路即可順
利畫出，如圖 14.7 所示。可以看到 M_1 和 M_2 是並聯，
因為反或閘的運算子為 "+"；而 M_3 和 M_4 是串聯，
則主要是和 n MOS 的接法相反。**(譯 14-10)**

(譯 14-10)
According to the above three steps, the CMOS circuit of NOR gate can be drawn as shown in Figure 14.7. M_1 and M_2 are connected in parallel because the operator of the NOR gate is "+"; while M_3 and M_4 are connected in series, which is mainly the opposite of the connection of n MOS.

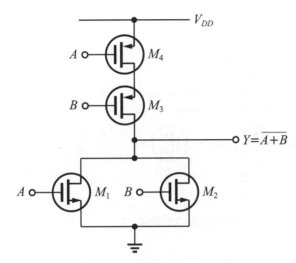

圖 14.7　反或閘的 CMOS 電路

　而**或閘**的電路就是將反或閘 (圖 14.7) 的電路再
串接一個 CMOS 反相器即可完成設計，如圖 14.8 所
示。**(譯 14-11)**

(譯 14-11)
And the circuit of the ***OR gate*(或閘)** is by connecting the circuit of the NOR gate (Figure 14.7) to a CMOS inverter in series, as shown in Figure 14.8.

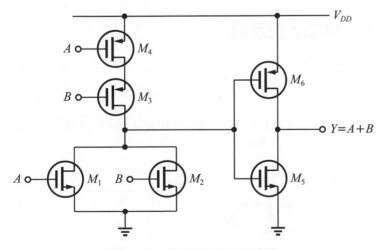

圖 14.8　或閘的 CMOS 電路

📶 例題 14.1

請畫出 3 輸入的 CMOS 反或閘的電路，即 $Y = \overline{A + B + C}$ 。

▶ 解答

如圖 14.9 所示。

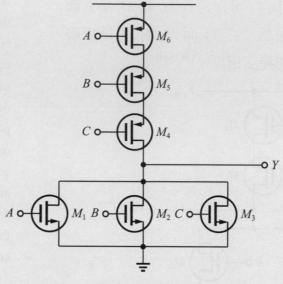

圖 14.9　3 輸入反或閘的 CMOS 電路

立即練習○

請畫出 4 輸入的 CMOS 反或閘電路，即 $Y = \overline{A + B + C + D}$ 。

📶 14.2.2 反及閘

反及閘的布林函數為 $Y = \overline{A \cdot B}$ ，其中 A 和 B 為輸入，Y 為輸出，A 和 B 上方的橫線代表 "反" 的意思，也可以寫成 $Y = (A \cdot B)'$ ，其邏輯閘符號和真值表，如圖 14.10 所示。(譯 14-12)

(譯 14-12)
The Boolean function of the *NAND gate(反及閘)* is $Y = \overline{A \cdot B}$, where A and B are inputs, Y is output, and the horizontal line above A and B represents the meaning of "not", which can also be written as $Y = (A \cdot B)'$, The logic gate symbol and truth table are shown in Figure 14.10.

A	B	Y
0	0	1
0	1	1
1	0	1
1	1	0

(a)　　　　　(b)

圖 14.10　(a) 反及閘的符號，(b) 反及閘的真值表

　　根據第 14.2.1 節所提及的設計步驟，可以畫出其 CMOS 電路如圖 14.11 所示，同樣地，n MOS 電晶體是串聯，因為布林函數中的運算子是 "·"；而 p MOS 電晶體是並聯，和 n MOS 的接法相反。

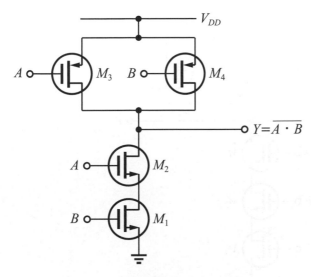

圖 14.11　反及閘的 CMOS 電路

　　而**及閘**的設計只要將反及閘串接一個 CMOS 反相器即可完成，如圖 14.12 所示。(譯 14-13)

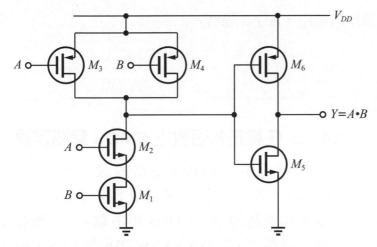

圖 14.12　及閘的 CMOS 電路

(譯 14-13)
The design of the **AND gate**(及閘) can be completed by connecting the NAND gate in series with a CMOS inverter, as shown in Figure 14.12.

📶 例題 14.2

請畫出 3 輸入的 CMOS 反及閘的電路，即 $Y = \overline{ABC}$。

▶ 解答

如圖 14.13 所示。

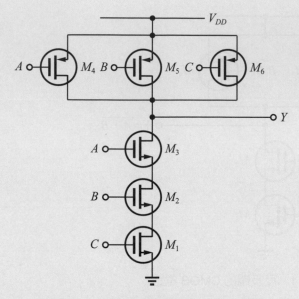

圖 14.13　3 輸入反及閘的 CMOS 電路

立即練習●

請畫出 4 輸入的 CMOS 反及閘的電路，即 $Y = \overline{ABCD}$。

🔋 14.2.3 任意布林函數之 CMOS 電路實現

　　任意布林函數之 COMS 電路的設計方法和第 14.2.1 節提及的設計步驟一樣適用：運算子為 " + " 時，n MOS 用並聯接法，p MOS 用串聯 (上下疊接) 接法；運算子為 " · " 時，n MOS 用串聯接法，而 p MOS 用並聯接法。

那若 " · " 和 " + " 運算子同時存在時，應如何處理呢？是的，在此須先說明當運算子同時存在時，它們是有先後順序的，其順序如下：

第一是 "非" 的運算；第二是**括號**；第三是 "及"的運算；第四則是 "或" 的運算，將第 14.2.1 節的設計步驟加上此運算順序，任意布林函數之 CMOS 電路即可快速且正確地設計出來。(譯 14-14)

(譯 14-14)
The first is the operation of "not"; the second is the operation of the ***parenthesis*(括號)**; the third is the operation of "and"; the fourth is the operation of "or". The design steps in Section 14.2.1 plus this operation order, the CMOS circuit of any Boolean function can be designed quickly and correctly.

📶 例題 **14.3**

請設計出 $Y = \overline{A \cdot B + C}$ 的 CMOS 電路。

▶ **解答**

　如圖 14.14 所示。

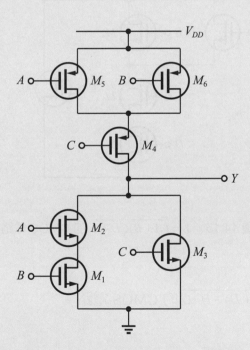

圖 14.14　$Y = \overline{A \cdot B + C}$ 的 CMOS 電路

立即練習○─────

請設計出 $Y = \overline{A + B \cdot C + D}$ 的 CMOS 電路。

例題 14.4

請設計出 $Y = \overline{(A+B) \cdot C \cdot D + E}$ 的 CMOS 電路。

▶ **解答**

如圖 14.15 所示。

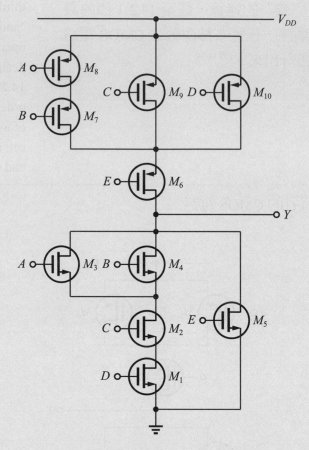

圖 14.15 $Y = \overline{(A+B)CD + E}$ 的 CMOS 電路

立即練習○

請設計出 $Y = \overline{A + B \cdot (C+D) + H \cdot G}$ 的 CMOS 電路。

14.3 CMOS 反相器的動態特性與功率消耗

本節將探討 CMOS 反相器的動態特性和其功率消耗。動態特性主要將以定性分析 (沒有太多數學推導) 和定量分析 (數學分析為主) 兩方式來探討，最後推導出 CMOS 反相器的功率消耗。

14.3.1 動態特性

1. 定性分析：以非數學方式來探討 CMOS 反相器充電和放電的特性。

圖 14.16(a) 是 CMOS 反相器對負載 C_L 的充電示意圖。輸入 V_{in} 由 V_{DD} 瞬間降為 0，此時 M_1 進入截止區，M_2 進入飽和區，以所謂 " 線性 " 式對 C_L 充電。隨著時間過去 C_L 電壓增大 M_2 進入三極管區，此時充電電流變小，改以 " 類線性 " 式對 C_L 充電，因此輸出 V_{out} 的波形如圖 14.16(b) 所示。 (譯 14-15)

(譯 14-15)
Figure 14.16(a) is a schematic diagram of CMOS inverter charging the load C_L. The input V_{in} drops from V_{DD} to 0 instantaneously. At this time, M_1 enters the cut-off region and M_2 enters the saturation region, charging C_L in a so-called "linear" mode. As time passes, the C_L voltage increases and M_2 enters the triode region. At this time, the charging current becomes smaller, and C_L is charged in a "quasi-linear" mode. Therefore, the output V_{out} waveform is shown in Figure 14.16(b).

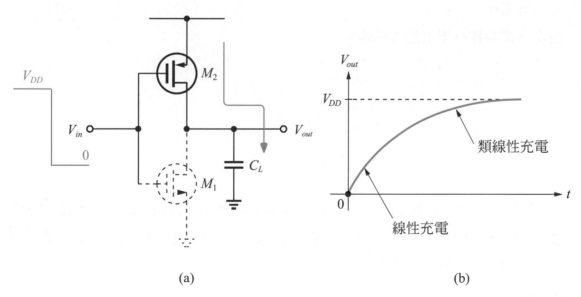

(a)   (b)

圖 14.16　(a)CMOS 反相器對負載 C_L 充電，(b) 輸出波形

例題 14.5

請畫出圖 14.16(a) 中 M_2 汲極電流 I_{D_2} 的波形圖。

▶ 解答

如同前面所介紹，I_{D_2} 初始電流值很大 (M_2 在飽和區) 對 C_L 充電。當 $V_{out}(C_L)$ 的電壓超過 $|V_{th_2}|$ 時，I_{D_2} 值開始下降，直到 V_{out} 值接近 V_{DD} 時，I_{D_2} 才為 0，如圖 14.17 所示。

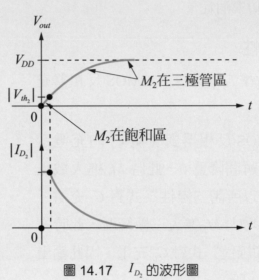

圖 14.17 I_{D_2} 的波形圖

立即練習○

請畫出電源提供電流的波形圖。

　　放電的行為和充電類似，圖 14.18(a) 是 CMOS 反相器放電的電路圖，同樣是輸入 V_{in} 瞬間由 0 升至 V_{DD}，此時 M_2 進入截止區，M_1 進入飽和區，以所謂 "線性" 式由 C_L 開始放電。[譯 14-16]

(譯 14-16)

The behavior of discharging is like charging. Figure 14.18(a) is the circuit diagram of CMOS inverter discharging. The input V_{in} instantly rises from 0 to V_{DD}. At this time, M_2 enters the cut-off region and M_1 enters the saturation region. Discharge starts from C_L in the so-called "linear" mode.

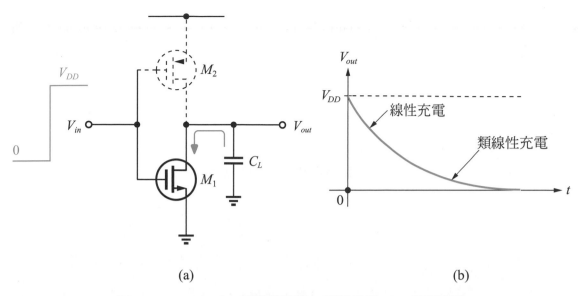

(a)   (b)

圖 14.18 (a)CMOS 反相器負載 C_L 對地充電，(b) 輸出波形

隨著時間過去 C_L 電壓減少至 V_{th_1} 以下時，放電電流減少，M_1 進入三極管區，才以所謂 "類線性" 式由 C_L 放電至電壓為 0，輸出 V_{out} 的波形如圖 14.18(b) 所示。**(譯 14-17)**

2. 定量分析：以數學方式來探討 CMOS 反相器充電和放電的特性。

回到圖 14.16(a) 的充電情形，輸入由 V_{DD} 瞬間降至 0，此時 M_2 開始以一個固定值電流對 C_L 充電，其值為

$$\left|I_{D_2}\right| = \frac{1}{2}\mu_p C_{ox}(\frac{W}{L})_2(V_{DD}-\left|V_{th_2}\right|)^2 \tag{14.3}$$

因而產生輸出電壓 $V_{out}(t)$ 為

$$V_{out}(t) = \frac{\left|I_{D_2}\right|}{C_L}t \tag{14.4}$$

$$= \frac{1}{2}\mu_p \frac{C_{ox}}{C_L}(\frac{W}{L})_2(V_{DD}-\left|V_{th_2}\right|)^2 t \tag{14.5}$$

(譯 14-17)

As time passes, when the C_L voltage decreases below V_{th_1}, the discharge current decreases, and M_1 enters the triode region, and then discharges from C_L to voltage 0 in a so-called "quasi-linear" mode. The output V_{out} waveform is shown in Figure 14.18(b).

所以當 $V_{out} = \left| V_{th_2} \right|$ ，M_2 進入三極管區的時間 (將 V_{out} 等於 $\left| V_{th_2} \right|$ 代入 (14.5) 式中求出 t) 為

$$T_{LH_1} = \frac{2 \left| V_{th_2} \right| C_L}{\mu_p C_{ox} (\frac{W}{L})_2 (V_{DD} - \left| V_{th_2} \right|)^2} \qquad (14.6)$$

則 M_2 進入三極管區後所產生的電流為

$$\left| I_{D_2} \right| = C_L \frac{dV_{out}}{dt} \qquad (14.7)$$

將三極管區的電流公式代入 (14.7) 式可得

$$\frac{1}{2} \mu_p C_{ox} (\frac{W}{L})_2 \left[2(V_{DD} - \left| V_{th_2} \right|)(V_{DD} - V_{out}) - (V_{DD} - V_{out})^2 \right]$$

$$= C_L \frac{dV_{out}}{dt} \qquad (14.8)$$

整理一下 (14.8) 式可得

$$\frac{dV_{out}}{2(V_{DD} - \left| V_{th_2} \right|)(V_{DD} - V_{out}) - (V_{DD} - V_{out})^2}$$

$$= \frac{1}{2} \mu_p \frac{C_{ox}}{C_L} (\frac{W}{L})_2 dt \qquad (14.9)$$

令 $v = V_{DD} - V_{out}$ ，$dv = - dV_{out}$ ，且利用積分公式

$$\int \frac{dv}{av - v^2} = \frac{1}{a} \ln \frac{v}{a - v} \qquad (14.10)$$

將 (14.10) 式代入 (14.9) 式中可得

$$\frac{-1}{2(V_{DD} - \left| V_{th_2} \right|)} \ln \frac{V_{DD} - V_{out}}{V_{DD} - 2\left| V_{th_2} \right| + V_{out}} \left. \begin{vmatrix} V_{out} = \frac{V_{DD}}{2} \\ \\ V_{out} = \left| V_{th_2} \right| \end{vmatrix} \right.$$

$$= \frac{1}{2} \mu_p \frac{C_{ox}}{C_L} (\frac{W}{L})_2 T_{LH_2} \qquad (14.11)$$

(14.11) 式中的 T_{LH_2} 是 V_{out} 由 $\left|V_{th_2}\right|$ 上升至 $\dfrac{V_{DD}}{2}$ 所需的時間。因此，T_{LH_2} 可由 (14.11) 式化簡得

$$T_{LH_2} = \frac{C_L}{\mu_p C_{ox} (\frac{W}{L})_2 (V_{DD} - \left|V_{th_2}\right|)} \ln(3 - 4\frac{\left|V_{th_2}\right|}{V_{DD}})$$

$$(14.12)$$

觀察 (14.12) 式可發現其分母正是 M_2 操作在深三極管區的電阻 R_{on_2} 之倒數。所以 T_{LH_2} 可重寫成

$$T_{LH_2} = R_{on_2} C_L \ln(3 - 4\frac{\left|V_{th_2}\right|}{V_{DD}}) \qquad (14.13)$$

若 $4\left|V_{th_2}\right| = V_{DD}$，則 (14.13) 式 可 簡 化 成 $T_{LH_2} = R_{on_2} C_L \ln 2$。此結果意味著 T_{LH_2} 正比於 R_{on_2}，且 C_L 是經由一個固定電阻 R_{on_2} 來充電。[譯 14-18]

那充電的總延遲時間為

$$T_{LH} = T_{LH_1} + T_{LH_2} \qquad (14.14)$$

$$= R_{on_2} C_L [\frac{2\left|V_{th_2}\right|}{V_{DD} - \left|V_{th_2}\right|} + \ln(3 - 4\frac{\left|V_{th_2}\right|}{V_{DD}})] \qquad (14.15)$$

再觀察一下 (14.15) 式可得以下 2 個重要結果：

(1) 當 V_{DD} 上升則 T_{LH} 下降，此結果似乎為合理。

(2) 若 $\left|V_{th_2}\right| = \dfrac{V_{DD}}{4}$ 時，中括號內的 2 項之值幾乎一樣。

(譯 14-18)

If $4\left|V_{th_2}\right| = V_{DD}$, (14.13) can be simplified to $T_{HL_2} = R_{on_2} C_L \ln 2$. This result means that T_{HL_2} is proportional to R_{on_2} , and C_L is charged via a fixed resistor R_{on_2} .

例題 14.6

若在推導 T_{LH_2} 的過程中，I_{D_2} 使用平均值 (即初始值 $\frac{1}{2}\mu_p C_{ox}(\frac{W}{L})_2(V_{DD}-|V_{th_2}|)^2$ 和最終值 0 的平均)。則：

(1) T_{LH_2} 值為多少？

(2) 和 (14.13) 式做比較，假設 $|V_{th_2}| = \frac{V_{DD}}{4}$ 。

▶ 解答

(1)　I_{D_2} 此時為固定值，$\frac{1}{4}\mu_p C_{ox}(\frac{W}{L})_2(V_{DD}-|V_{th_2}|)^2$，所以將 (14.5) 式的 V_{out} 以 V_{DD} 代

入，$\frac{1}{2}$ 改為 $\frac{1}{4}$，可得

$$T_{LH} = \frac{4V_{DD}C_L}{\mu_p C_{ox}(\frac{W}{L})_2(V_{DD}-|V_{th_2}|)^2} \tag{14.16}$$

那 T_{LH_1} 可將 (14.6) 式中的 2 換成 4，即可得

$$T_{LH_1} = \frac{4|V_{th_2}|C_L}{\mu_p C_{ox}(\frac{W}{L})_2(V_{DD}-|V_{th_2}|)} \tag{14.17}$$

將 (14.16) 式減去 (14.17) 式可得

$$T_{LH_2} = \frac{C_L}{\mu_p C_{ox}(\frac{W}{L})_2(V_{DD}-|V_{th_2}|)} \times \frac{\frac{V_{DD}}{2}-(V_{DD}-|V_{th_2}|)}{V_{DD}-|V_{th_2}|} \tag{14.18}$$

(2)　將 $|V_{th_2}| = \frac{V_{DD}}{4}$ 代入 (14.18) 式可得

$$T_{LH_2} = \frac{4}{3}R_{on_2}C_L \tag{14.19}$$

(14.19) 式比 (14.13) 式大了 50% 左右。

立即練習 ○

承例題 14.6，若條件改為 $|V_{th_2}| = \frac{V_{DD}}{3}$，和 (14.13) 式做比較。

　　至於放電的情況，則如圖 14.18(a) 所示，其推導的過程和充電相同。當輸入 V_{in} 由 0 瞬間升至 V_{DD}，M_2 進入截止區，M_1 進入飽和區，以的電流由 C_L 對地放電。

　　所以當 M_1 進入三極管區所需的時間為

$$T_{LH_1} = \frac{2V_{th_1} C_L}{\mu_n C_{ox}(\frac{W}{L})_1 (V_{DD} - V_{th_1})^2} \qquad (14.20)$$

M_1 進入三極管區後，其放電公式為

$$\frac{1}{2}\mu_n C_{ox}(\frac{W}{L})_1 [2(V_{DD} - V_{th_1})V_{out} - V_{out}^2]$$

$$= -C_L \frac{dV_{out}}{dt} \qquad (14.21)$$

　　其中 (14.21) 式的負號表示電流流出電容 C_L。同樣使用 (14.10) 式來求解 (14.21) 式，但是積分的上下限為 $\frac{V_{DD}}{2}$ 和 $V_{DD} - V_{th_1}$，表示由 $V_{DD} - V_{th_1}$ 的電壓放電至 $\frac{V_{DD}}{2}$ 的電壓。所以

$$\frac{-1}{2(V_{DD}-V_{th_1})} \ln \frac{V_{out}}{2(V_{DD}-V_{th_1})-V_{out}} \bigg|_{V_{out}=V_{DD}-V_{th_1}}^{V_{out}=\frac{V_{DD}}{2}}$$

$$= \frac{1}{2}\mu_n \frac{C_{ox}}{C_L}(\frac{W}{L})_1 T_{HL_2} \qquad (14.22)$$

整理 (14.22) 式可得

$$T_{HL_2} = R_{on_1} C_L \ln(3 - 4\frac{V_{th_1}}{V_{DD}}) \qquad (14.23)$$

其中 R_{on_1} 為 M_1 在深三極管區的電阻，其值為

$$\frac{1}{\mu_n C_{ox} \dfrac{W}{L}(V_{DD}-V_{th_1})}$$　。所以放電所需的時間 T_{HL} 為

$$T_{HL} = T_{HL_1} + T_{HL_2} \tag{14.24}$$

$$= R_{on_1} C_L \left[\frac{2V_{th_1}}{V_{DD}-V_{th_1}} + \ln(3 - 4\frac{V_{th_1}}{V_{DD}}) \right] \tag{14.25}$$

例題 14.7

當 V_{th_1} 由 0 變化至 $\dfrac{V_{DD}}{3}$ 時，(14.25) 式中括號內 2 項數值將如何變化。

▶ 解答

(1)　當 $V_{th_1} = 0$ 時，第 1 項值為 0，第 2 項值為 1.1。

(2)　當 $V_{th_1} = 0.255V_{DD}$ 時，第 1 項的值等於第 2 項，其值為 0.684。

(3)　當 $V_{th_1} = \dfrac{V_{DD}}{3}$ 時，第 1 項值為 1，第 2 項值為 0.51。

將上述討論以圖 14.19 表示之。

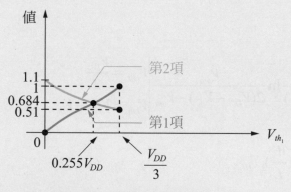

圖 14.19　例題 14.7 的解答作圖

立即練習●

若 V_{th_1} 由 0 變化至 $\dfrac{3V_{DD}}{4}$ ，(14.25) 式中括號內 2 項數值將如何變化。

14.3.2 功率消耗

　　根據 14.1 節中的討論，CMOS 反相器沒有**靜態功率**，因此本節所討論的功率消耗是**動態功率**消耗。圖 14.20 是 CMOS 反相器中 M_2 對 C_L 充電的示意圖。[譯 14-19]

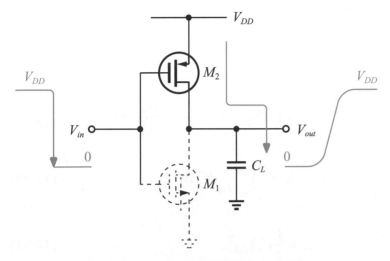

圖 14.20　CMOS 反相器負載 C_L 充電圖

　　當輸入由 V_{in} 由 V_{DD} 瞬間下降至 0 時，M_1 進入截止區，M_2 進入飽和區，對 C_L 充電；輸出 V_{out} 則為 0 上升至 V_{DD}。此時負載 C_L 的電能 E_1 為

$$E_1 = \int_{t=0}^{\infty} V_{out} \left| I_{D_2} \right| dt \tag{14.26}$$

$$= \int_{t=0}^{\infty} V_{out} (C_L \frac{dV_{out}}{dt}) dt \tag{14.27}$$

$$= C_L \int_{V_{out}=0}^{V_{DD}} V_{out} dV_{out} \tag{14.28}$$

$$= \frac{1}{2} C_L V_{DD}^{2} \tag{14.29}$$

(譯 14-19)
According to the discussion in Section 14.1, CMOS inverters have no *static power*(**靜態功率**), so the power consumption discussed in this section is *dynamic power*(**動態功率**) consumption. Figure 14.20 is a schematic diagram of M_2 charging C_L in a CMOS inverter.

(譯 14-20)
As for the schematic diagram of load C_L discharge in CMOS inverter is shown in Figure 4.21. When the input V_{in} rises from 0 to V_{DD} instantaneously, M_2 enters the cut-off region and M_1 enters the saturation region, providing a C_L discharge path from V_{DD} to 0.

至於 CMOS 反相器負載 C_L 放電的示意圖，如圖 4.21 所示。當輸入 V_{in} 由 0 瞬間升至 V_{DD} 時，M_2 進入截止區，M_1 進入飽和區，提供 C_L 放電路徑由 V_{DD} 放電至 0。^(譯 14-20)

此時，負載 C_L 放掉的電能 E_2 為

$$E_2 = \int_0^\infty (V_{DD} - V_{out}) I_{D_1} dt \tag{14.30}$$

$$= \int_0^\infty (V_{DD} - V_{out})(-C_L \frac{dV_{out}}{dt}) dt \tag{14.31}$$

$$= -C_L \int_{V_{out}=V_{DD}}^{V_{out}=0} V_{out} dV_{out} \tag{14.32}$$

$$= \frac{1}{2} C_L V_{DD}^2 \tag{14.33}$$

所以由 V_{DD} 所提供的電能 E 為

$$E = E_1 + E_2 \tag{14.34}$$

$$= C_L V_{DD}^2 \tag{14.35}$$

若輸入是一個具頻率 f_{in} 的信號，那 V_{DD} 所提供的平均功率 P_{av} 為

$$P_{av} = f_{in} C_L V_{DD}{}^2 \tag{14.36}$$

最後定義一個物理量稱之**功率延遲積** PDP 為

$$PDP = P_{av} \times \frac{T_{LH} + T_{HL}}{2} \tag{14.37}$$

> 功率延遲積 (*power delay product*)

將 (14.15) 式、(14.25) 式和 (14.36) 式代入 (14.37) 式，並假設，$R_{on_1} = R_{on_2} = R_{on}$，則 PDP 為

$$PDP = R_{on} f_{in} C_L{}^2 V_{DD}{}^2 [\frac{2V_{th}}{V_{DD} - V_{th}} + \ln(3 - 4\frac{V_{th}}{V_{DD}})] \tag{14.38}$$

(14.38) 式提供一個重要訊息，PDP 正比於 $C_L{}^2$。因此，降低負載 C_L 才可以減少 PDP 之量。[譯 14-21]

(譯 14-21)
(14.38) provides an important message: *PDP* is proportional to $C_L{}^2$. Therefore, reducing the load C_L can reduce the amount of *PDP*.

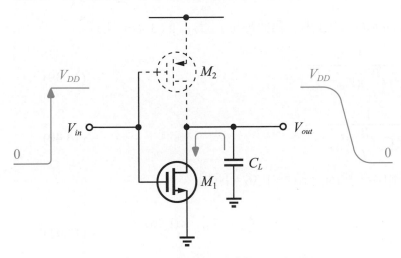

圖 14.21　CMOS 反相器負載 C_L 放電圖

例題 14.8

如圖 14.22 所示之電路，由 2 個反相器串接而成。p MOS 的寬度 (W) 是 n MOS 的 3 倍，X 點的電容為 $5WLC_{ox}$，$V_{th_1} = |V_{th_2}| = \dfrac{V_{DD}}{4}$，請求出 PDP 之值。

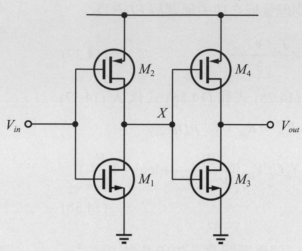

圖 14.22　例題 14.8 的電路圖

▶ 解答

因為 p MOS 的寬度 W 為 n MOS 的 3 倍，藉此補足 μ_n 為 μ_p 的 3 倍。所以

$$R_{on} = \frac{1}{\mu_n C_{ox} \left(\dfrac{W}{L}\right)(V_{DD} - V_{th})} \tag{14.39}$$

$$= \frac{4}{3} \frac{1}{\mu_n C_{ox} \left(\dfrac{W}{L}\right) V_{DD}} \tag{14.40}$$

由 (14.38) 式可計算出中括號內之值為 1.36。所以

$$PDP = \frac{4}{3} \frac{1}{\mu_n C_{ox} \left(\dfrac{W}{L}\right) V_{DD}} \cdot f_{in} \cdot (5WLC_{ox})^2 \cdot V_{DD}^2 \times (1.36) \tag{14.41}$$

$$= \frac{45.3 WL^2 f_{in} C_{ox} V_{DD}}{\mu_n} \tag{14.42}$$

立即練習 ○

承例題 14.8，若 p MOS 的寬度是 n MOS 的 6 倍，其他數據不變，請求出 PDP 之值。

1. MOS 反相器 (CS 組態放大器) 如圖 14.1 所示，其輸入／輸出特性曲線如圖 14.3 所示，可分成 3 大區域討論之。

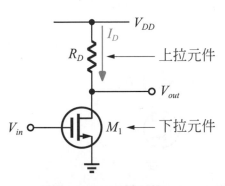

圖 14.1　MOS 反相器　　　　　圖 14.3　MOS 反相器的輸入／輸出特性曲線

2. CMOS 反相器如圖 14.4 所示，其輸入／輸出特性曲線如圖 14.5 所示，可分成 5 大區域討論之。

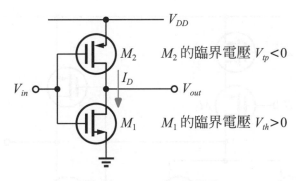

圖 14.4　CMOS 反相器

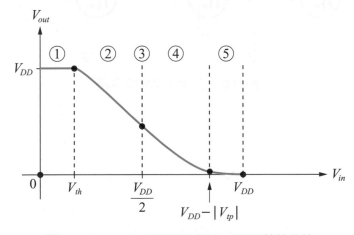

圖 14.5　CMOS 反相器的輸入／輸出特性曲線

3. 反或閘 (NOR) 和反及閘 (NAND) 可依 3 大步驟 (14.2.1 節詳述) 畫出其 CMOS
   電路，分別如圖 14.7 和圖 14.11 所示。

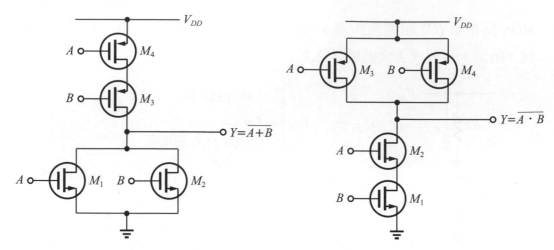

圖 14.7　反或閘的 CMOS 電路   圖 14.11　反及閘的 CMOS 電路

4. 或閘 (OR) 和及閘 (AND) 的 CMOS 電路只要在反或閘和反及閘後面串接一個
   CMOS 反相器即可，分別如圖 14.8 和圖 14.12 所示。

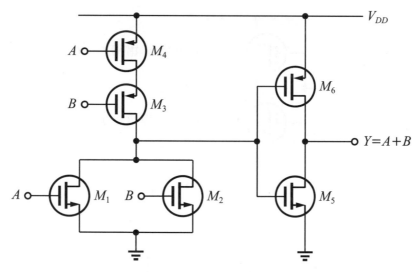

圖 14.8　或閘的 CMOS 電路

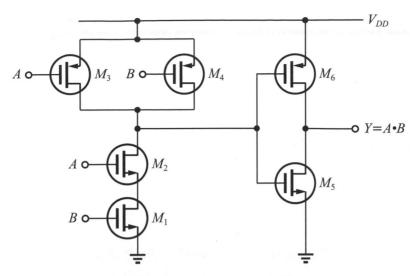

圖 14.12 及閘的 CMOS 電路

5. 根據 14.2.1 節的 3 大步驟和運算子的優先順序,可以快速畫出任意布林函數的 CMOS 電路。

6. CMOS 反相器的動態特性包含充電時間 T_{LH} 如 (14.15) 式所示,以及放電時間 T_{HL} 如 (14.25) 式所示。

$$T_{LH} = R_{on_2} C_L [\frac{2|V_{th_2}|}{V_{DD} - |V_{th_2}|} + \ln(3 - 4\frac{|V_{th_2}|}{V_{DD}})] \tag{14.15}$$

$$T_{HL} = R_{on_1} C_L [\frac{2|V_{th_1}|}{V_{DD} - |V_{th_1}|} + \ln(3 - 4\frac{|V_{th_1}|}{V_{DD}})] \tag{14.25}$$

7. CMOS 反相器沒有靜態功率的消耗,而動態功率包含對 C_L 充電的電能 E_1,如 (14.29) 式,以及 C_L 放電的電能 E_2 如 (14.33) 式所示,所以 V_{DD} 提供的電能 $E = E_1 + E_2$ 如 (14.35) 式所示。

$$E_1 = \frac{1}{2} C_L V_{DD}^2 \tag{14.29}$$

$$E_2 = \frac{1}{2} C_L V_{DD}^2 \tag{14.33}$$

$$E = C_L V_{DD}^2 \tag{14.35}$$

8. 功率延遲積 PDP 包含平均功率 P_{av}，如 (14.36) 式，以及延遲 $\dfrac{T_{LH}+T_{HL}}{2}$ 的乘積，其值如 (14.37) 式和 (14.38) 式所示。

$$P_{av} = f_{in}C_L V_{DD}{}^2 \tag{14.36}$$

$$PDP = P_{av} \times \frac{T_{LH}+T_{HL}}{2} \tag{14.37}$$

$$PDP = R_{on} f_{in} C_L{}^2 V_{DD}{}^2 [\frac{2V_{th}}{V_{DD}-V_{th}} + \ln(3-4\frac{V_{th}}{V_{DD}})] \tag{14.38}$$

9. PDP 正比於 $C_L{}^2$，所以降低負載 C_L 才可減少 PDP 之量。

Chapter A SPICE 概論

學習電子學的最終目的就是由認識基本的電子元件，包含電阻、電容、二極體、BJT 和 MOSFET，到將它們連接成電路後可以進一步分析，然而現在的電路中元件數目之多，已經很難利用手動來分析其直流與交流的特性了。因此，拜現今電腦硬體設備的進步，得以使用軟體 (程式語言) 來協助分析較為龐大且複雜的電路；有一種通用的模擬軟體稱之 Simulation Program with Integrated Circuits Emphasis (SPICE)，被廣泛地運用在電路的分析模擬上，雖然 SPICE 在當初被提出時是一套共享的工作軟體 (美國加州大學柏克萊分校)，但現在已經發展成商業用之模擬分析電路軟體，諸如 HSPICE 和 PSPICE 之類，它們的撰寫格式大致相同。本章將對 SPICE 做一簡單且快速的論述，以利可以快速上手此軟體來做電路的模擬分析，共有 3 大重點，分別為：

1. 電子元件的描述：(a) 電阻，(b) 電容，(c) 電感，(d) 電壓源，(e) 電流源，(f) 二極體，(g)BJT 電晶體，(h)MOSFETs，(i) 相依電源，(j) 初始值。

2. 模擬的步驟與程序。

3. 分析的類型：(a) 工作點的分析，(b) 直流點的分析，(c) 暫態 (交流) 的分析。

A.1 電子元件的描述

本節將講述電子元件在 SPICE 是如何描述，此電子元件包含電阻、電容、電感、電壓源、電流源、二極體、BJT 電晶體、MOSFETs 和相依電源，最後則要將電子元件有初始值時的情況，一併做完整的介紹。

▐▌◣ A.1.1　電阻、電容和電感

　　由於電阻、電容和電感這 3 個元件在 SPICE 中的描述非常類似，因此將於本小節一併介紹。圖 A.1(a) 是一個 *RLC* 電路，圖 A.1(b) 則是將元件的 "名稱" 和 "節點" 都標註上去的電路。

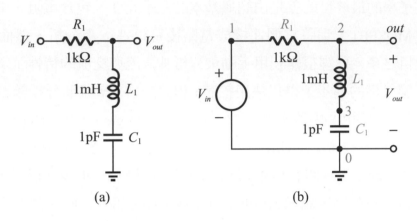

圖 A.1　(a)*RLC* 電路，(b) 標註元件名稱和節點的電路

電阻、電容和電感的描述如以下方式爲準則：

元件名稱	節點1	節點2	大小值

所以

r1 (電阻)	1	2	1k
ℓ1 (電感)	2	3	1m
c1 (電容)	3	0	1p

▐▐▌ A.1.2　電壓源

電壓源的描述如以下方式為準則：

元件名稱	節點 1	節點 2	種類	大小值 (峰值)

所以如同圖 A.1 所示，電壓源 V_{in} 可描述如下：

Vin	1	0	dc	1

或

Vin	1	0	ac	1

若種類為 dc 做直流分析，後面的 1 代表直流電壓的大小值為 1 V；若種類為 ac 則做交流分析，後面的 1 代表峰值為 1 V，但交流分析 (ac) 必須再多加 1 行來說明此交流訊號：

.ac	十倍頻率中的個數	初始頻率	終止頻率

因此

.ac	dec 300	1 meg	100 meg

表示此電壓源為交流分析，每十倍頻率中有 300 個頻率值，由 1 MHz 模擬至 100 MHz。

A.1.3 電流源

基本上電流源的寫法和電壓源是一樣的，如同圖 A.2 所示。

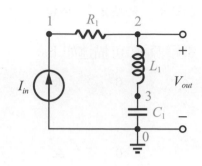

圖 A.2　輸入為電流源的 **RLC** 電路

電流源可以描述如下：

Iin	0	1	ac	1

方式和電壓源一樣，要補上 .ac 一行來說明交流分析 (ac)，或者也可以如下方式描述：

Iin	0	1	pulse	(0 2m 0 0.05n 0.05n 5n 10.2n)

其中 pulse 表示是脈衝響應，此脈衝電壓值為 0 至 2 mV，0 表示沒有延遲，0.05n 和 0.05n 表示上升和下降所花的時間，5n 表示脈衝寬度為 5 ns，10.2n 表示週期，如圖 A.3 所示。

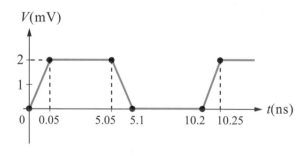

圖 A.3　脈衝的波形圖

▥ A.1.4　二極體

二極體元件的描述準則如下，如同圖 A.4 所示：

元件名稱 (以 d 開頭)	節點 1	節點 2	逆向飽和電流 (is)	逆偏為 0 的電容值 (cjo)	內建電壓 (vj)

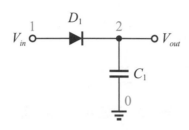

圖 A.4　二極體 D_1 的電路圖

二極體 D_1 的描述如下：

d1	1	2	is = 0.1f	cjo = 0.5p	Vj = 0.6

表示 D_1 的名稱為 d1，接在節點 1 和 2 之間，其逆向飽和電流為 1×10^{-16} A，逆偏壓為零的電容值 5×10^{-13} F，內建電壓為 0.6 V。

也可以下列的方式來描述二極體 D_1：

d1	1	2	xmodel	
.model	xmodel	d(is = 0.1f，cjo = 0.5p，vj = 0.6)		

其中 .model 是在說明 xmodel 的參數，d 是二極體元件專用的模型，若是 npn 型 BJT 可用 "npn"，若是 n MOS 元件則可用 "nmos"。

📶 例題 A.1

如圖 A.5 所示，請寫出電路中元件的 SPICE 程式碼。

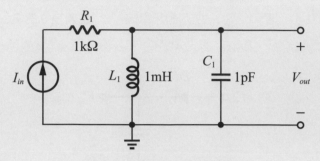

圖 A.5　例題 A.1 的電路圖

▶ 解答

將圖 A.5 的節點編號，如同圖 A.6 所示。

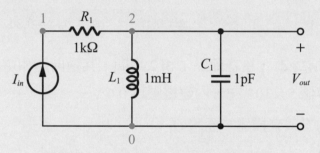

圖 A.6　圖 A.5 加上節點號碼的電路圖

所以，其 SPICE 程式如下：

r1	1	2	1k					
ℓ1	2	0	1m					
c1	2	0	1p					
Iin	0	1	pulse	(0	2m	0	0.05n	0.05n	5n	10.2n)

例題 A.2

如圖 A.7 所示，請寫出電路中元件的 SPICE 程式碼。

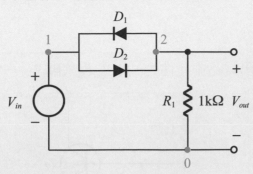

圖 A.7 例題 A.2 的電路圖

▶ 解答

編上節點的號碼，如同圖 A.7 上的紅色數字。所以其 SPICE 程式碼如下：

```
d1      2       1       xmodel
d2      1       2       xmodel
r1      2       0       1k
Vin     1       0       pulse    (0  1  0  0.1n  0  1n  1)
```

A.1.5 BJT 電晶體

BJT 電晶體的描述如下：

| q1 | 集極 | 基極 | 射極 | 基體 (substrate) | 模型名稱 |

其中 BJT 電晶體元件的代號為 q，分別描述其集極，基極，射極和基體的節點編號。最後模型的描述如下：

| .model | npn 或 pnp (模型名稱) | (beta =, is =, cje =, cjc =, cjs =, tf =) |

其中 beta 就是 β，is 就是 I_s (逆向飽和電流)，cje 是基極—射極間的接面電容，cjc 是基極—集極間的接面電容，cjs 是基極—基體的接面電容，tf 是基極區之電荷儲存效應以轉換時間 (τ_F)。

　　以上的參數描述是最基本的，現今 BJT 電晶體模型參數有數百個，一般都會由廠商提供，不用寫程式者自己撰寫。

例題 A.3

如圖 A.8 所示，請寫出電路中元件的 SPICE 程式碼。

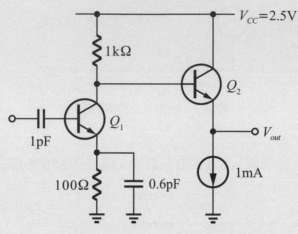

圖 A.8　例題 A.3 的電路圖

▶ 解答

編上元件和節點的號碼，如圖 A.9 所示。

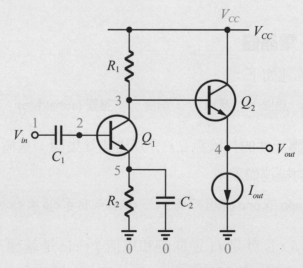

圖 A.9　圖 A.8 中元件和節點的名稱和編號

所以，其 SPICE 程式碼如下：

r1	Vcc	3	1k			
r2	5	0	100			
c1	1	2	1p			
c2	5	0	0.6p			
q1	3	2	5	0	amodel	
q2	Vcc	3	4	0	amodel	
Iout	4	0	1m			
Vcc	Vcc	0	2.5			
Vin	1	0	ac	1		
.ac	dec	100	100meg	10g		
.model	amodel	npn	(beta = 100, is = 10f, cje = 6f, cjc = 7f, cjs = 10f, tf = 5p)			

A.1.6　MOSFET 電晶體

MOSFET 電晶體的描述將分成 2 階段完成，首先是元件的代號端點和尺寸的描述：

名稱	汲極	閘極	源極	基體	模型
m1	3	1	0	0	nmos　w = 10u　l = 0.18u　as = 8p +ps = 24.2u　ad = 8p　pd = 24.2u

其中 MOSFET 的元件名稱以 "m" 表示之，汲極、閘極、源極和基體分別接至 3、1、0、0 號節點，模型為 nmos，通道寬度 10 μm，通道長度 0.18 μm，源極面積 8×10^{-12} m^2，源極周長 24.2 μm，汲極面積 8×10^{-12} m^2，汲極周長 24.2 μm。

第二個則是描述其各項參數和單位面積的電容值：

.model	xmodel	nmos	(level = 1, u0 = 480, tox = 0.5n, Vth = 0.4, lambda = 0.4, cjo = 3e – 4, mj= 0.35, cjswo = 35n, mjswo = 0.3)

其中 level 表示模型有某種程度的複雜度，u0 表示遷移率為 480 cm^2/s，tox 為氧化層的厚度 0.5nm(50Å)，Vth 為臨界電壓 0.4V，lambda 為通道長度調變係數 0.4 V^{-1}，電容值如 (A.1) 式所示。

$$C = \frac{C_o}{(1+\frac{V_R}{\phi_0})^m}$$ (A.1)

cjo 即是 (A.1) 式中的 C_o 為 3×10^{-4} F/m^2 (= 0.3 f F/μm^2)，mj 為 (A.1) 式中的 m 為 0.35，而 cjswo 為側壁電容是 35×10^{-9} F/m (= 0.35 f F/μm)，mjswo 為 0.3。以上的 .model 參數一樣會由廠商提供，電路設計者只需拿來使用即可，不必自行撰寫。

ＹⅢ 例題 A.4

如圖 A.10 所示，請寫出電路中元件的 SPICE 程式碼。

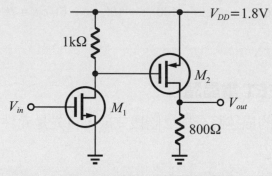

圖 A.10　例題 A.4 的電路圖

▶ 解答

先將圖 A.10 的元件和節點編號，如圖 A.11 所示。

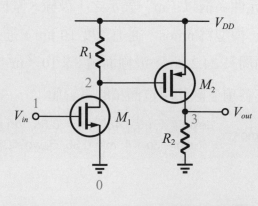

圖 A.11　圖 A.10 中元件和節點的編號圖

所以

r1	Vdd	2	1k		
r2	3	0	800		
m1	2	1	0	0	nmos
					w = 10u l = 0.18u as = 8p ps = 24.2u ad = 8p pd = 24.2u
m2	3	2	Vdd	Vdd	pmos
					w = 20u l = 0.18u as = 16p ps = 48.4u ad = 16p pd = 48.4u
Vdd	Vdd	0	1.8		
Vin	1	0	dc	1	
.model	xmodel	nmos			(level = 1, μ0 = 480, tox = 0.5n, Vth = 0.4, lambda = 0.4, cjo = 3e − 4, mj = 0.35, cjswo = 35n, mjswo = 0.3)
.model	xmodel	pmos			(level = 1, μ0 = 200, tox = 0.5n, Vth = − 0.4, lambda = 0.5, cjo = 3.5e − 4. mj = 0.35, cjswo = 35n, mjswo = 0.3)

A.1.7　相依電源

考慮圖 A.12 的電壓相依電源，其輸入與輸出的關係為 $V_{CD} = \alpha + \beta V_{AB}$，其中 α 為直流值，β 為增益值。

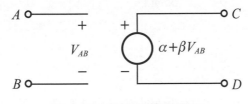

圖 A.12　電壓相依電壓源

所以其 SPICE 寫法為：

名稱	輸出節點		輸入節點		直流值	增益值
e1	c	d	poly(1) a	b	α	β

其中 e 用來表示電壓之相依電壓源，poly(1) 表示 V_{CD} 與 V_{AB} 間的關係為一階多項式。

📶 例題 A.5

如圖 A.13 所示，運算放大器的增益為 1000，請寫出其 SPICE 程式碼。

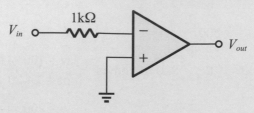

圖 A.13　例題 A.5 的電路圖

▶ 解答

先畫出其元件和節點的編號，如圖 A.14 所示。

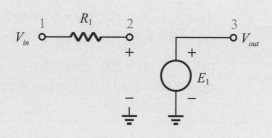

圖 A.14　圖 A.13 元件和節點的編號圖

所以

r1	1	2	1k			
e1	3	0	poly(1)	1	0	0	−1000

🔋 A.1.8　初始值

初始值常用表示一個元件的開始值，例如電容、電感之元件，使用 .ic 來表示，例如：.ic v(x) = 0.1。

📶 A.2　模擬的步驟與程序

SPICE 模擬的程式分為 2 個步驟：

1. 以語法來定義電路的元件和節點。

2. 使用指令來完成分析。

而第 1 個步驟可由 3 個部份組成：

(1) 在電路標記各個節點，並給予一個號碼。其中輸入端可標記爲 "in" 或一般的號碼 (本書於第 A.1 節中皆標爲一般號碼)，輸出端可標記爲 "out" 或一般號碼 (本書於第 A.1 節中皆標爲一般號碼)，接地端一般皆標爲 "0"，圖 A.15(a) 是一個 RC 電路圖，圖 A.15(b) 則是標記各個節點號碼的電路圖。

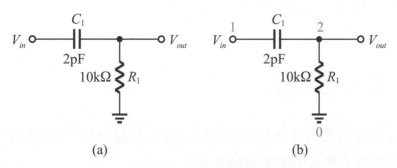

圖 A.15 (a)RC 電路圖，(b) 節點標記號碼的 RC 電路圖

(2) 在電路中標記各個元件，以 "類型" 來表示之，若不只一個則在 "類型" 之後以 "數字" 來加以區分之。例如：電阻的類型以 "r" 表示，電容以 "c" 表示，電感以 "l" 表示，二極體以 "d" 表示，BJT 電晶體以 "q" 表示，MOS 電晶體以 "m" 表示，電壓源以 "v" 表示，電流源以 "i" 表示，所以圖 A.15(a) 的 RC 電路最終可表示如圖 A.16 所示。

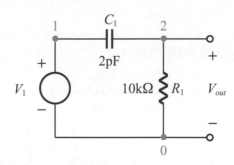

圖 A.16 標記節點和元件的 RC 電路

(3) 建立一個 "程式列"。也就是將各個元件與其連接的節點表列出來，一行描述一個元件的類型，以及節點的位置和其大小值 (包含其他的參數，例如：二極體、BJT 電晶體和 MOS 電晶體)。最後將圖 A.15(a) 的 RC 電路，以 "程式列" 寫出如下：

c1	1	2	2pF	
r1	2	0	10k	
v1	1	0	ac	1
.ac	dec	200	1meg	100meg

其中前三行是描述元件的程式列，最後一行則是說明輸入電源 V_{in} 的格式，在第 A.1 節已有詳細介紹，可向前翻閱加以參考之，在此不再贅述。

A.3 分析的型態

SPICE 分析的型態有 3 大類，分別為 (1) 工作點分析，(2) 暫態分析，(3) 直流分析，以下將拆分為 3 小節來討論分析。

A.3.1 工作點的分析

所謂工作點分析就是把電路的直流值分析出來。包含 (1) 節點電壓，(2) 電流，(3) 功率，(4) 電導和電容值。SPICE 以 .op 指令來做工作點的分析，以下藉例題 A.6 來加以說明。

例題 A.6

如圖 A.17 所示，求 R_3 和 R_4 的電流值。

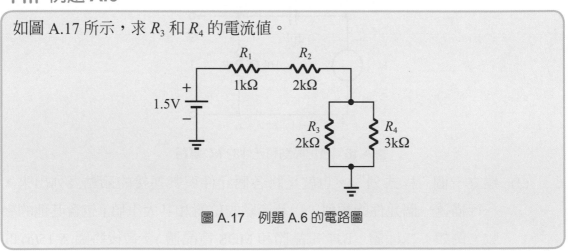

圖 A.17　例題 A.6 的電路圖

▶ 解答

顯然是要以工作點分析來求解。首先先把節點和元件的編號標示上，如圖 A.18 所示。

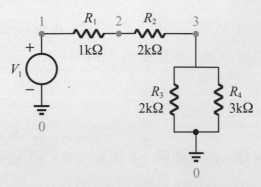

圖 A.18　加上節點和元件編號的電路圖

再來將 "程式" 列出來如下：

```
r1        1        2        1k
r2        2        3        2k
r3        3        0        2k
r4        3        0        3k
v1        1        0        1.5
.op
.end
```

經過分析，R_3 的電流預測為 0.214 mA，R_4 的電流預測為 0.143 mA。

A.3.2　直流分析

在執行電路分析時，有時候會需要能繪出輸出電壓 (電流) 對輸入電壓 (電流) 的特性曲線的功能，而直流分析即是完成此類的指令。

SPICE 是以相當小的間距掃描輸入的範圍，如下寫法：

v1	1	0	dc	1
.dc	v1	0.5	3	1m

第 1 行的 v1 是輸入 1 V 直流電壓，第 2 行的 .dc 則是做直流分析，由下限值 (0.5 V) 掃描至上限值 (3 V)，每一個間距為 1 mV。

📶 例題 A.7

如圖 A.19 所示，假設輸入的範圍為 – 1 V 至 +2V，間距為 1 mV，請建立 $\dfrac{V_{out}}{V_{in}}$ 的特性曲線。

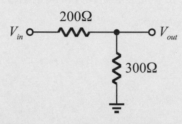

圖 A.19　例題 A.7 的電路圖

▶ 解答

顯然是需做直流分析，先把元件和節點編號標示出來，如圖 A.20 所示。

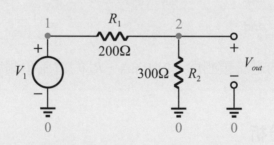

圖 A.20　加上節點和元件編號的電路圖

其 "程式列" 如下：

r1	1	2	200	
r2	2	0	300	
v1	1	0	dc	1
.dc	v1	–1	+2	1m

A.3.3　暫態分析

　　當需要做脈衝響應時，輸入電源 V_{in} 必須改成脈衝波型 (如圖 A.3) 的寫法，必要時可加上 .ac 來做交流分析，而這樣的分析即稱為暫態分析。輸入電源脈衝式寫法和 .ac 在第 A.1.2 節之電壓源部分已經詳述，敬請參考之，在此便不再贅述。至於暫態分析所使用的指令如下：

.tran　　　0.1n　　　5n

　　其中 0.1n 表示時間步階的增量為 0.1 ns，而 5n 表示整個步階響應為 5 ns，如圖 A.21 所示。

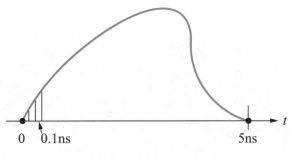

圖 A.21　時間步階之圖解

例題 A.8

如圖 A.22 所示，請建立 SPICE 程式以求電路的脈衝響應。

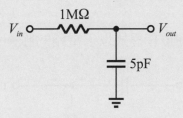

圖 A.22　例題 A.8 的電路圖

▶ 解答

首先先將元件和節點的編號標示，如圖 A.23 所示。

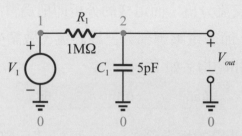

圖 A.23　加上元件和節點編號的電路圖

其 *RC* 時間常數為 5 μs，所以可選擇上升及下降的時間為 0.1 μs，脈寬為 15 μs。其 "程式列" 如下：

```
r1        1        2        1meg

c1        2        0        5p

v1        1        0        pulse      (0   1   0   0.1u   0.1u   5u   15u)

.tran     0.2u     60u

.end
```

▾ιιι 例題 A.9

如圖 A.24 所示，請建立 SPICE 程式以求電路的脈衝響應。

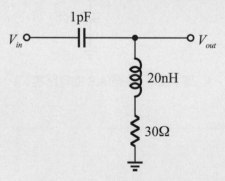

圖 A.24　例題 A.9 的電路圖

▶ 解答

先將元件和節點編號，如圖 A.25 所示。

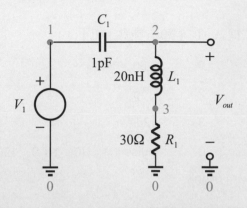

圖 A.25　加上元件和節點編號的電路圖

選擇上升和下降時間為 150 ps。

其 "程式列" 如下：

```
r1      3       0       30
c1      1       2       1p
l1      2       3       20n
v1      1       0       pulse      (0   1   0   150p   150p   1)
.tran   25p     500p
.end
```

例題 A.10

承例題 A.9，求 *RLC* 的頻率響應。

▶ 解答

如圖 A.25 所示。其 "程式列" (頻率響應) 如下：

```
r1        3        0        30

c1        1        2        1p

l1        2        3        20n

*v1       1        0        pulse    (0  1  0  150p  150p  1)

*.tran    25p      500p

*Add next two lines for ac analysis

v1        1        0        ac       1

.ac       dec      100      1meg     1g
```

其中標上 * 於行前面的，表示為註解並不會執行此行的指令。

索引

國家圖書館出版品預行編目資料

電子學(進階分析) / 林奎至, 阮弼群編著. -- 初
　版. -- 新北市 : 全華圖書股份有限公司.
　2022.03
　　面； 　公分
　ISBN 978-626-328-085-4(平裝)

　1.CST: 電子工程 2.CST: 電子學

448.6　　　　　　　　　　　111002041

電子學(進階分析)

作者 / 林奎至、阮弼群

發行人 / 陳本源

執行編輯 / 張繼元

封面設計 / 楊昭琅

出版者 / 全華圖書股份有限公司

郵政帳號 / 0100836-1 號

印刷者 / 宏懋打字印刷股份有限公司

圖書編號 / 06449

初版一刷 / 2022 年 05 月

定價 / 新台幣 620 元

ISBN / 978-626-328-085-4(平裝)

全華圖書 / www.chwa.com.tw

全華網路書店 Open Tech / www.opentech.com.tw

若您對本書有任何問題，歡迎來信指導 book@chwa.com.tw

臺北總公司(北區營業處)
地址：23671 新北市土城區忠義路 21 號
電話：(02) 2262-5666
傳真：(02) 6637-3695、6637-3696

南區營業處
地址：80769 高雄市三民區應安街 12 號
電話：(07) 381-1377
傳真：(07) 862-5562

中區營業處
地址：40256 臺中市南區樹義一巷 26 號
電話：(04) 2261-8485
傳真：(04) 3600-9806(高中職)
　　　(04) 3601-8600(大專)

習題演練

Chapter 9
頻率響應

基礎題

1. 請比較電路中電壓增益和轉移函數的差異和相同之處。

   解

2. 極點和零點是如何定義的？它們在波德圖上有何作用？

   解

3. 何謂波德規則？請詳細說明之。

   解

4. 利用圖 Q9.1，推導出米勒定理的公式。

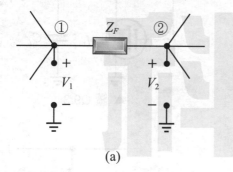
(a)

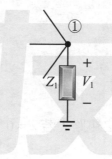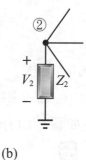
(b)

▲ 圖 Q9.1

   解

5. 如圖 Q9.2 所示之電路。則：

   (1) 請畫出其高頻模型電路。

   (2) 請直接於電路圖上標示出高頻電容。

   解

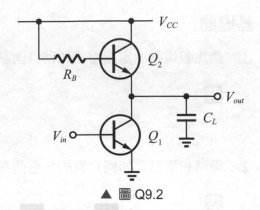

▲ 圖 Q9.2

6. 如圖 Q9.3 所示之電路。則：

   (1) 請畫出其高頻模型電路。

   (2) 請直接於電路圖上標示出高頻電容。

   解

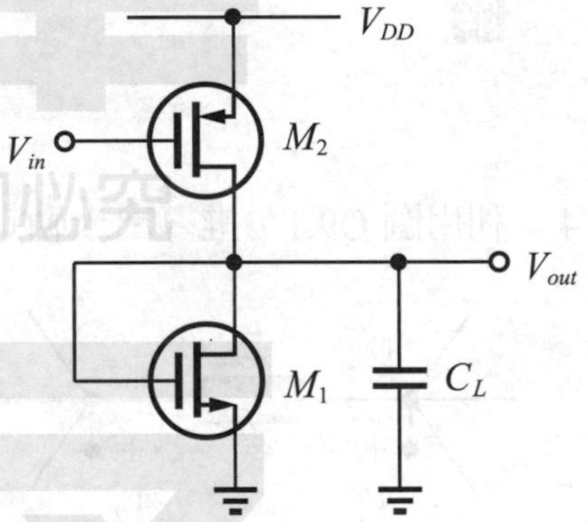

▲ 圖 Q9.3

7. 如圖 Q9.4 所示之電路，若 $\lambda = 0$，求其極點。

   解

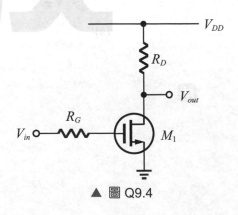

▲ 圖 Q9.4

8. 如圖 Q9.5 所示之電路，設 $V_A = \infty$。則：

(1) 試求其 -3dB 的頻寬。

(2) 增益 $\times \dfrac{頻寬}{功率}$ 之值。

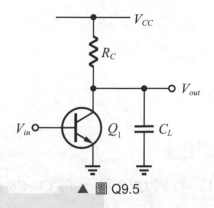

▲ 圖 Q9.5

9. 如圖 Q9.6 所示之電路，$\lambda = 0$，求其極點。

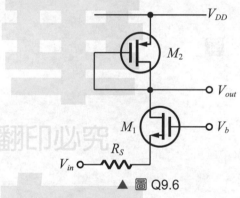

▲ 圖 Q9.6

10. 如圖 Q9.7 所示之電路，求其轉移函數 $H(s)$。

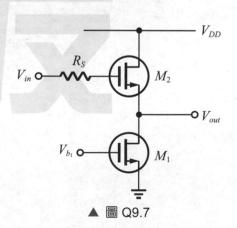

▲ 圖 Q9.7

11. 如圖 Q9.8 所示之電路，若 $\lambda \neq 0$，求其輸入電容。

解

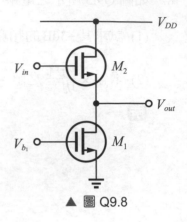

▲ 圖 Q9.8

進階題

12. 如圖 Q9.9 為一個 CC-CB 的放大器，假設 $I = 1\text{mA}$，$\beta = 100$，$C_\pi = 8\text{pF}$，$C_u = 3\text{pF}$，$R_{sig} = 15\text{k}\Omega$，$R_L = 20\text{k}\Omega$，$V_T = 25.9\text{mV}$，則求高頻響應的極點頻率。

【106 中山大學 - 電機碩士甲組】

解

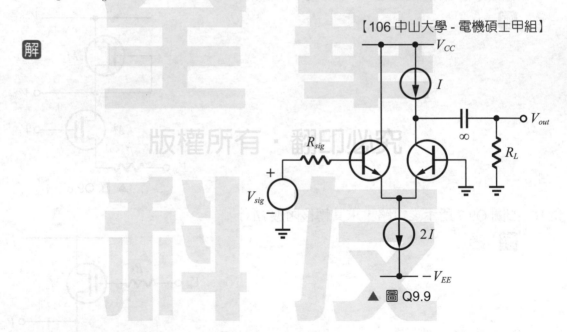

▲ 圖 Q9.9

13. 如圖 Q9.10 之放大器，其 $V_{DC} = 1.5V$，$R_{sig} = R_L = 1k\Omega$，$R_C = 1k\Omega$，$R_B = 47k\Omega$，

$|V_{BE}| = 0.7V$，$\beta = 100$，$C_u = 0.8pF$，$f_T = 600MHz$，$V_T = 25mV$。假設耦合電容值
都很大，且忽略厄利效應，則求高頻響應的 −3dB 頻率 f_H。

【107 中山大學 - 電機碩士甲組】

解

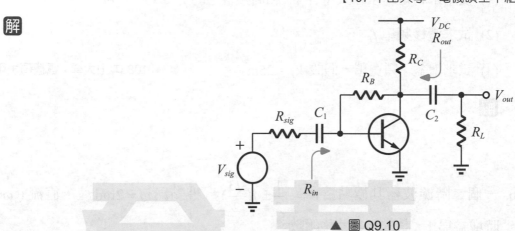

▲ 圖 Q9.10

14. 如圖 Q9.11 電路中的 BJT 增益參數為 β，請求出電路的轉移函數以及 −3dB 頻寬。

【107 中山大學 (選考)- 光電所碩士】

解

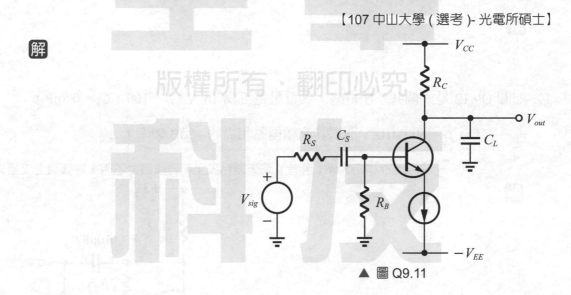

▲ 圖 Q9.11

15. 考慮一個具雙極性主動負載的 *CE* 放大器，其負載電流源是由 *pnp* 電晶體實現。

假設其偏壓電流為 1mA，$\beta(npn) = 100$，$V_{An} = 150\text{V}$，$|V_{Ap}| = 100\text{V}$，$C_\pi = 15\text{pF}$，

$C_u = 0.4\text{pF}$，$C_L = 5\text{pF}$，$r_\pi = 200\Omega$，此放大器輸入源具有 $30\text{k}\Omega$ 的電阻。則：

(1) 使用米勒定理求輸入電容 C_{in} 和高頻響應的 -3dB 頻率 f_H。

(2) 試求遷移頻率 f_T。

(3) 試求增益 - 頻寬積，假設 $V_T = 25\text{mV}$。　　　　　　　【108 中山大學 - 電機碩士甲組】

解

16. 一個二階濾波器其極點為 $S = -\dfrac{1}{2} \pm j(\dfrac{\sqrt{3}}{2})$，零點為 $\omega = 2\text{rad}/\text{s}$，直流（$\omega = 0$）時增益為 1，請求出其轉移函數。

【109 中山大學 (選考)- 電波聯合碩士、通訊碩士乙組、電機碩士戊組】

解

17. 如圖 Q9.12 是一個共基極電路，其偏壓電流為 1mA，$\beta = 100$，$C_u = 0.8\text{pF}$，

$r_\pi = 25\Omega$，$f_T = 600\text{MHz}$，則求其高頻極點和高的 -3dB 頻率 f_H。

【109 中山大學 (選考)- 電波聯合碩士、通訊碩士乙組、電機碩士戊組】

解

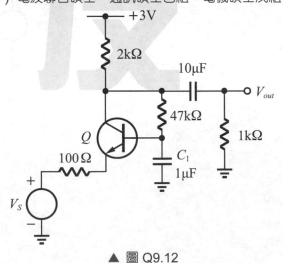

▲ 圖 Q9.12

18. 如圖 Q9.13 是一個 *CC-CE* 放大器，其 $I_1 = I_2 = 1\text{mA}$，$\beta = 100$，$f_T = 400\text{MHz}$，

$C_\pi = 2\text{pF}$，$V_T = 25\text{mV}$，$R_{sig} = 4\text{k}\Omega$，$R_L = 4\text{k}\Omega$，則求中頻增益 $\dfrac{V_{out}}{V_{sig}}$ 和 –3dB 頻率

f_H。
【109 中山大學 - 電機碩士甲組】

 解

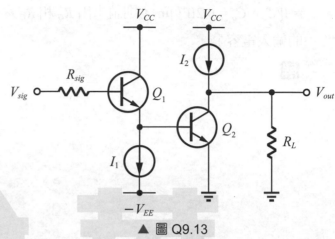

▲ 圖 Q9.13

19. 開迴路的轉移函數 $A(s)$ 公式為 $A(s) = \dfrac{10^5}{(1+\dfrac{s}{p_1})(1+\dfrac{s}{p_2})(1+\dfrac{s}{p_3})}$，其中 $p_1 = 10^5\text{Hz}$，

$p_2 = 10^6\text{Hz}$，$p_3 = 10^7\text{Hz}$，此放大器和一個不受頻率影響的回授網路 β 一起組成回

授，請畫出其波德圖 (包括大小和相位圖)。 【107 中正大學 - 電機工程學系碩士】

解

20. 如圖 Q9.14 的放大器，其中頻增益 $A_{vo} = 84\text{dB}$ 且具有 3 個左半平面的極點，分別

為 50kHz、500kHz 和 10MHz，C_C 是一個米勒補償電容。則：

(1) 請畫出不考慮 C_C 的波德圖 (包含大小和相位圖)。

(2) 不考慮 C_C 求其單一增益的頻率值。 【108 中正大學 - 電機工程學系碩士】

 解

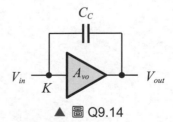

▲ 圖 Q9.14

21. 如圖 Q9.15 是一個 MOS 堆疊放大器，其輸入極點為 4GHz，而輸出極點為 12GHz。假設 Q_1 和 Q_2 完全匹配，操作在飽和區且超載電壓 $(V_{GS} - V_{th})$ 為 0.2V，$L = 0.18\ \mu\text{m}$，$\lambda = 0$，$\mu_n C_{ox} = 100\ \mu\text{A/V}^2$，$C_{ox} = 12\text{fF}/\ \mu\text{m}^2$，$C_{GS} = (\frac{2}{3})WLC_{ox}$，$C_{GD} = WC_o$，$C_o = 0.2\text{fF}/\ \mu\text{m}$，則請求出 R_G 和 R_D 之值 (提示：使用米勒定理來計算 Q_1 的輸入電容)。 【109 中正大學 - 電機工程學系碩士】

 解

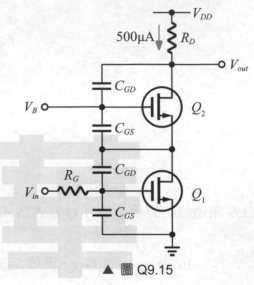

▲ 圖 Q9.15

22. 如圖 Q9.16 所示，請推導出轉移函數 $\dfrac{V_{out}(s)}{V_{in}(s)}$，證明轉移函數是一個低通濾波器，且求出其直流增益和 -3dB 頻率。

【108 臺北科技大學 - 機械工程 - 機電整合碩士甲組】

 解

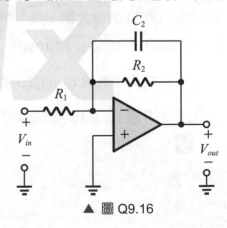

▲ 圖 Q9.16

23. 如圖 Q9.17 是一個電壓放大器，電晶體 M_0 的模型參數為 g_m、C_{gs}、C_{gd}。則：

(1) 請畫出其高頻電路的模型。

(2) 試求其轉移函數 $T(s) = \dfrac{V_{out}(s)}{V_{in}(s)}$。【106 臺灣科技大學 - 電子工程碩士乙二組】

解

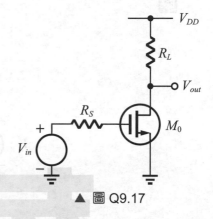

▲ 圖 Q9.17

24. 如圖 Q9.18 所示，試證明其增益轉移函數為：

$$\frac{V_{out}(s)}{V_{in}(s)} = \frac{R_P}{R_S + R_P} \cdot \frac{1}{1 + \dfrac{C_P}{C_S}\left(\dfrac{R_P}{R_S + R_P}\right) + \dfrac{1}{s\tau_S} + s\tau_P}$$

$$\tau_S = (R_S + R_P)C_S$$

$$\tau_P = (R_S \,/\!/\, R_P)C_P \text{。}$$

解

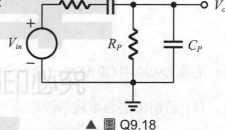

▲ 圖 Q9.18

【100 虎尾科技大學 - 光電與材料科技碩士】

電子學（進階分析）

25. 請計算如圖 Q9.19 共源極放大器之中頻增益 A_M 以及 "上 3dB" 頻率 (the upper 3dB frequency) f_H(Hz)。其中訊號源之內阻 R_{sig} = 100kΩ，且放大器之相關參數為 R_G = 4.7MΩ，$R_D = R_L$ = 15kΩ，g_m = 1mA/V，r_o = 150kΩ，C_{gs} = 2pF，以及 C_{gd} = 0.4pF。　　　　　　　　【100 虎尾科技大學 - 電子工程碩士】

解

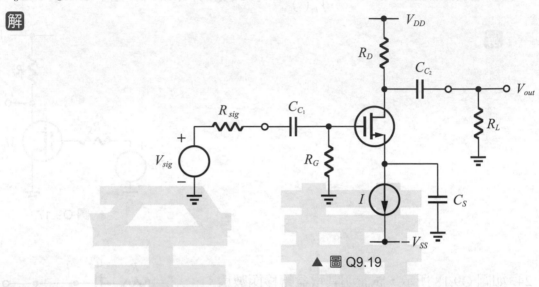

▲ 圖 Q9.19

26. 若圖 Q9.20 中 OP AMP 之直流增益為 100dB，且有一個頻率為 10rad/s 的單極點。則：

(1) 請畫出迴路增益的波德圖。

(2) 當增益等於 1 的時候所對應的頻率為多少？

【101 虎尾科技大學 - 光電與材料科技碩士】

解

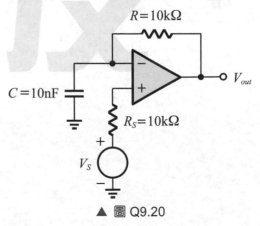

▲ 圖 Q9.20

27. 一個 BJT 放大器電路如圖 9.21，電晶體的參數為 $C_\pi = 0.8\text{pF}$、$C_\mu = 0.05\text{pF}$、$r_\pi = 2\text{k}\Omega$、$g_m = 39.5\text{mA/V}$，$R_C = R_L = 4\text{k}\Omega$，$R_1 = R_2 = 400\text{k}\Omega$，$r_S = 200\text{k}\Omega$，求此放大器 V_{out} 的高頻 3dB 的轉角頻率 (corner frequency)$f_{3DB} = ?$ (C_π：B-E 接面間之順向偏壓時電容，C_μ：B-C 接面反向偏壓時之電容，r_π：B-E 接面間之順向偏壓時擴散電阻)($C_{C_1}, C_{C_2}, C_E \approx 100\mu\text{F}$)。 【101 虎尾科技大學 - 光電與材料科技碩士】

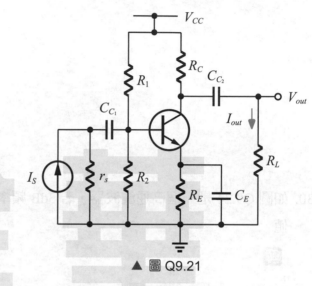

▲ 圖 Q9.21

28. 如圖 Q9.22 的放大器其 $I_D = 1\text{mA}$，$g_m = 1\text{mA/V}$，若 $f_L = 10\text{Hz}$，求 C_S 之值。 【108 雲林科技大學 - 電子系碩士】

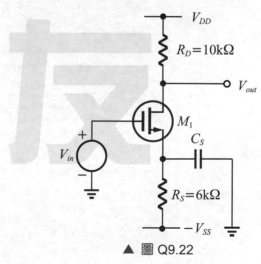

▲ 圖 Q9.22

29. 如圖 Q9.23 之電晶體操作於飽和區，可忽略掉所有的寄生電容，其他參數為 $\lambda = 0$，$g_m = 1 \times 10^{-3}$A/V，$R_D = 10\text{k}\Omega$，$C_L = 100 \times 10^{-15}$F，求 3dB 頻率。

【109 雲林科技大學 - 電子系碩士】

 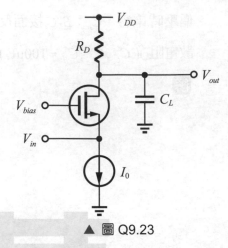

▲ 圖 Q9.23

30. 如圖 Q9.24 是一個高通濾波器，若 3dB 頻率不超過 10Hz，求耦合電容 C 的最小值。

【100 勤益科技大學 - 電子工程碩士】

▲ 圖 Q9.24

31. 如圖 Q9.25 所示，$V_{CC} = 20V$，$R_B = 2M\Omega$，$R_E = 110\Omega$，$\beta_{Q_1} = \beta_{Q_2} = 170$，爲 Q_1 與 Q_2 的 V_{BE} 皆等於 0.6V，試問該放大電路從 V_{in} 看進去的輸入阻抗 R_{in} 爲多少？。

【106 聯合大學 - 光電工程碩士】

解

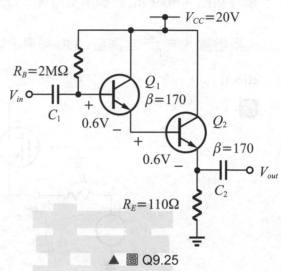

▲ 圖 Q9.25

32. 如圖 Q9.26 所示，已知 OP 爲理想。則：

(1) 試求此電路爲高通或低通濾波器型式。

(2) 試求 $\dfrac{V_{out}}{V_{in}}$ 的轉換函數。

(3) 試求中頻增益與 3dB 頻率。

【109 聯合大學 - 光電工程碩士】

解

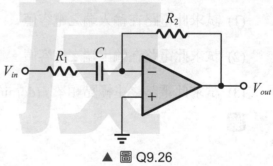

▲ 圖 Q9.26

33. 如圖 Q9.27 中電晶體偏壓於飽和區，小訊號參數 $g_m = 2.4\text{mA/V}$，$r_o = 10\text{k}\Omega$，寄生電容 $C_{gs} = \dfrac{5}{\pi}\text{pF}$ 與 $C_{gd} = \dfrac{0.35}{\pi}\text{pF}$。取 $R_{sig} = 0.4\text{k}\Omega$，$R_L = 20\text{k}\Omega$，$C_L = \dfrac{0.5}{\pi}\text{pF}$。低頻時其輸入電阻 R_{in} 與輸出電阻 R_{out} 公式如圖所示。以開路時間常數法估算此放大器增益 $A_v = \dfrac{V_{out}}{V_{sig}}$ 之高頻 -3dB 頻率，以 Hz 表示，忽略電晶體之基體效應 (body effect)。 【106 高考三級】

解

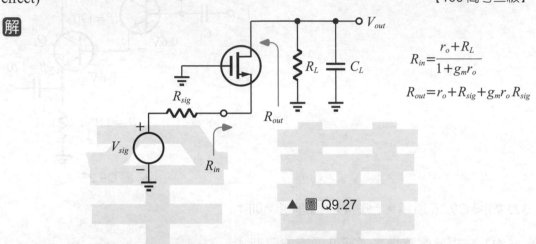

$$R_{in} = \frac{r_o + R_L}{1 + g_m r_o}$$

$$R_{out} = r_o + R_{sig} + g_m r_o R_{sig}$$

▲ 圖 Q9.27

34. 如圖 Q9.28 所示為一放大器電路，其中電晶體 M_1 之 $g_m = 1\text{mA/V}$，$r_o = 10\text{k}\Omega$，忽略其他寄生效應。又電阻 $R_S = 1\text{k}\Omega$，$R_D = 10\text{k}\Omega$，$C_F = 1\text{pF}$，$C_L = 3\text{pF}$。則：

(1) 試求此電路在輸入端之電容值。

(2) 試求此電路在輸出端之電容值。

(3) 試求此電路之主極點頻率 f_p (dominant pole frequency)。 【107 高考三級】

解

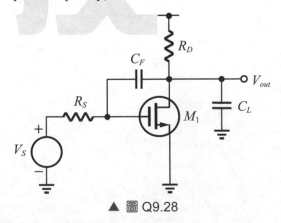

▲ 圖 Q9.28

35. 如圖 Q9.29 放大器僅顯示交流分析所需要的元件，電晶體參數 $g_m = 30\text{mA/V}$，

$r_\pi = 2\text{k}\Omega$，$r_o = 36\text{k}\Omega$，$R_S = 12.6\text{k}\Omega$，$R_{B_1} = R_{B_2} = 36\text{k}\Omega$，$R_{C_1} = R_{C_2} = 4\text{k}\Omega$，

$R_{E_1} = R_{E_2} = 1\text{k}\Omega$，$R_L = 0.9\text{k}\Omega$，$C_E \to \infty$。則：

(1) 若 $C_{C_1}, C_{C_2}, C_{C_3}$ 之容值均 $\to \infty$，試求電壓增益 $A_v = \dfrac{V_{out}}{V_S}$。

(2) 若 $C_{C_1} = \dfrac{25}{18}\mu\text{F}$，$C_{C_2} = \dfrac{25}{27}\mu\text{F}$，$C_{C_3} = \dfrac{20}{23}\mu\text{F}$，估算增益頻率響應之低頻 -3dB 點，

可利用 $\dfrac{10}{\pi} \approx 3.18$ 計算近似結果。 【108 高考三級】

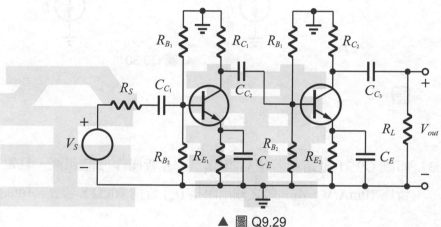

▲ 圖 Q9.29

36. 如圖 Q9.30 爲一串級放大器，V_{in+} 與 V_{in-} 爲差動信號，若所有電晶體皆操作

在飽和區，且電晶體之寬長比 $(\dfrac{W}{L})_1 = (\dfrac{W}{L})_2$，$(\dfrac{W}{L})_3 = (\dfrac{W}{L})_4$，$(\dfrac{W}{L})_5 = (\dfrac{W}{L})_6$，

$(\dfrac{W}{L})_7 = (\dfrac{W}{L})_8$。電晶體之轉導值 $g_{m_1} = g_{m_2} = g_{m_3} = g_{m_4} = g_{m_7} = g_{m_8} = 10\text{mA / V}$，

$g_{m_5} = g_{m_6} = 1\text{mA / V}$，輸出阻抗 (r_o) 爲 $10\text{k}\Omega$，$C = 10\text{pF}$。則：

(1) 試求 $\dfrac{V_{out+} - V_{out-}}{V_{in+} - V_{in-}}$ 之低頻增益 (需標註正負號)。

(2) 試求 $\dfrac{V_{out+} - V_{out-}}{V_{in+} - V_{in-}}$ 之主極點頻率 (Dominant pole frequency)。 【109 高考三級】

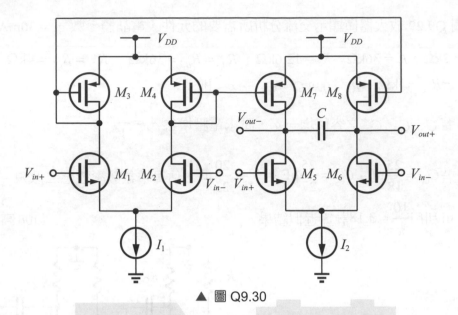

▲ 圖 Q9.30

解

37. 如圖 Q9.31 電路中若電晶體 $M_1 \sim M_4$ 皆操作於飽和區，且電晶體之轉導值 (g_m) 皆為 10mA/V，電晶體之輸出阻抗 (r_o) 皆為 10kΩ，若 $R = 100$kΩ，$C = 10$pF。則：

(1) 試求 $\dfrac{V_{out}}{V_{in}}$ 之直流小信號增益（需標註正負號）。

(2) 試求 $\dfrac{V_{out}}{V_{in}}$ 之 3dB 頻率 (ω_H)。 【109 高考三級】

解

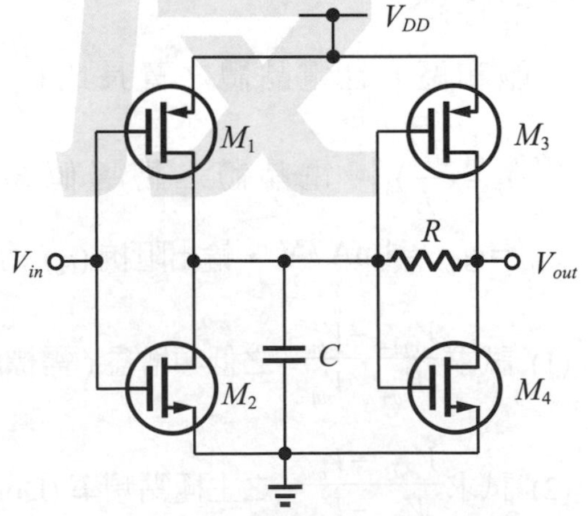

▲ 圖 Q9.31

得分欄

班級：________

學號：________

姓名：________

習題演練

Chapter 10 回授

基礎題

1. 如圖 Q10.1 所示之電路，求其轉移函數 $\dfrac{Y}{X}$。

解

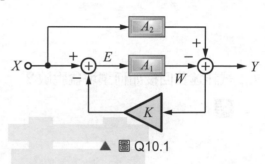

▲ 圖 Q10.1

2. 如圖 Q10.2 所示之電路，求其轉移函數 $\dfrac{E}{X}$。

解

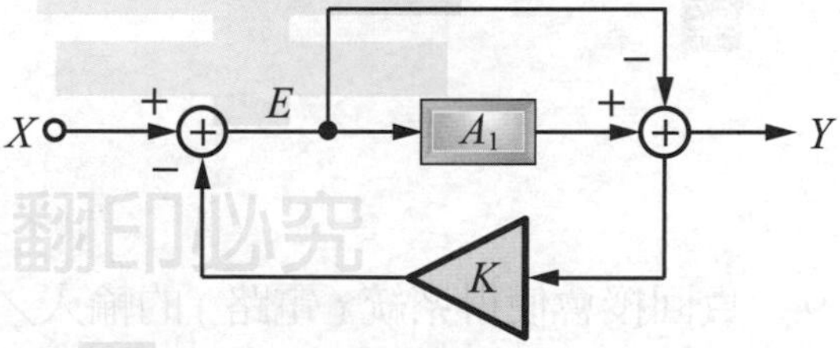

▲ 圖 Q10.2

3. 請畫出負回授的方塊圖，並求出其輸出／輸入的轉移函數。

解

4. 回授有哪 2 種型式？請分別詳述之。

解

5. 負回授方塊圖有哪 4 大元件？請分別詳述之。

 解

6. 負回授有哪些特性 (優點) ？

 解

7. 試詳述負回授如何讓增益脫敏？

 解

8. 試詳述負回授如何讓頻寬放大？

 解

9. 負回授會使得系統 (電路) 的輸入／輸出阻抗如何變化？

 解

10. 一般而言，偵測放大器輸入和輸出的信號會產生哪幾種型式的放大器？

 解

11. 承第 10 題，試詳述各種型式的放大器。

 解

12. 請證明一個負回授系統，若具有單一增益 (Unity-Gain) 頻寬，且 $1+KA_0 \gg 1$，$K^2 \ll 1$，其頻寬和 K 無關。

 解

13. 如圖 Q10.3 所示之電路。則：

(1) 試求沒有回授時之增益。

(2) 試求有回授時之增益。

 解

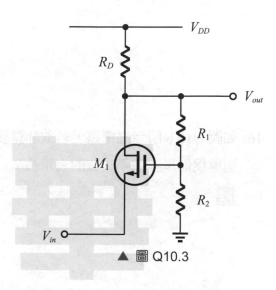

▲ 圖 Q10.3

14. 如圖 Q10.4 所示之電路，若 $\lambda = 0$，求其回授因子 K。

 解

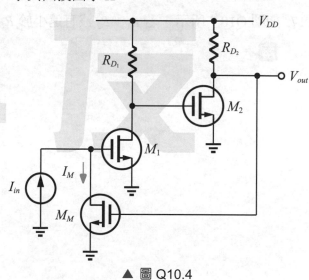

▲ 圖 Q10.4

15. 如圖 Q10.5 所示之電路，試決定其回授的特性。

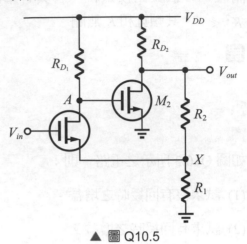

▲ 圖 Q10.5

16. 如圖 Q10.6 所示之電路，若欲計算該電流－電壓回授組態的輸出阻抗，試解釋該組態為何是一個不正確的表示法？

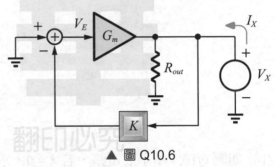

▲ 圖 Q10.6

17. 如圖 Q10.7 所示，若 $R_1 + R_2$ 沒有遠小於 R_D，試分析該電路。

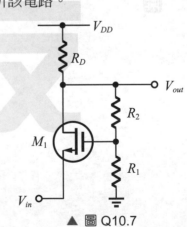

▲ 圖 Q10.7

18. 如圖 Q10.8 所示，試分析該電路。

解

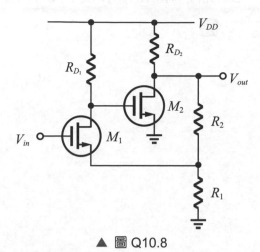

▲ 圖 Q10.8

19. 如圖 Q10.9 所示，若 R_M 不是很小，且 $r_{o_1} \neq \infty$，試分析該電路。

解

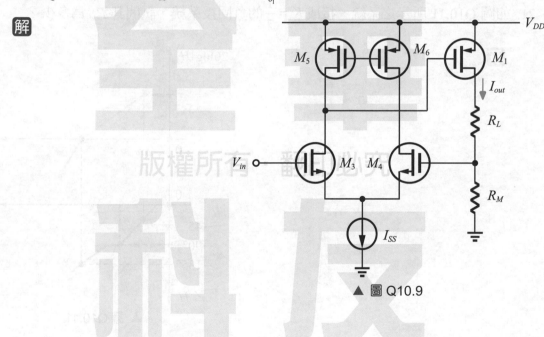

▲ 圖 Q10.9

20. 如圖 Q10.10 所示，試分析該電路。

解

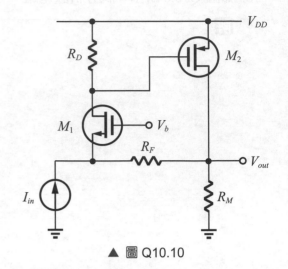

▲ 圖 Q10.10

21. 如圖 Q10.11 所示之系統，接成 $K = \dfrac{1}{2}$ 的負回授系統，試問其 P_M 為多少？

解

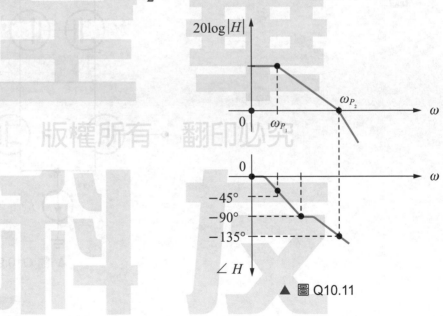

▲ 圖 Q10.11

進階題

22. 如圖 Q10.12 所示之具回授的放大器。則：

    (1) 請問該電路為何種型式的回授組態？

    (2) 求回授因子。

    (3) 求開迴路增益。

    (4) 求閉迴路增益。

    (5) 求閉迴路輸出阻抗。

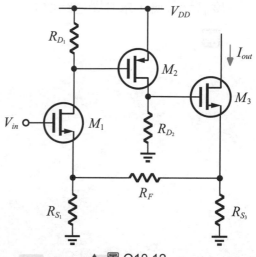

▲ 圖 Q10.12

解

【106 中正大學 - 電機工程學系碩士】

23. 開迴路的轉移函數 $A(s)$ 公式為 $A(s) = \dfrac{10^5}{(1+\dfrac{s}{p_1})(1+\dfrac{s}{p_2})(1+\dfrac{s}{p_3})}$，其中 $p_1 = 10^5 \text{Hz}$，

$p_2 = 10^6 \text{Hz}$，$p_3 = 10^7 \text{Hz}$，此放大器和一個不受頻率影響的回授網路 β 一起組成回授，若相位邊界為 72° 時，其閉迴路電壓增益為多少？

【107 中正大學 - 電機工程學系碩士】

解

24. 如圖 Q10.13 所示之回授電流放大器，其 Q_1 和 Q_2 的轉導為 4mA/V，忽略通道長度調變效應，求其閉迴路增益。　　　　　　　【107 中正大學 - 電機工程學系碩士】

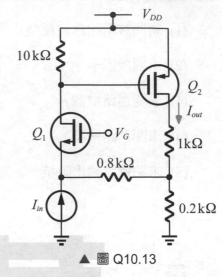

▲ 圖 Q10.13

25. 如圖 Q10.14 的放大器，其中頻增益 A_{vo} = 84dB 且具有 3 個左半平面的極點分別為 50kHz、500kHz 和 10MHz，C_C 是一個米勒補償電容。則：

(1) 若相位邊界為 45° 且回授網路的轉移因子 $\beta = -18$，第 2 極點經補償後移至 700kHz 而 10MHz 的極點不變。求經補償後的主極點應該為多少？

(2) 若放大器的增益 A_{vo} = –600，K 點的節點電阻為 200kΩ，如同 (1) 中所求出之主極點值，求出米勒補償後的 C_C 之值。　　【108 中正大學 - 電機工程學系碩士】

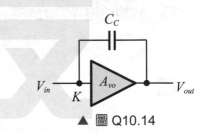

▲ 圖 Q10.14

26. 如圖 Q10.15 所示之電路，所有電晶體管偏壓在飽和區，忽略 n MOS 的基體效應，若 $\lambda_n = \lambda_p = 0.1\text{V}^{-1}$，$g_{mn} = 10 \times 10^{-3}\text{A/V}$，$g_{mp} = 2.5 \times 10^{-3}\text{A/V}$，$I_{SS} = 2\text{mA}$，$R_1 = 100\text{k}\Omega$，$R_2 = 100\text{k}\Omega$，求閉迴路增益。　　　　【107 雲林科技大學 - 電子系碩士】

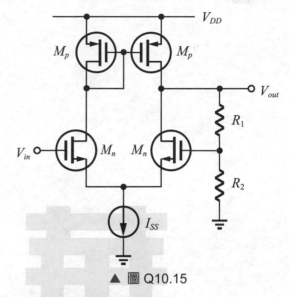

▲ 圖 Q10.15

27. 增加輸入阻抗而降低輸出阻抗的回授組態為下列何者？

    (1) 串－並回授。

    (2) 串－串回授。

    (3) 並－串回授。

    (4) 並－並回授。　　　　　　　【100 勤益科技大學 - 電子工程碩士】

28. 某串一並回授電路，若 $A = -100$，$R_{in} = 10\text{k}\Omega$，$R_{out} = 20\text{k}\Omega$，$\beta = -0.1$，求其電壓增益、輸入阻抗及輸出阻抗。 【101 勤益科技大學 - 電子工程碩士】

解

習題
演練

Chapter 11
堆疊級與電流鏡

得分欄

電子學（進階分析）

班級：_____

學號：_____

姓名：_____

基礎題

1. 堆疊數以多少個最恰當？試詳述之。

解

2. 如圖 Q11.1 所示之電路，具電流 I_B 效應時，試推導 I_{copy} 和 I_{REF} 的關係式。

解

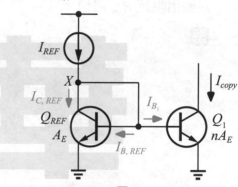

▲ 圖 Q11.1

3. 公式 $I_{copy} = \dfrac{n}{1+\dfrac{n+1}{\beta}} I_{REF}$ 中哪一個變數會影響 I_{copy} 的準確度？試詳述之。

解

4. 如圖 Q11.2 所示之電路，具電流 I_B 效應時，試推導 I_{copy} 和 I_{REF} 的關係式。

解

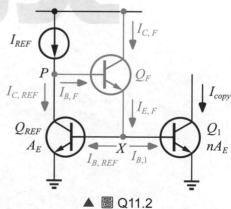

▲ 圖 Q11.2

5. 如圖 Q11.3 所示之電路，試說明為何 R_D 不會有電流流過？

[解]

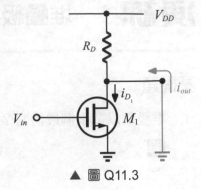

▲ 圖 Q11.3

6. 如圖 Q11.4 所示之電路，若 Q_1、Q_2 相等，$I_C = 1.5\ \text{mA}$，$\beta = 100$，$V_A = 10\ \text{V}$，求其輸出阻抗 R_{out} 之值。

[解]

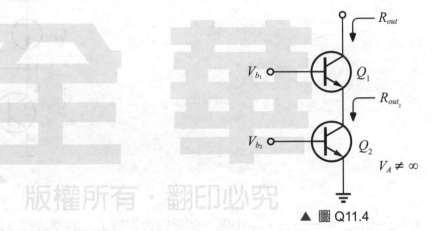

▲ 圖 Q11.4

7. 承第 6 題，若 Q_2 的 $V_A = 20\ \text{V}$，其他數據不變，求其輸出阻抗 R_{out} 之值。

[解]

8. 如圖 Q11.5 所示之電路，若 $V_A \neq \infty$，求其輸出阻抗 R_{out} 之值。

解

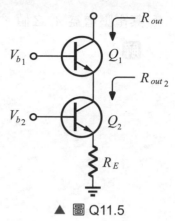

▲ 圖 Q11.5

9. 如圖 Q11.6 所示之電路，若 $\lambda \neq 0$，求其輸出阻抗 R_{out} 之值。

解

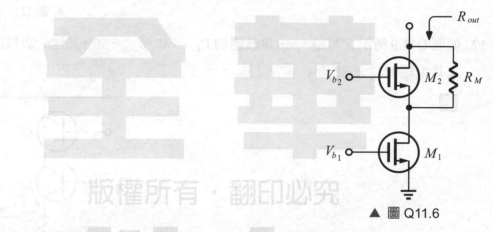

▲ 圖 Q11.6

10. 如圖 Q11.7 所示之電路，請先求出 G_m 後，再求其電壓增益 A_v。

解

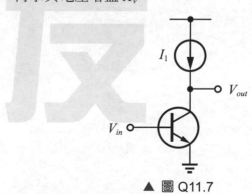

▲ 圖 Q11.7

11. 如圖 Q11.8 所示之電路，若 Q_1、Q_2 相同，$I_C = 1.5$ mA，$V_A = 10$ V，$\beta = 100$，求 其電壓增益 A_v 之值。

解

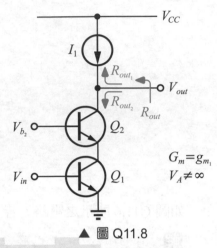

▲ 圖 Q11.8

12. 如圖 Q11.9 所示之電路，pnp 電晶體的 $V_A = 8$ V，$\beta_{pnp} = 50$，其他的數據同第 11 題， 求其電壓增益 A_v 之值。

解

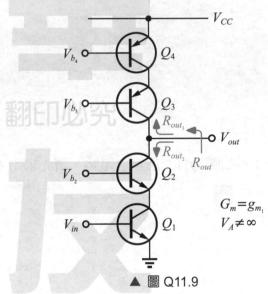

▲ 圖 Q11.9

13. 如圖 Q11.10 所示之電路，若 $V_{CC} = 2$ V，$I_{REF} = 60$ μA，$V_{A,npn} = 10$ V，$V_{A,pnp} = 8$ V，功率消耗為 1.6 mW。則：

(1) 求 n 值。

(2) 求 Q_1 的電壓增益 (Q_1 為 CE 組態)。

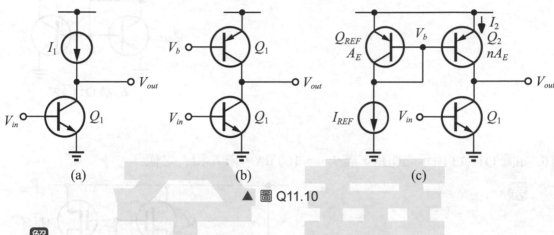

(a)　　　　　　(b)　　　　　　(c)

▲ 圖 Q11.10

解

14. 如圖 Q11.11 所示之電路，Q_{REF_1} 的射極面積為 A_E，去掉 Q_3、Q_{REF_2} 和 Q_2 在圖上列的射極面積 $2A_E$、A_E 和 $3A_E$。若 $I_{REF} = 50$ μA，$I_2 = 1.5$ mA，試設計 Q_3、Q_{REF_2} 和 Q_2 的射極面積。

解

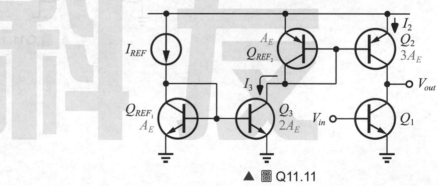

▲ 圖 Q11.11

15. 若使用 2 個 BJT 接成如圖 Q11.12 所示之電流鏡電路，發現 I_{copy} 比 I_{REF} 多了 20%，試問為何會造成此現象？

解

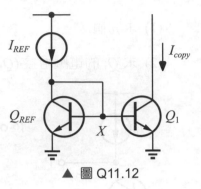

▲ 圖 Q11.12

16. 如圖 Q11.13 所示之電路，若 $I_{REF} = 100\ \mu A$，求 I_2 和 I_3 之值。

解

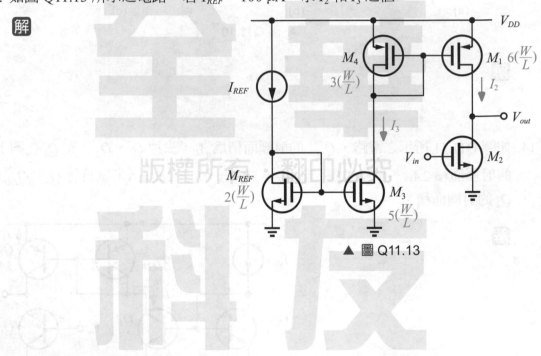

▲ 圖 Q11.13

進階題

17. 關於 MOSFET，請在理想狀況下設計一個 MOS 電流鏡，以應用在直流偏壓電路中同時提供 I_0 和 $2I_0$，其中 I_0 為常數，並評估在實際製作時因通道長度調變效應 (channel length modulation effect) 所造成的影響。

【106 中山大學（選考）- 光電所碩士】

 解

18. 如圖 Q11.14 所示之具電流鏡的電路，$\mu_n C_{ox} \dfrac{W}{L} = 90\mu A / V^2$，$\mu_p C_{ox} \dfrac{W}{L} = 30\mu A / V^2$，$V_{tn} = 0.8V$，$V_{tp} = -0.9V$，$L = 2\,\mu m$，$I_{REF} = 20\,\mu A$，$I_2 = 100\,\mu A$，$I_5 = 40\,\mu A$。則：

(1) 求出每一個電晶體的通道寬度 W 和 R 值。

(2) 求 Q_2 汲極電壓的最大值。

(3) 假設 $V_{An} = 8L$，$|V_{Ap}| = 12L$，其中 L 的單位為 μm，V_{An} 和 V_{Ap} 的單位為 V，求 Q_5 汲極電壓的最小值。

(4) 求 Q_2 的輸出阻抗。

(5) 求 Q_5 的輸出阻抗。

【109 中山大學（選考）- 電波聯合碩士、通訊碩士乙組、電機碩士戊組】

 解

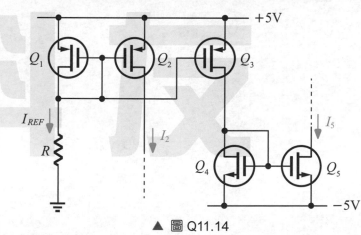

▲ 圖 Q11.14

19. 假設所有電晶體皆有小訊號輸出電阻 r_o 和轉導 g_m，試推導出如圖 Q11.15 所示之電路的輸出阻抗 R_{out}。　　　　　　　　　　【106 中正大學 - 電機工程學系碩士】

解

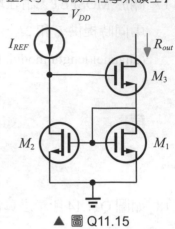

▲ 圖 Q11.15

20. 如圖 Q11.16 所示之電路。則：

(1) 若 $|V_{tp}| = V_{tn} = 1V$，$W_1 = W_3 = W_4 = 12$ μm，$W_2 = 48$ μm，若 $L_1 = L_2 = L_3 = L_4 = 0.6$ μm，$\mu_n C_{ox} = 100$ μA/V^2，$\mu_p C_{ox} = 40$ μA/V^2，$\lambda_n = \lambda_p = 0$，$V_{DD} = 3V$，求其輸出電流 I_{out}。

(2) 若 $\lambda_p = \lambda_n = 0.1V^{-1}$，且電源 V_{DD} 有一個微小變化量ΔV_{DD}產生，請求出 I_{out} 的變化量。　　　　　　　　　　　　　　　　【109 中正大學 - 電機工程學系碩士】

解

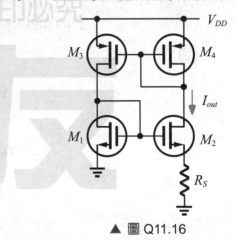

▲ 圖 Q11.16

21. 如圖 Q11.17 所示之電流鏡電路，Q_1 和 Q_2 皆同。則：

    (1) 以電路中的參數求 I_C 之值。

    (2) 若 $V_{CC} = 10V$，$R = 10k\Omega$，$\beta_F = 100$，求 I_C 之值。

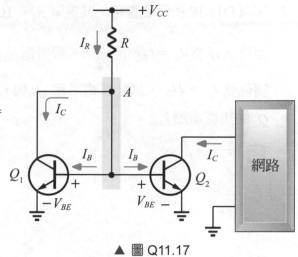

▲ 圖 Q11.17

【103 臺灣海洋大學 - 光電科學碩士】

解

22. 如圖 Q11.18 所示之電路，若 $\beta = 200$ 時，試求 $V_2 - V_1 = ?$

【105 聯合大學 - 光電工程碩士】

解

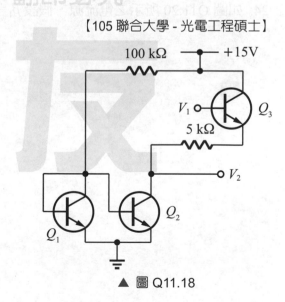

▲ 圖 Q11.18

23. 如圖 Q11.19 所示之電路，其電阻 $R_1 = 10\text{k}\Omega$ 與 $R_B = 20\text{k}\Omega$，BJT 電晶體的集極電流可表示為 $I_C = I_S \exp(\dfrac{V_{BE}}{V_T})$，假設電晶體參數 $\beta_1 = \beta_2 = 50$，以及 Q_1 與 Q_2 的 I_S 關係為 $I_{S_2} = 2I_{S_1}$，試計算電晶體 Q_1 與 Q_2 的集極電流（I_{C_1} 與 I_{C_2}），以及電晶體 Q_2 的集極電壓 V_{C_2}。

【108 聯合大學 - 光電工程碩士】

 解

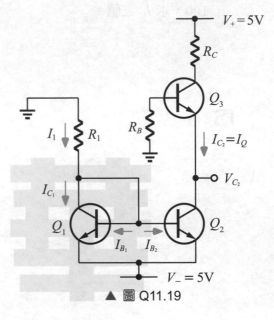

▲ 圖 Q11.19

24. 如圖 Q11.20 所示之電流源，假設 $\beta_1 = \beta_2 \equiv \beta \neq \beta_3$，試證明 $I_{out} = \dfrac{I_{REF}}{[1 + \dfrac{2}{\beta(1+\beta_3)}]}$。

【100 虎尾科技大學 - 光電與材料科技碩士】

 解

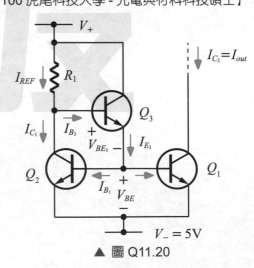

▲ 圖 Q11.20

25. 如圖 Q11.21 所示之電路，假設所有電晶體皆偏壓於飽和區，偏壓電流為 1mA，且已知電晶體臨界電壓 $V_{tn1,2} = 0.5V$，$|V_{tp3,4}| = 0.5V$；電晶體參數

$\mu_n C_{ox} = 1mA/V^2$，$|V_{An1,2}| = 50V$，$(\frac{W}{L})_{n1,2} = 2$，

$\mu_{p3,4} C_{ox} = 4mA/V^2$，$|V_{Ap3,4}| = 25V$，$(\frac{W}{L})_{p3,4} = 2$，

請計算輸出阻抗 R_{out} 以及開路電壓增益 $A_{vo} = \dfrac{V_{out}}{V_{in}}$ 。

【101 虎尾科技大學 - 電子工程碩士】

解

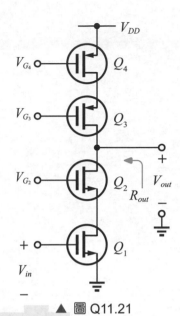

▲ 圖 Q11.21

26. 如圖 Q11.22 所示之電流鏡電路，電晶體之參數 $\mu_n C_{ox} = 100\ \mu A/V^2$，$(\frac{W}{L})_1 = \dfrac{5\mu m}{0.5\mu m}$，

$(\frac{W}{L})_2 = \dfrac{10\mu m}{0.5\mu m}$，截止電壓 $V_{th} = 0.7V$，考慮短通道效應，$V_A = 10V$。則：

(1) 若電流 $I_{out} = 200\ \mu A$ 時，電壓 V_{out} 為多少？

(2) 若電壓 V_{out} 比原來增加 1V 時，電流變為多少？　　　　　【107 高考三級】

解

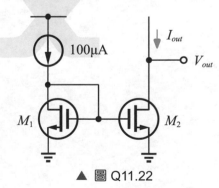

▲ 圖 Q11.22

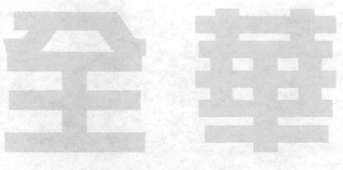

習題
演練

Chapter 12
差動放大器

基礎題

1. 如圖 Q12.1 所示之電路，試推導出共模信號 V_{CM} 的範圍。

 解

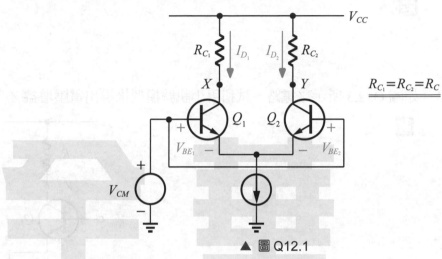

$R_{C_1}=R_{C_2}=R_C$

▲ 圖 Q12.1

2. 如圖 Q12.2 所示之電路，試推導出 I_{C_1} 與 I_{C_2} 的關係式。

 解

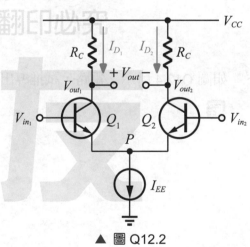

▲ 圖 Q12.2

3. 承第 2 題，試利用所求結果繪製關係圖。則：

   (1) 請畫出 I_{C_1}、I_{C_2} 對 $V_{in_1} - V_{in_2}$ 的關係圖。

   (2) 請畫出 V_{out_1}、V_{out_2} 對 $V_{in_1} - V_{in_2}$ 的關係圖。

   (3) 請畫出 $V_{out_1} - V_{out_2}$ 對 $V_{in_1} - V_{in_2}$ 的關係圖。

   解

4. 如圖 Q12.3 所示之電路，試利用小訊號模型推導出電壓增益 A_v。

   解

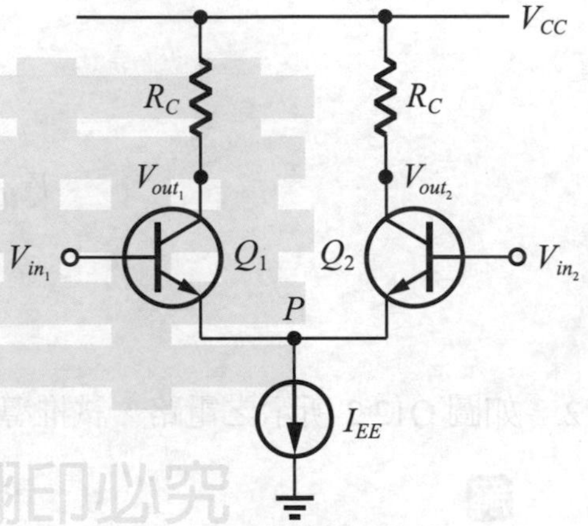

▲ 圖 Q12.3

5. 如圖 Q12.4 所示之電路，試推導出其共模信號 V_{CM} 的範圍。

   解

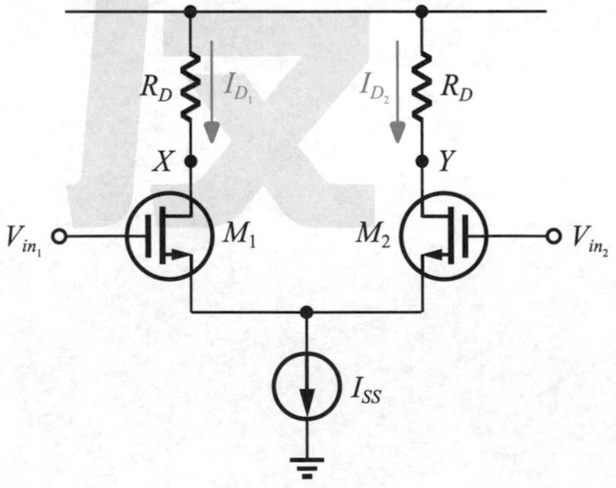

▲ 圖 Q12.4

6. 如圖 Q12.5 所示之電路，$V_{DD} = 2$ V，功率消耗 2 mW，差動增益為 -8，$\mu_n C_{ox} = 100\mu\text{A/V}^2$，$\lambda = 0$，$V_{CM}$ 至少 1.8 V，試設計該電路。

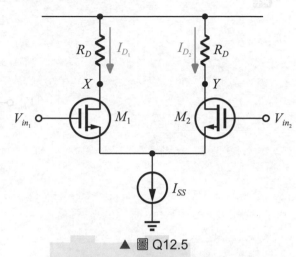

▲ 圖 Q12.5

7. 承第 6 題，若此時輸入端加上共模電壓 V_{CM} 而非 V_{in_1} 和 V_{in_2}，$V_{th} = 0.3$ V，試利用所求數據和計算結果，求其 V_{CM} 的最大值。

8. 如圖 Q12.5 所示之電路，若 $V_{DD} = 2$ V，功率消耗 2.8 mW，$\mu_n C_{ox} = 100\mu\text{A/V}^2$，$\Delta V_{in, max} = 600$ mV，試設計該電路。

9. 如圖 Q12.6 所示之電路，試推導出 I_{D_1} 和 I_{D_2} 的關係式。

解

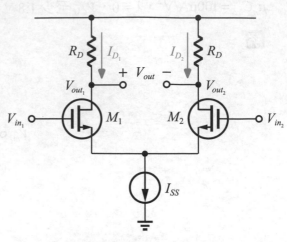

▲ 圖 Q12.6

10. 承第 9 題，試利用所求結果繪製關係圖。則：

 (1) 請畫出 I_{D_1}、I_{D_2} 對 $V_{in_1} - V_{in_2}$ 的關係圖。

 (2) 請畫出 V_{out_1}、V_{out_2} 對 $V_{in_1} - V_{in_2}$ 的關係圖。

 (3) 請畫出 $V_{out_1} - V_{out_2}$ 對 $V_{in_1} - V_{in_2}$ 的關係圖。

解

11. 如圖 Q12.7 所示之電路，試利用小訊號模型推導出其電壓增益 A_v。

解

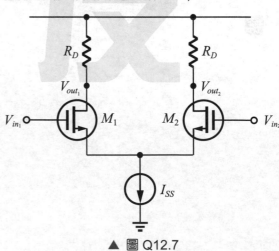

▲ 圖 Q12.7

12. 如圖 Q12.8 所示之電路，若 $R_{C_1} = R_{C_2} = R_C$，$Q_1 = Q_2$，試求輸出的共模信號值。

解

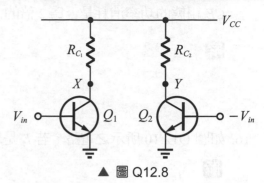

▲ 圖 Q12.8

13. 如圖 Q12.9 所示之電路，$I_{EE} = 0.8$ mA，$R_{C_1} = R_{C_2} = 2\text{k}\Omega$，$V_{CC} = 2$ V，試計算基極的最大電壓為多少時，足以支撐 I_{EE} 以 0.8 mA 運作？

解

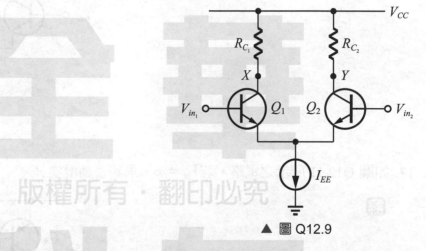

▲ 圖 Q12.9

14. 如圖 Q12.9 所示之電路，若此差動對的增益 $A_v = -15$，功率消耗為 2 mW，$V_{CC} = 2$ V，且 $R_{C_1} = R_{C_2} = R_C$，試設計該電路。

解

15. 若電源 V_{CC}、電阻 R_C 和電壓增益 A_v 條件相同的情況下，試比較 BJT 差動對和 CE 組態的功率消耗是否為 2 倍的差距？若是請證明之。

 解

16. 如圖 Q12.10 所示之電路，若 I_1 是理想電流源，求其差動電壓增益 A_v。

 解

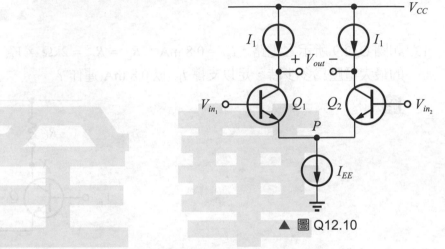

▲ 圖 Q12.10

17. 如圖 Q12.11 所示之電路，若 $V_A \neq \infty$，求其差動增益 A_v。

 解

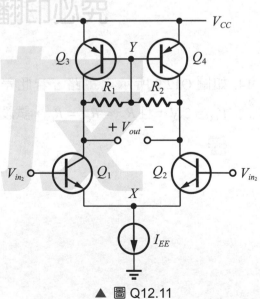

▲ 圖 Q12.11

18. 若電源 V_{DD}、電阻 R_D 和電壓增益 A_v 條件相同的情況下。則：

(1) 請比較 MOS 差動對和 CS 組態在相同的尺寸（$\dfrac{W}{L}$）下，消耗功率的關係。

(2) 請比較 MOS 差動對和 CS 組態在相同的功率下，尺寸（$\dfrac{W}{L}$）的關係。

解

19. 試詳述 MOS 差動於不同條件下，輸入和輸出特性的變化。則：

(1) 尾電流 I_{SS} 變為 3 倍。

(2) MOS 尺寸 $\dfrac{W}{L}$ 變為 3 倍。

解

20. 如圖 Q12.12 所示之電路，若 $\lambda = 0$，求其差動電壓增益 A_v。

解

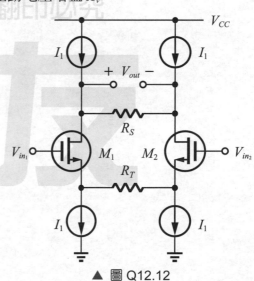

▲ 圖 Q12.12

電子學（進階分析）

21. 如圖 Q12.13 所示之電路，求其電壓增益。

解

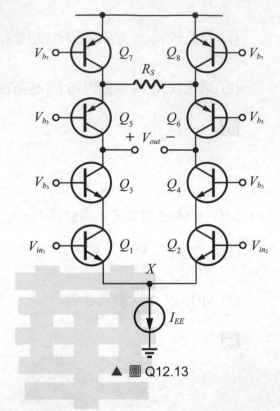

▲ 圖 Q12.13

進階題

22. 如圖 Q12.14 所示之差動放大器。則：

(1) 求差動增益。

(2) 求差動輸入阻抗。

(3) 假設 R_C 有 2% 的誤差，求共模增益。

(4) 若電晶體的 $\beta = 100$，$V_T = 25.9\text{mV}$ 和厄利電壓 $V_A = 100\text{V}$，求共模輸入阻抗。

【106 中山大學 - 電機系碩士甲組】

解

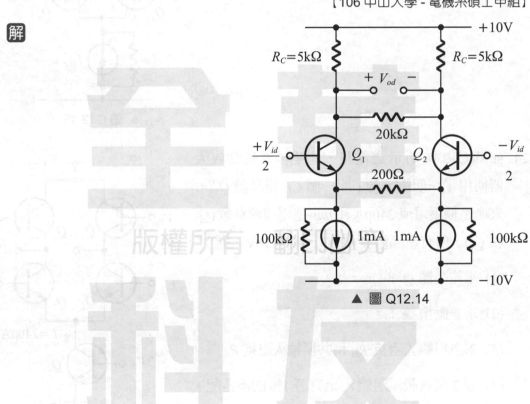

▲ 圖 Q12.14

23. 試計算如圖 Q12.15 所示之差動放大器的差動增益、共模增益以及共模抑制比 (CMRR)，兩個 MOSFET 的參數為 $\mu_n C_{ox} = 0.2\text{mA/V}^2$，$\dfrac{W_1}{L_1} = 100$，$\dfrac{W_2}{L_2} = 110$，電阻 $R_D = 5\text{k}\Omega$，$R_{SS} = 25\text{k}\Omega$，$I_{REF} = 0.8\text{mA}$。 【107 中山大學 (選考)- 光電所碩士】

解

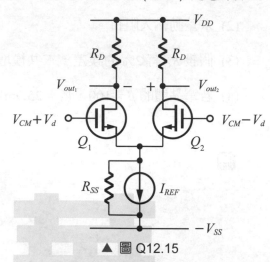

▲ 圖 Q12.15

24. 如圖 Q12.16 所示之電路，此雙極性差動放大器使用了一個電流源 (即一個 CE 電晶體 Q_5)，來產生偏壓電流 240μA 和 *pnp* 型電流源負載 (Q_3 和 Q_4)，所有電晶體 $\beta = 100$，$|V_A| = 10\text{V}$。則：

(1) 求電晶體 Q_1 的 g_m。

(2) 求差動增益 A_d。

(3) 求差模輸入阻抗 R_{id} 和共模輸入阻抗 R_{icm}。

(4) 若 2 個負載電阻壓 r_o 上有著 1% 的不匹配，且 $V_T = 25\text{mV}$，求 CMRR(dB)。

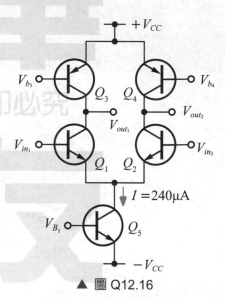

▲ 圖 Q12.16

【108 中山大學 - 電機系碩士甲組】

解

25. 如圖 Q12.17 所示之 MOSFET 差動放大器，其 $I = 1\text{mA}$，電晶體 Q_1 和 Q_2 的

$\dfrac{W}{L} = 100$，$\mu_n C_{ox} = 0.25\text{mA/V}^2$，$V_A = 20\text{V}$，$C_{gs} = 60\text{fF}$，$C_{DB} = 15\text{fF}$，$R_D = 5\text{k}\Omega$，

$R_{SS} = 25\text{k}\Omega$，且每一個汲極 ($D$ 極) 至地有著 100fF 的電容性負載。則：

(1) 求 Q_1 的超載電壓 $(V_{GS} - V_{th})V_{ov}$ 和 g_m。

(2) 若汲極電阻 R_D 有著 1% 的不匹配，求差模增益 A_d 和共模增益 A_{icm}。

(3) 若輸入信號一個小的電阻 R_{sig}，因此頻率響應是由輸出極點來決定，試求其 –3dB 頻率 f_H。

(4) 若此放大器有著對稱的信號源電阻 20kΩ(即每一個閘極串聯 10kΩ)，使用開迴路時間常數，試求其 f_H。

【108 中山大學 - 電機系碩士甲組】

解

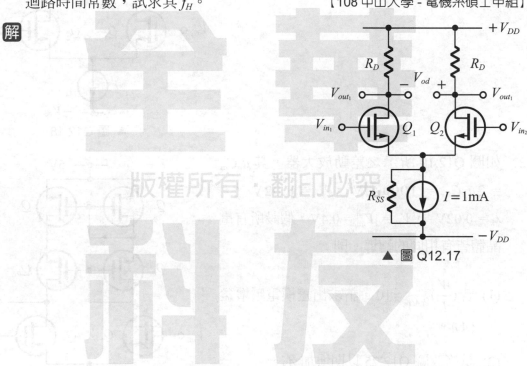

▲ 圖 Q12.17

26. 如圖 Q12.18 所示之具電流鏡的 MOS 差動放大器，其 $(\frac{W}{L})_n = 100$ ，$(\frac{W}{L})_p = 200$ ，$\mu_n C_{ox} = 2\,\mu_p C_{ox} = 0.2\text{mA/V}^2$ ，$V_{An} = |V_{Ap}| = 20\text{V}$ ，$I = 0.8\text{mA}$ 。則：

(1) 求差動增益 A_d 。

(2) 設電流源的輸出電阻為 25kΩ，求共模增益 $|V_{CM}|$ 和 CMRR。

解

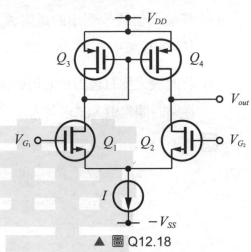

▲ 圖 Q12.18

27. 如圖 Q12.19 所示之差動放大器，其 $\mu_n C_{ox}$ $= 2\mu_p C_{ox} = 100\mu\text{A/V}^2$ ，$\lambda_n = 0.02\text{V}^{-1}$ ，$\lambda_p = 0.02\text{V}^{-1}$ ，$V_{tn} = |V_{tp}| = 0.4\text{V}$ ，假設所有電晶體皆有相同的轉導。則：

(1) 若 $(\frac{W}{L})_{Q_1,Q_2} = 10$ ，請求出差模電壓增益 (A_d) 。

(2) 試修改圖 Q12.25 以期增加 A_d 。

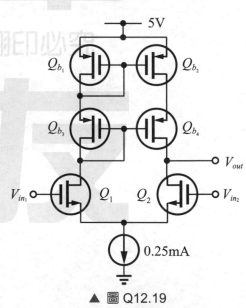

▲ 圖 Q12.19

解

28. 如圖 Q12.20 所示之差動放大器，其 $I = 50\mu A$，$|V_{tp}| = V_{tn} = 1V$，$W_1 = W_2 = 120\mu m$，$L_1 = L_2 = 6\mu m$，$\mu_n C_{ox} = 90\mu A/V^2$，$\mu_p C_{ox} = 30\mu A/V^2$，$V_A = 30V$，$V_{DD} = V_{SS} = 2.5V$，求此電路的電壓增益。

【109 中正大學 - 電機工程學系碩士】

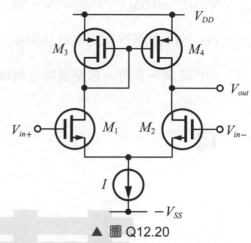

▲ 圖 Q12.20

29. 如圖 Q12.21 所示之電路，若 $|V_{BE}| = 0.7V$，共基極電流增益 $\alpha \approx 1$，求 V_E、V_{C_1} 及 V_{C_2} 之值。

【103 臺灣海洋大學 - 光電科學碩士】

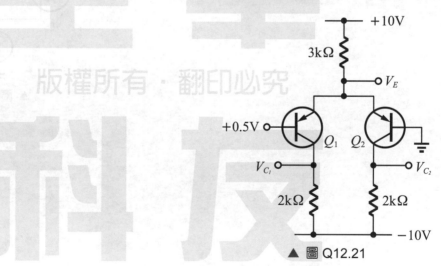

▲ 圖 Q12.21

30. 如圖 Q12.22 所示之 MOS 放大器電路，$k_p = \dfrac{1}{2}\mu_p C_{ox}\left(\dfrac{W}{L}\right)_p$ ，$k_n = \dfrac{1}{2}\mu_n C_{ox}\left(\dfrac{W}{L}\right)_n$ ，$R_1 = 2k\Omega$ ，$I_Q = 0.2mA$ ，$k_p = 0.1mA/V^2$ ，$\lambda_p = 0.001V^{-1}$ ，$V_{tp} = -1V$ ，$k_n = 0.1mA/V^2$ ，$\lambda_n = 0.001V^{-1}$ ，$V_{tn} = 1V$ 。則：

(1) 求開迴路差模電壓增益和輸出阻抗。

(2) 當 $R_1 = 0$ 時，求開迴路差模電壓增益和輸出阻抗。

【106 臺灣科技大學 - 電子工程碩士乙二組】

解

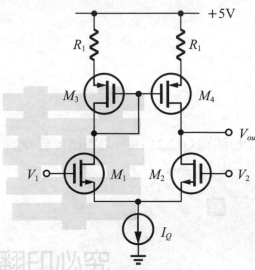

▲ 圖 Q12.22

31. 如圖 Q12.23 所示之電路，其電晶體 Q_1 和 Q_2 有相同的臨界電壓 $V_t = 0.7\text{V}$ 和製程轉導參數 $k_n'(\mu_n C_{ox}) = 125\mu\text{A}/\text{V}^2$。則：

(1) 若 $(\dfrac{W}{L})_1 = (\dfrac{W}{L})_2 = 20$，求 V_1、V_2 和 V_3 之值。

(2) 若 $(\dfrac{W}{L})_1 = 1.5(\dfrac{W}{L})_2 = 20$，求 V_1、V_2 和 V_3 之值。

【108 臺北科技大學 - 機械工程 - 機電整合碩士甲組】

 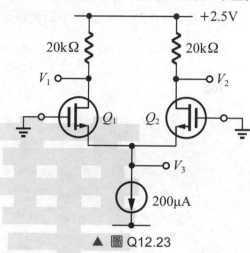

▲ 圖 Q12.23

32. 如圖 Q12.24 所示之電路，所有電晶體都偏壓在飽和區，忽略 n MOS 的基體效應。$\lambda_n = \lambda_p = 0.1\text{V}^{-1}$，$g_{mn} = 10\times10^{-3}\text{A/V}$，$g_{mp} = 2.5\times10^{-3}\text{A/V}$，$I_{SS} = 2\text{ mA}$，$R_1 = R_2 = 100\text{ k}\Omega$。則：

(1) 求開迴路增益。

(2) 求迴路增益。

【107 雲林科技大學 - 電子系碩士】

 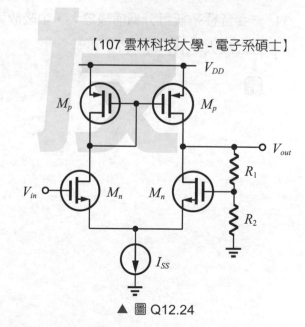

▲ 圖 Q12.24

33. 如圖 Q12.25 所示之差動對電路，其電晶體為對稱且操作在飽和區，其他參數為
$V_{DD} = 1.8\text{V}$，$I_{SS} = 1.11 \times 10^{-3}\text{A}$，$R_D = 360\Omega$，$\mu_n C_{ox} = 100 \times 10^{-6}\text{A/V}^2$，$\dfrac{W}{L} = 1766$。
則：

(1) 求輸出偏壓電壓為多少？

(2) 若 $\lambda = 0$，求其小訊號差動增益之值。

(3) 若 $\lambda = 0.2\text{V}^{-1}$，求其小訊號差動增益之值。

【109 雲林科技大學 - 電子系碩士】

 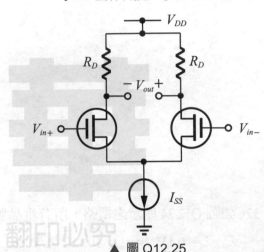

▲ 圖 Q12.25

34. 一套音響系統可分為前級放大、中級放大、後級放大等三級，試說明前、中、後級之放大率有何差別？　　　　　　【104 高雄第一科技大學 - 電子工程碩士甲組】

35. 如圖 Q12.26 所示之 MOS 電晶體差動對，假設 $V_{DD} = V_{SS} = 1.5$ V，電晶體參數

$k_n'(\frac{W}{L}) = 10\text{mA}/\text{V}^2$ ， $k_p'(\frac{W}{L}) = 4\text{mA}/\text{V}^2$ ， $|V_{An}| = |V_{Ap}| = 50$V，臨界電壓 $V_{tn} = |V_{tp}|$

$= 0.5$ V，電流源 $I = 0.4$ mA。若電晶體 $Q_1 - Q_4$ 之驅動電壓 (overdrive voltage) 皆

為 $V_{OV} = 0.2$V，且定義輸入訊號 $V_{id} = V_{G_1} - V_{G_2}$ 。則：

(1) 試計算其差動增益 $A_d = \dfrac{V_{out}}{V_{id}}$ 。

(2) 輸出阻抗 R_{out} 。 　　　　　　【101 虎尾科技大學 - 電子工程碩士】

 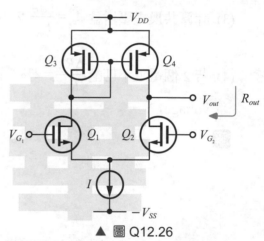

▲ 圖 Q12.26

36. 如圖 Q12.27 所示之差動放大器電路，$V_t = 1$V，$k_1(= \frac{1}{2}\mu_n C_{ox} \frac{W}{L}) = k_2 = 0.1\text{mA}/\text{V}^2$

，$k_3 = k_4 = 0.3\text{mA/V}^2$，$\lambda = 0$，對共模輸入信號而言，求其最大電壓範圍。

【100 勤益科技大學 - 電子工程碩士】

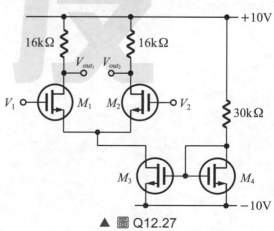

▲ 圖 Q12.27

37. 如圖 Q12.28 所示之差動放大器，電晶體參數為 $\mu_n C_{ox} = 100\mu A / V^2$，$V_A = 10V$，但 $Q_{1,2}$ 之 $(\frac{W}{L})_{1,2} = \frac{25}{1}$，$Q_3$ 之 $(\frac{W}{L})_3 = \frac{50}{1}$，$Q_4$ 之 $(\frac{W}{L})_4 = \frac{10}{1}$，電阻 $R_D = 10k\Omega$，假設偏壓維持節點電壓 $V_B = V_X$。則：

(1) 若電路的差模電壓增益 $A_d = \dfrac{(V_{out_2} - V_{out_1})}{(V_{in_1} - V_{in_2})}$ 要達到 5V/V，需要 I_B 值為多少？

(2) 計算差模輸出電阻。

(3) 計算共模電壓增益 $A_c = \dfrac{V_{out_1}}{V_{in_1}}$?

(4) 若 2 個電阻不匹配 $\dfrac{\Delta R_D}{R_D} = 2\%$，計算輸入參考之位移電壓 (input-referred offset voltage)？

【106 高考三級】

解

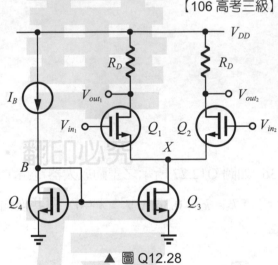

▲ 圖 Q12.28

習題
演練

Chapter 13
輸出級與功率放大器

得分欄

電子學（進階分析）

班級：_____
學號：_____
姓名：_____

基礎題

1. 如圖 Q13.1 所示之電路，$I_1 = 32.5$ mA，$R_L = 8\Omega$，$\dfrac{1}{g_m} = 0.8\Omega$，當 V_{in} 等於多少時，$I_C = 0$，Q_1 停止工作 (假設 Q_1 在主動區時，$V_{BE} = 0.8$ V) ？

解

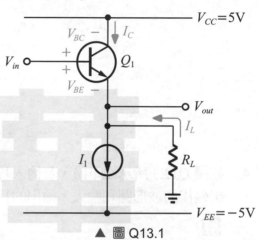

▲ 圖 Q13.1

2. 如圖 Q13.1 所示之電路，若 I_C 只有 I_1 的 5% 時，其他數據同第 1 題，則 V_{in} 應為多少？。

解

3. 如圖 Q13.2 所示之電路，若輸入 $V_{in} = V_p \sin \omega t$，試分析該電路的行為，並以此畫出輸出的波形圖和輸入／輸出的特性曲線。

解

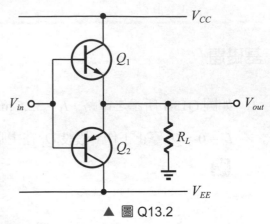

▲ 圖 Q13.2

4. 如圖 Q13.3 所示之電路，若輸入 $V_{in} = V_p \sin \omega t$，試分析該電路的行為，並以此畫出輸出的波形圖和輸入／輸出的特性曲線。

解

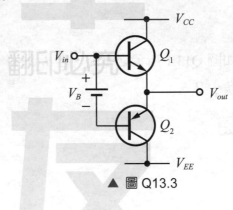

▲ 圖 Q13.3

5. 如圖 Q13.4 所示之電路，假設 $\beta_1 = \beta_2 \gg 1$，在何種條件下，Q_1 和 Q_2 的基極會相等？

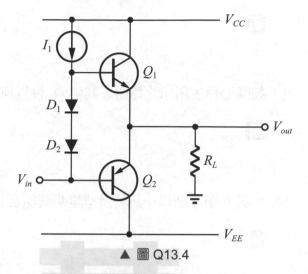

▲ 圖 Q13.4

6. 承第 5 題，若 $\beta_1 = 2.5\beta_2$，在何種條件下，Q_1 和 Q_2 的基極會相等？

7. 如圖 Q13.5 所示之電路，若 I_{C_3} 和 I_{C_4} 給定，請求出 Q_1 和 Q_2 的集極電流 I_{C_1} 和 I_{C_2}。

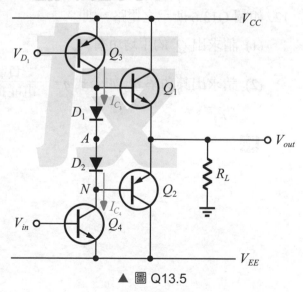

▲ 圖 Q13.5

8. 如圖 Q13.5 所示之電路，請利用小訊號模型求出其電壓增益 A_v（ $A_v = \dfrac{V_{out}}{V_{in}} = \dfrac{V_N}{V_{in}} \dfrac{V_{out}}{V_N}$ ）。

解

9. 如圖 Q13.5 所示之電路，其中 Q_2 會以何種組合式電晶體取代以提高其效能？

解

10. 承第 9 題，請以小訊號模型證明其組合式電晶體的效能比原本的 Q_2 來得好。

解

11. 一般而言，輸出級需要做短路保護，試問短路保護的電路應如何加上去？並證明所加上去的電路可以確實達到短路保護。

解

12. 如圖 Q13.6 所示之電路。則：

(1) 請求出 Q_1 的平均功率 P_{av}。

(2) 請求出其功率 η，如公式 $\eta = \dfrac{\text{負載的功率}}{\text{電能提供的功率}}$ 所定義，並考慮所有元件的功率。

解

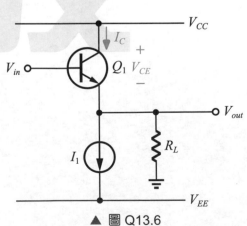

▲ 圖 Q13.6

13. 如圖 Q13.7 所示之電路。則：

(1) 請求出 Q_1 或 Q_2 的平均功率 P_{av}，若 $V_{CC} = -V_{EE}$。

(2) 請求出其功率 η，如公式 $\eta = \dfrac{負載的功率}{電能提供的功率}$ 所定義，並考慮所有元件的功率。

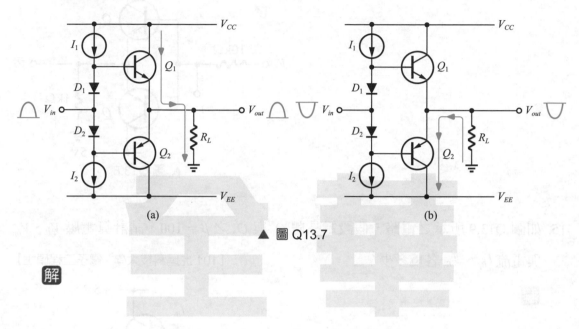

▲ 圖 Q13.7

解

進階題

14. 如圖 Q13.8 所示之電路，$\beta = 50$，若 $V_{in} = 0V$、$+2V$、$-2.5V$ 和 $-5V$ 時，求 V_B 和 V_E。 　　　　　　　　　　　　　　　　　　　【108 臺北科技大學 - 機械工程 - 機電整合碩士甲組】

解

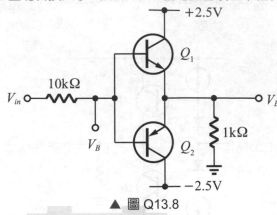

▲ 圖 Q13.8

15. 如圖 Q13.9 所示之電路，假設電晶體 Q_1 與 Q_2 之 $\beta = 100$，請計算電壓 V_B、V_{out} 與電流 I_{B_1}、I_{B_2} 各為多少？ 　　　　　　　　　　【101 虎尾科技大學 - 電子工程碩士】

解

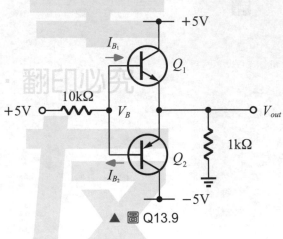

▲ 圖 Q13.9

習題演練

Chapter 14
數位互補式金氧半場效電晶體的電路

班級：_____
學號：_____
姓名：_____

基礎題

1. 如圖 Q14.1 所示之電路，試分析其做為一個反相器的詳細過程，並畫出其輸入／輸出特性曲線。

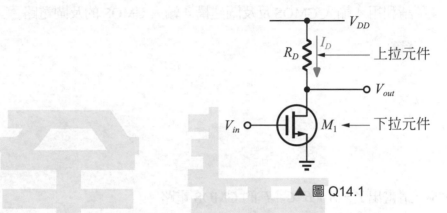

▲ 圖 Q14.1

2. 如圖 Q14.2 所示之電路，試分析其做為一個反相器的詳細過程，並畫出其輸入／輸出特性曲線。

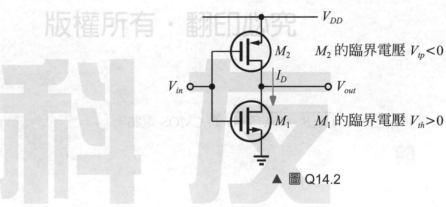

▲ 圖 Q14.2

3. 請利用 4 輸入 CMOS 反或閘建構 4 輸入 CMOS 的或閘電路。

4. 請利用 4 輸入 CMOS 反及閘建構 4 輸入 CMOS 的及閘電路。

5. 請畫出 $Y = A + B \cdot C + F$ 的 CMOS 電路。

6. 請畫出 $Y = \overline{A + (B + D)EF + G}$ 的 CMOS 電路。

7. 如圖 Q14.3 所示之電路，請畫其相對應 p MOS 電路圖，並寫出布林函數。

解

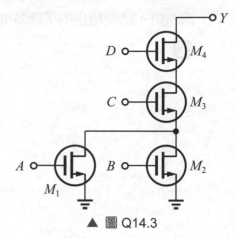

▲ 圖 Q14.3

8. 如圖 Q14.4 所示之電路，請畫其相對應 p MOS 電路圖，並寫出其布林函數。

解

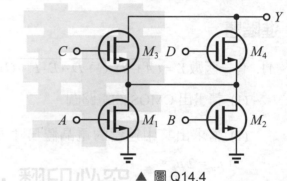

▲ 圖 Q14.4

9. 試以不同的 $(\frac{W}{L})_2$ 值，重新畫出如圖 Q14.5，並且標示不同的值，觀察曲線是如何變動。

解

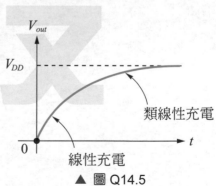

類線性充電

線性充電

▲ 圖 Q14.5

10. 如圖 Q14.6 所示之電路，M_{11} 和 M_1 皆同（即所有參數皆一樣）且導通時可視為一個電阻，請問輸出的下降時間 T_{HL} 會如何變化？

解

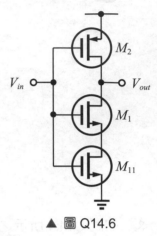

▲ 圖 Q14.6

進階題

11. 有一函數 $Y = \overline{(A+B)\cdot C + D\cdot(E\cdot F+G)}$。則：

(1) 請畫出 CMOS 的電路圖。

(2) 請求出其中適當的電晶體尺寸，以至於有相同的上升和下降時間，假設 $\mu_n = 2\,\mu_p$。 【106 中正大學 - 電機工程學系碩士】

解

12. 如圖 Q14.7 所示之電路，請求出 X 和 Y 的邏輯函數。

【108 中正大學 - 電機工程學系碩士】

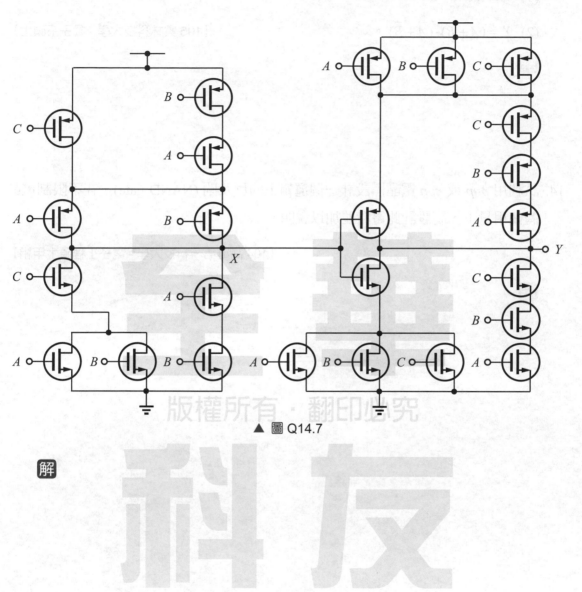

▲ 圖 Q14.7

解

13. 試以最少數量的 MOS 電晶體畫出以下的 CMOS 邏輯電路：

(1) $Y = \overline{A \cdot (A+B)}$ 。

(2) $Y = (A+B) \cdot (\overline{A} + \overline{B})$ 。　　　　　　　　　　　【105 雲林科技大學 - 電子系碩士】

14. 試利用 *pnp* 或 *npn* 電晶體設計一個邏輯上的反及閘 (NAND gate)，在不限制電晶體使用量下，請設計此電路並加以說明。

【104 高雄第一科技大學 - 電子工程碩士甲組】